新编51单片机C语言教程
从入门到精通实例详解全攻略

蔡杏山　蔡玉山　编著

电子工业出版社
Publishing House of Electronics Industry
北京·BEIJING

内 容 简 介

本书是一本以实例详解方式介绍 51 单片机与 C 语言编程的图书,主要内容有单片机入门、51 单片机的硬件系统、Keil C51 编程软件的使用、单片机驱动 LED 与 LED 数码管的电路及编程、中断的使用及编程、定时器/计数器的使用及编程、独立按键与矩阵键盘输入电路及编程、点阵和液晶显示屏的使用及编程、步进电动机的使用及编程、串行通信的使用及编程、I^2C 总线通信的使用及编程、AD(模数)与 DA(数模)转换电路及编程。

本书起点低、由浅入深、语言通俗易懂,并且内容结构安排符合学习认知规律。本书适合作为初学者学习 51 单片机及编程的自学图书,也适合作为职业院校电类专业的单片机教材。

未经许可,不得以任何方式复制或抄袭本书之部分或全部内容。
版权所有,侵权必究。

图书在版编目(CIP)数据

新编 51 单片机 C 语言教程:从入门到精通实例详解全攻略/蔡杏山,蔡玉山编著.
—北京:电子工业出版社,2017.2
ISBN 978-7-121-30695-2

Ⅰ.①新… Ⅱ.①蔡… ②蔡… Ⅲ.①单片微型计算机-基本知识
②语言-程序设计 Ⅳ.①TP368.1 ②TP312.8

中国版本图书馆 CIP 数据核字(2016)第 312931 号

策划编辑:张　楠
责任编辑:王凌燕
印　　刷:北京京师印务有限公司
装　　订:北京京师印务有限公司
出版发行:电子工业出版社
　　　　　北京市海淀区万寿路 173 信箱　邮编　100036
开　　本:787×1 092　1/16　印张:17　字数:435.2 千字
版　　次:2017 年 2 月第 1 版
印　　次:2019 年 8 月第 6 次印刷
定　　价:49.00 元

凡所购买电子工业出版社图书有缺损问题,请向购买书店调换。若书店售缺,请与本社发行部联系,联系及邮购电话:(010)88254888,88258888。
质量投诉请发邮件至 zlts@phei.com.cn,盗版侵权举报请发邮件至 dbqq@phei.com.cn。
本书咨询联系方式:(010)88254579。

◇ 前　　言 ◇

单片机是什么？ 单片机全称为单片微型计算机，由于单片机主要用在控制方面，故又称为微型控制器（MCU）。微型计算机（又称个人电脑、PC）是将 CPU、存储器和输入/输出接口电路等安装在主电路板（简称主板）上，外部的输入/输出设备（如键盘、显示器等）通过导线与主板上的输入/输出接口电路连接起来。单片机则是将 CPU、存储器和输入/输出接口电路等制作在一块半导体硅片上，再接出引脚并封装起来构成集成电路，外部的输入/输出设备通过单片机的引脚与内部的输入/输出接口电路连接起来。也就是说，单片机是一块内部包含 CPU、存储器和输入/输出接口等电路的 IC 芯片。

哪些地方要用到单片机？ 单片机的应用非常广泛，已深入到工业、农业、商业、教育、国防及日常生活等各个领域。

单片机在家电方面的应用主要有：彩色电视机、影碟机内部的控制系统；数码相机、数码摄像机中的控制系统；中高档电冰箱、空调器、电风扇、洗衣机、加湿器和消毒柜中的控制系统；中高档微波炉、电磁灶和电饭煲中的控制系统等。

单片机在通信方面的应用主要有：移动电话、传真机、调制解调器和程控交换机中的控制系统；智能电缆监控系统、智能线路运行控制系统和智能电缆故障检测仪等。

单片机在商业方面的应用主要有：自动售货机、无人值守系统、防盗报警系统、灯光音响设备、IC 卡等。

单片机在工业方面的应用主要有：数控机床、数控加工中心、无人操作、机械手操作、工业过程控制、生产自动化、远程监控、设备管理、智能控制和智能仪表等。

单片机在航空、航天和军事方面的应用主要有：航天测控系统、航天制导系统、卫星遥控遥测系统、载人航天系统、导弹制导系统和电子对抗系统等。

单片机在汽车方面的应用主要有：汽车娱乐系统、汽车防盗报警系统、汽车信息系统、汽车智能驾驶系统、汽车全球卫星定位导航系统、汽车智能化检验系统、汽车自动诊断系统和交通信息接收系统等。

本书讲授单片机技术有什么特色？ 由于单片机应用广泛，学习电工电子技术的人几乎都希望能掌握单片机技术，但真正掌握单片机技术并能进行单片机软、硬件开发的人却不多。为什么会这样呢？一句话概括就是"学单片机编程太难了！"。本书就是为解决学习单片机编程难而推出的，全书是以"单片机实际电路+大量典型的实例程序+详细易懂的程序逐条说明"方式编写的，读者阅读程序时，除了可查看与程序对应的单片机电路外，遇到某条程序语句不明白时还可查看该程序语句的详细说明，从而理解程序运行的来龙去脉。读懂并理解程序后，读者可模仿尝试采用类似方法自己编写一些程序，慢慢就可以自己编写一些复杂的程序，从而成为单片机软件编程高手。另外，读者可登录 www.eTV100.com（易天电学网）免费下载或查看与本书有关的技术资源和其他图书。

本书在编写过程中得到了很多老师的支持，其中江西工程学院的蔡玉山教授编写了第 2、5、6 章内容，另外感谢刘元能、刘凌云、黄勇、蔡春霞、邓艳姣、何慧、詹春华、黄晓玲、万四香、邵永亮、蔡华山、王娟、李清荣、刘海峰、蔡理刚、何彬、王玉兰、何宗昌、蔡理忠、邵永明、蔡任英、余要先、石韧和王丽等参与了部分章节的编写工作，在此一致表示感谢。由于我们水平有限，书中的错误和疏漏之处在所难免，望广大读者和同人予以批评指正。

需要配套代码的读者，可发送电子邮件至 etv100@163.com 索取！

编　者

目 录

第1章 单片机入门 ... 1
1.1 单片机简介 ... 1
1.1.1 什么是单片机 ... 1
1.1.2 单片机应用系统的组成及举例说明 ... 2
1.1.3 单片机的分类 ... 3
1.1.4 单片机的应用领域 ... 4
1.2 用实例了解单片机应用系统的开发过程 ... 5
1.2.1 明确控制要求并选择合适型号的单片机 ... 5
1.2.2 设计单片机电路原理图 ... 5
1.2.3 制作单片机电路 ... 6
1.2.4 用 Keil 软件编写单片机控制程序 ... 7
1.2.5 计算机、下载（烧录）器和单片机的连接 ... 10
1.2.6 用烧录软件将程序写入单片机 ... 13
1.2.7 单片机电路的供电与测试 ... 15
1.3 与单片机有关的基础知识 ... 17
1.3.1 单片机基础电路 ... 17
1.3.2 数制与数制的转换 ... 24
1.3.3 单片机的数的表示及运算 ... 27
1.4 C51语言基础 ... 29
1.4.1 常量 ... 29
1.4.2 变量 ... 30
1.4.3 运算符 ... 31
1.4.4 关键字 ... 34
1.4.5 数组 ... 34
1.4.6 循环语句 ... 36
1.4.7 选择语句 ... 37

第 2 章 51 单片机的硬件系统 ································· 40

2.1 8051 单片机的引脚功能与内部结构 ································· 40
2.1.1 引脚功能说明 ································· 40
2.1.2 单片机与片外存储器的连接与控制 ································· 43
2.1.3 内部结构说明 ································· 44

2.2 8051 单片机 I/O 端口的结构与工作原理 ································· 47
2.2.1 P0 端口 ································· 47
2.2.2 P1 端口 ································· 48
2.2.3 P2 端口 ································· 49
2.2.4 P3 端口 ································· 50

2.3 8051 单片机的存储器 ································· 51
2.3.1 存储器的存储单位与编址 ································· 51
2.3.2 片内、外程序存储器的使用与编址 ································· 52
2.3.3 片内、外数据存储器的使用与编址 ································· 53
2.3.4 数据存储器的分区 ································· 53
2.3.5 特殊功能寄存器（SFR） ································· 56

2.4 STC89C5x 系列单片机介绍 ································· 59
2.4.1 STC89C5x 单片机的版本、封装形式和引脚功能说明 ································· 60
2.4.2 STC89C5x 系列单片机的型号命名规则 ································· 63
2.4.3 STC89C5x 系列单片机的常用型号的主要参数 ································· 64
2.4.4 STC89C5x 系列单片机的 I/O 端口 ································· 64
2.4.5 STC89C5x 系列单片机的程序存储器与数据存储器 ································· 68
2.4.6 STC89C5x 系列单片机的特殊功能寄存器 ································· 69

第 3 章 Keil C51 编程软件的使用 ································· 72

3.1 Keil C51 软件的安装 ································· 72
3.1.1 Keil C51 软件的版本及获取 ································· 72
3.1.2 Keil C51 软件的安装 ································· 72

3.2 程序的编写与编译 ································· 75
3.2.1 启动 Keil C51 软件并新建工程文件 ································· 75
3.2.2 新建源程序文件并与工程关联起来 ································· 77
3.2.3 编写程序 ································· 79
3.2.4 编译程序 ································· 81

3.3 程序的仿真与调试 ·· 84
    3.3.1 软件仿真调试 ·· 85
    3.3.2 硬件仿真调试 ·· 91

第4章 单片机驱动 LED 与 LED 数码管的电路及编程 ························· 95

4.1 单片机驱动 LED 的电路及编程 ·· 95
    4.1.1 发光二极管（LED）外形、性质与检测 ·· 95
    4.1.2 单片机连接8个 LED 的电路 ·· 97
    4.1.3 位操作与字节操作方式点亮单个 LED 的程序及详解 ································ 98
    4.1.4 单个 LED 闪烁发光的程序及详解 ··· 100
    4.1.5 单个 LED 以不同频率闪烁发光的程序及详解 ······································· 101
    4.1.6 位操作和字节操作方式点亮多个 LED 的程序及详解 ······························· 102
    4.1.7 多个 LED 以不同频率闪烁发光的程序及详解 ······································· 102
    4.1.8 多个 LED 左移和右移的程序及详解 ·· 103
    4.1.9 LED 循环左移和右移的程序及详解 ··· 105
    4.1.10 LED 左右移动并闪烁发光的程序及详解 ·· 106
    4.1.11 用查表方式控制 LED 发光的程序及详解 ··· 107
    4.1.12 LED 花样发光的程序及详解 ·· 108
    4.1.13 用 PWM（脉宽调制）方式调节 LED 亮度的原理与程序 ······················· 108
4.2 单片机驱动一位 LED 数码管显示的电路及编程 ··· 110
    4.2.1 一位 LED 数码管外形、结构与检测 ·· 110
    4.2.2 单片机连接一位 LED 数码管的电路 ·· 112
    4.2.3 单个数码管静态显示一个字符的程序及详解 ··· 113
    4.2.4 单个数码管动态显示多个字符的程序及详解 ··· 113
    4.2.5 单个数码管环形转圈显示的程序及详解 ·· 114
    4.2.6 单个数码管显示逻辑电平的程序及详解 ·· 115
4.3 单片机驱动8位 LED 数码管显示的电路及编程 ··· 115
    4.3.1 多位 LED 数码管外形、结构与检测 ·· 115
    4.3.2 单片机连接8位共阴极数码管的电路 ··· 117
    4.3.3 8位数码管显示一个字符的程序及详解 ··· 118
    4.3.4 8位数码管逐位显示8个字符的程序及详解 ··· 119
    4.3.5 8位数码管同时显示8个字符的程序及详解 ··· 120
    4.3.6 8位数码管动态显示8个以上字符的程序及详解 ··································· 120

第5章 中断的使用及编程 122

5.1 中断的基本概念与处理过程 122
5.1.1 什么是中断 122
5.1.2 中断的基本概念 122
5.1.3 中断的处理过程 123

5.2 8051单片机的中断系统结构与控制寄存器 123
5.2.1 中断系统的结构 123
5.2.2 中断源寄存器 124
5.2.3 中断允许寄存器 IE 125
5.2.4 中断优先级控制寄存器 IP 126

5.3 中断的应用编程举例 127
5.3.1 中断使用的电路例图 127
5.3.2 外部中断0以低电平方式触发中断的程序 128
5.3.3 外部中断1以下降沿方式触发中断的程序 128

第6章 定时器/计数器的使用及编程 131

6.1 定时器/计数器的定时与计数功能 131
6.1.1 定时功能 131
6.1.2 计数功能 132

6.2 定时器/计数器的结构原理 132
6.2.1 定时器/计数器的结构 132
6.2.2 定时器/计数器的工作原理 133

6.3 定时器/计数器的控制寄存器与4种工作方式 134
6.3.1 定时器/计数器控制寄存器 TCON 134
6.3.2 工作方式控制寄存器 TMOD 135
6.3.3 定时器/计数器的工作方式 136

6.4 定时器/计数器的应用及编程 140
6.4.1 产生1kHz方波信号的程序及详解 140
6.4.2 产生50kHz方波信号的程序及详解 141
6.4.3 产生周期为1s方波信号的程序及长延时的方法 142

第7章 独立按键与矩阵键盘输入电路及编程 144

7.1 独立按键输入电路及编程 144
7.1.1 开关输入产生的抖动及软、硬件解决方法 144

7.1.2　8 个独立按键与 8 个 LED 的单片机电路 145
7.1.3　一个按键点动控制一个 LED 亮灭的程序及详解 146
7.1.4　一个按键锁定控制一个 LED 亮灭的程序及详解 146
7.1.5　4 路抢答器的程序及详解 147
7.1.6　独立按键控制 LED 和 LED 数码管的单片机电路 148
7.1.7　两个按键控制一位数字增、减并用 8 位数码管显示的程序及详解 149
7.1.8　两个按键控制多位数字增、减并用 8 位数码管显示的程序及详解 150
7.1.9　按键长按与短按产生不同控制效果的程序及详解 152
7.1.10　8 个独立按键控制 LED 和 LED 数码管显示的程序及详解 154
7.2　矩阵键盘输入电路及编程 156
7.2.1　16 键矩阵键盘输入与 8 位数码管显示的单片机电路 156
7.2.2　矩阵键盘行列扫描方式输入及显示的程序及详解 158
7.2.3　中断触发键盘行列扫描的矩阵键盘输入显示电路及程序 161
7.2.4　矩阵键盘密码锁程序及详解 166

第 8 章　点阵和液晶显示屏的使用及编程 170

8.1　双色 LED 点阵的使用及编程 170
8.1.1　双色 LED 点阵的外形、结构原理与检测 170
8.1.2　单片机配合 74HC595 芯片驱动双色 LED 点阵的电路 177
8.1.3　双色点阵显示一种颜色字符的程序及详解 178
8.1.4　双色点阵交替显示两种颜色字符的程序及详解 180
8.1.5　字符移入和移出点阵的程序及详解 182
8.2　1602 字符型液晶显示屏的使用及编程 185
8.2.1　1602 字符型液晶显示屏的硬、软件资源 185
8.2.2　单片机驱动 1602 液晶显示屏的电路 192
8.2.3　1602 液晶显示屏静态显示字符的程序及详解 192
8.2.4　1602 液晶显示屏逐个显现字符的程序及详解 194
8.2.5　1602 液晶显示屏字符滚动显示的程序及详解 195
8.2.6　矩阵键盘输入与 1602 液晶显示屏显示的电路及程序 196

第 9 章　步进电动机的使用及编程 202

9.1　步进电动机与驱动芯片介绍 202
9.1.1　步进电动机的结构与工作原理 202
9.1.2　驱动芯片 ULN2003 205

9.1.3　五线四相步进电动机······207
　9.2　单片机驱动步进电动机的电路及编程······208
　　　9.2.1　由按键、单片机、驱动芯片和数码管构成的步进电动机驱动电路······208
　　　9.2.2　用单4拍方式驱动步进电动机正转的程序及详解······209
　　　9.2.3　用双4拍方式驱动步进电动机自动正反转的程序及详解······209
　　　9.2.4　外部中断控制步进电动机正反转的程序及详解······211
　　　9.2.5　用按键控制步进电动机启动、加速、减速、停止的程序及详解······212

第10章　串行通信的使用及编程······216

　10.1　概述······216
　　　10.1.1　并行通信和串行通信······216
　　　10.1.2　串行通信的两种方式······216
　　　10.1.3　串行通信的数据传送方向······218
　10.2　串行通信口的结构与原理······219
　　　10.2.1　串行通信口的结构······219
　　　10.2.2　串行通信口的工作原理······220
　10.3　串行通信口的控制寄存器······220
　　　10.3.1　串行控制寄存器（SCON）······220
　　　10.3.2　电源控制寄存器（PCON）······221
　10.4　4种工作方式与波特率的设置······221
　　　10.4.1　方式0······221
　　　10.4.2　方式1······223
　　　10.4.3　方式2······223
　　　10.4.4　方式3······224
　　　10.4.5　波特率的设置······224
　10.5　串行通信的应用编程······226
　　　10.5.1　利用串行通信的方式0实现产品计数显示的电路及编程······226
　　　10.5.2　利用串行通信的方式1实现双机通信的电路及编程······227

第11章　I^{2}C总线通信的使用及编程······231

　11.1　I^{2}C总线介绍······231
　　　11.1.1　概述······231
　　　11.1.2　I^{2}C总线通信协议······232
　　　11.1.3　I^{2}C总线的数据传送格式······232

11.2 I^2C 总线存储器 24C02（E^2PROM） 233
    11.2.1 外形与引脚功能说明 233
    11.2.2 器件地址的设置 234
    11.2.3 读/写操作 234
11.3 单片机与 24C02 的 I^2C 总线通信电路及编程 237
    11.3.1 模拟 I^2C 总线通信的程序及详解 237
    11.3.2 利用 I^2C 总线从 24C02 读写一个数据并用 LED 显示的电路及程序 240
    11.3.3 利用 I^2C 总线从 24C02 读写多个数据的电路及程序 242
    11.3.4 利用 24C02 存储按键的操作信息的电路及程序 243

第 12 章 AD（模数）与 DA（数模）转换电路及编程 247

12.1 AD 与 DA 转换 247
    12.1.1 AD 转换 247
    12.1.2 DA 转换 249
12.2 AD 与 DA 转换芯片 PCF8591 249
    12.2.1 外形与引脚功能说明 250
    12.2.2 器件地址和功能设置 250
12.3 由 PCF8591 芯片构成的 AD 和 DA 转换电路及编程 252
    12.3.1 单片机、PCF8591 芯片与 8 位数码管构成的转换及显示电路 252
    12.3.2 1 路 AD 转换并显示转换值的程序及详解 253
    12.3.3 4 路电压测量显示的程序及详解 255
    12.3.4 DA 转换输出显示的程序及详解 258

第 1 章

单片机入门

1.1 单片机简介

1.1.1 什么是单片机

单片机是单片微型计算机（Single Chip Microcomputer）的简称，由于单片机主要用于控制领域，所以又称为微型控制器（Microcontroller Unit，MCU）。单片机与微型计算机都是由 CPU、存储器和输入/输出接口电路（I/O 接口电路）等组成的，但两者又有所不同，微型计算机（PC）和单片机（MCU）的基本结构如图 1-1 所示。

图 1-1　微型计算机与单片机的结构

从图 1-1 可以看出，微型计算机是将 CPU、存储器和输入/输出接口电路等安装在电路板（又称电脑主板）上，外部的输入/输出设备（I/O 设备）通过接插件与电路板上的输入/输出接口电路连接起来。单片机则是将 CPU、存储器和输入/输出接口电路等做在半导体硅片上，再接出引脚并封装起来构成集成电路，外部的输入/输出设备通过单片机的外部引脚与内部的输入/输出接口电路连接起来。

单片机是一种内部集成了很多电路的 IC 芯片（又称集成电路、集成块），图 1-2 列出了几种常见的单片机，有的单片机引脚较多，有的引脚较少，同种型号的单片机可以采用直插式引脚封装，也可以采用贴片式引脚封装。

与单片机相比，微型计算机具有性能高、功能强的特点，但其价格昂贵，并且体积大，所以在一些不是很复杂的控制方面，如电动玩具、缤纷闪烁的霓虹灯和家用电器等设备中，完全可以采用价格低廉的单片机进行控制。

(a) 直插式引脚封装　　　　　　(b) 贴片式引脚封装

图 1-2　几种常见的单片机外形

1.1.2　单片机应用系统的组成及举例说明

1. 组成

单片机是一块内部包含 CPU、存储器和输入/输出接口等电路的 IC 芯片，但单独一块单片机芯片是无法工作的，必须给它增加一些有关的外围电路来组成单片机应用系统才能完成指定的任务。典型的单片机应用系统的组成如图 1-3 所示，即单片机应用系统主要由单片机芯片、输入部件、输入电路、输出部件和输出电路组成。

图 1-3　典型的单片机应用系统的组成

2. 工作过程举例说明

如图 1-4 所示是一种采用单片机控制的 DVD 影碟机托盘检测及驱动电路，下面以该电路来说明单片机应用系统的一般工作过程。

图 1-4　一种采用单片机控制的 DVD 影碟机托盘检测及驱动电路

当按下"OPEN/CLOSE"键时，单片机 a 脚的高电平（一般为 3V 以上的电压，常用 1 或 H 表示）经二极管 VD 和闭合的按键 S2 送入 b 脚，触发单片机内部相应的程序运行，程序运行后从 e 脚输出低电平（一般为 0.3V 以下的电压，常用 0 或 L 表示），低电平经电阻 R3 送到 PNP 型三极管 VT2 的基极，VT2 导通，+5V 电压经 R1、导通的 VT2 和 R4 送到 NPN 型三极管 VT3 的基极，VT3 导通，于是有电流流过托盘电动机（电流途径是：+5V→R1→VT2 的发射极→VT2 的集电极→接插件的 3 脚→托盘电动机→接插件的 4 脚→VT3 的集电极→VT3 的发射极→地），托盘电动机运转，通过传动机构将托盘推出机器，当托盘出仓到位后，托盘检测开关 S1 断开，单片机的 c 脚变为高电平（出仓过程中 S1 一直是闭合的，c 脚为低电平），内部程序运行，使单片机的 e 脚变为高电平，三极管 VT2、VT3 均由导通转为截止，无电流流过托盘电动机，电动机停转，托盘出仓完成。

在托盘上放好碟片后，再按压一次"OPEN/CLOSE"键，单片机的 b 脚再一次接收到 a 脚送来的高电平，又触发单片机内部相应的程序运行，程序运行后从 d 脚输出低电平，低电平经电阻 R2 送到 PNP 型三极管 VT1 的基极，VT1 导通，+5V 电压经 R1、VT1 和 R5 送到 NPN 型三极管 VT4 的基极，VT4 导通，马上有电流流过托盘电动机（电流途径是：+5V→R1→VT1 的发射极→VT1 的集电极→接插件的 4 脚→托盘电动机→接插件的 3 脚→VT4 的集电极→VT4 的发射极→地），由于流过托盘电动机的电流反向，故电动机反向运转，通过传动机构将托盘收回机器，当托盘入仓到位后，托盘检测开关 S1 断开，单片机的 c 脚变为高电平（入仓过程中 S1 一直是闭合的，c 脚为低电平），内部程序运行，使单片机的 d 脚变为高电平，三极管 VT1、VT4 均由导通转为截止，无电流流过托盘电动机，电动机停转，托盘入仓完成。

在图 1-4 中，检测开关 S1 和按键 S2 均为输入部件，与之连接的电路称为输入电路，托盘电动机为输出部件，与之连接的电路称为输出电路。

1.1.3 单片机的分类

设计生产单片机的公司很多，较常见的有 Intel 公司生产的 MCS-51 系列单片机、Atmel 公司生产的 AVR 系列单片机、MicroChip 公司生产的 PIC 系列单片机和美国德州仪器（TI）公司生产的 MSP430 系列单片机等。

8051 单片机是 Intel 公司推出的最成功的单片机产品，后来由于 Intel 公司将重点放在 PC 芯片（如 8086、80286、80486 和奔腾 CPU 等）开发上，故将 8051 单片机内核使用权以专利出让或互换的形式转给许多世界著名的 IC 制造厂商，如 Philips、NEC、Atmel、AMD、Dallas、siemens、Fujutsu、OKI、华邦和 LG 等，这些公司在保持与 8051 单片机兼容的基础上改善和扩展了许多功能，设计生产出与 8051 单片机兼容的一系列单片机。这种具有 8051 硬件内核且兼容 8051 指令的单片机称为 MCS-51 系列单片机，简称 51 单片机。新型 51 单片机可以运行 8051 单片机的程序，而 8051 单片机可能无法正常运行新型 51 单片机为新增功能编写的程序。

51 单片机是目前应用最为广泛的单片机，由于生产 51 单片机的公司很多，故其型号众多，但不同公司各型号的 51 单片机之间也有一定的对应关系。如表 1-1 所示是部分公司的

51单片机常见型号及对应表，对应型号的单片机功能基本相似。

表1-1　部分公司的51单片机常见型号及对应表

STC公司的51单片机	Atmel公司的51单片机	Philips公司的51单片机	Winbond公司的51单片机
STC89C516RD	AT89C51RD2/RD+/RD	P89C51RD2/RD+,89C61/60X2	W78E516
STC89LV516RD	AT89LV51RD2/RD+/RD	P89LV51RD2/RD+/RD	W78LE516
STC89LV58RD	AT89LV51RC2/RC+/RC	P89LV51RC2/RC+/RC	W78LE58,W77LE58
STC89C54RC2	AT89C55,AT89S8252	P89C54	W78E54
STC89LV54RC2	AT89LV55	P87C54	W78LE54
STC89C52RC2	AT89C52,AT89S52	P89C52,P87C52	W78E52
STC89LV52RC2	AT89LV52,AT89LS52	P87C52	W78LE52
STC89C51RC2	AT89C51,AT89S51	P87C51,P87C51	W78E51

1.1.4　单片机的应用领域

单片机的应用非常广泛，已深入到工业、农业、商业、教育、国防及日常生活等各个领域。下面简单介绍一下单片机在一些领域中的应用。

1. 单片机在家电方面的应用

单片机在家电方面的应用主要有：彩色电视机、影碟机内部的控制系统；数码相机、数码摄像机中的控制系统；中高档电冰箱、空调器、电风扇、洗衣机、加湿器和消毒柜中的控制系统；中高档微波炉、电磁灶和电饭煲中的控制系统等。

2. 单片机在通信方面的应用

单片机在通信方面的应用主要有：移动电话、传真机、调制解调器和程控交换机中的控制系统；智能电缆监控系统、智能线路运行控制系统和智能电缆故障检测仪等。

3. 单片机在商业方面的应用

单片机在商业方面的应用主要有：自动售货机、无人值守系统、防盗报警系统、灯光音响设备、IC卡等。

4. 单片机在工业方面的应用

单片机在工业方面的应用主要有：数控机床、数控加工中心、无人操作、机械手操作、工业过程控制、生产自动化、远程监控、设备管理、智能控制和智能仪表等。

5. 单片机在航空、航天和军事方面的应用

单片机在航空、航天和军事方面的应用主要有：航天测控系统、航天制导系统、卫星遥控遥测系统、载人航天系统、导弹制导系统和电子对抗系统等。

6. 单片机在汽车方面的应用

单片机在汽车方面的应用主要有：汽车娱乐系统、汽车防盗报警系统、汽车信息系统、汽车智能驾驶系统、汽车全球卫星定位导航系统、汽车智能化检验系统、汽车自动诊断系统和交通信息接收系统等。

1.2 用实例了解单片机应用系统的开发过程

1.2.1 明确控制要求并选择合适型号的单片机

1. 明确控制要求

在开发单片机应用系统时，先要明确需要实现的控制功能，单片机硬件和软件开发都需围绕着要实现的控制功能进行。如果要实现的控制功能比较多，可一条一条列出来；若要实现的控制功能比较复杂，则需分析控制功能及控制过程，并明确表述出来（如控制的先后顺序、同时进行几项控制等），这样在进行单片机软、硬件开发时才会目标明确。

本节以开发一个用按键控制一只发光二极管（LED）亮灭的项目为例来介绍单片机应用系统的软、硬件的开发过程，其控制要求是：当按下按键时，发光二极管亮；松开按键时，发光二极管熄灭。

2. 选择合适型号的单片机

明确单片机应用系统要实现的控制功能后，再选择单片机种类和型号。单片机种类很多，不同种类型号的单片机结构和功能有所不同，软、硬件开发也有区别。

在选择单片机型号时，一般应注意以下几点：

① 选择自己熟悉的单片机。不同系列的单片机内部硬件结构和软件指令或多或少有些不同，而选择自己熟悉的单片机可以提高开发效率，缩短开发时间。

② 在功能够用的情况下，考虑性价比。有些型号的单片机功能强大，但相应的价格也较高，而选择单片机型号时功能足够即可，不要盲目选用功能强大的单片机。

目前市面上使用广泛的为 51 单片机，其中宏晶公司（STC）的 51 系列单片机最为常见，编写的程序可以在线写入单片机，无须专门的编程器，并且可反复擦写单片机内部的程序；另外，其价格低（5 元左右）且容易买到。

1.2.2 设计单片机电路原理图

明确控制要求并选择合适型号的单片机后，接下来就是设计单片机电路，即给单片机添加工作条件电路、输入部件和输入电路、输出部件与输出电路等。如图 1-5 所示是设计好的用一个按键控制一只发光二极管亮灭的单片机电路原理图，该电路采用了 STC 公司 8051 内核的 89C51 型单片机。

单片机是一种集成电路，普通的集成电路只需提供电源即可使其内部电路开始工作，而要让单片机的内部电路正常工作，除了需提供电源外，还需提供时钟信号和复位信号。电源、时钟信号和复位信号在单片机工作时必须提供，而提供这三者的电路称为单片机的工作条件电路。

STC89C51 单片机的工作电源为 5V，电压允许范围为 3.8～5.5V。5V 电源的正极接到单片机的正电源脚（VCC、40 脚），负极接到单片机的负电源脚（VSS、20 脚）。晶振 X、电容 C1、C2 与单片机时钟脚（XTAL2-18 脚、XTAL1-19 脚）内部的电路组成时钟振荡电路，产生 12MHz 时钟信号提供给单片机的内部电路，让内部电路有条不紊地按节拍工作。C1、

R1 构成单片机复位电路,在接通电源的瞬间,C1 还未充电,C1 两端电压为 0V,R1 两端电压为 5V,5V 电压为高电平,它作为复位信号经复位脚(RST、9 脚)送入单片机,对内部电路进行复位,使内部电路全部进入初始状态。随着电源对 C1 充电,C1 上的电压迅速上升,R1 两端电压则迅速下降,当 C1 上充的电压达到 5V 时充电结束,R1 两端电压为 0V(低电平),单片机的 RST 脚变为低电平,结束对单片机内部电路的复位,内部电路开始工作,如果单片机的 RST 脚始终为高电平,内部电路则被钳在初始状态,无法工作。

图 1-5 用一个按键控制一只发光二极管亮灭的单片机电路原理图

按键 S 闭合时,单片机的 P1.2 脚(3 脚)通过 S 接地(电源负极),P1.2 脚输入为低电平,内部电路检测到该脚电平再执行程序,让 P0.3 脚(36 脚)输出低电平(0V),发光二极管 VD 导通,有电流流过 VD(电流途径是:5V 电源正极→R2→VD→单片机的 P0.3 脚→内部电路→单片机的 VSS 脚→电源负极),VD 点亮;按键 S 松开时,单片机的 P1.2 脚(3 脚)变为高电平(5V),内部电路检测到该脚电平再执行程序,让 P0.3 脚(36 脚)输出高电平,发光二极管 VD 截止(即 VD 不导通),VD 熄灭。

1.2.3 制作单片机电路

按控制要求设计好单片机电路原理图后,还要依据电路原理图将实际的单片机电路制作出来。制作单片机电路有两种方法:一种是用电路板设计软件(如 Protel99SE 软件)设计出与电路原理图相对应的 PCB 图(印制电路板图),再交给 PCB 板厂生产出相应的 PCB 电路板,然后将单片机及有关元件安装焊接在电路板上即可;另一种是使用万能电路板,将单片机及有关元件安装焊接在电路板上,再按电路原理图的连接关系用导线或焊锡将单片机及元件连接起来。前一种方法适合大批量生产,后一种方法适合少量制作实验,这里使用万能电路板来制作单片机电路。

如图 1-6 所示是一个按键控制一只发光二极管亮灭的单片机电路元件和万能电路板（又称洞洞板）。在安装单片机电路时，从正面将元件引脚插入电路板的圆孔，在背面将引脚焊接好，由于万能电路板各圆孔间是断开的，故还需要按电路原理图连接关系，用焊锡或导线将有关元件引脚连接起来。为了方便将单片机各引脚与其他电路连接起来，在单片机两列引脚旁安装了两排 20 脚的单排针，安装时将单片机各引脚与各自对应的排针脚焊接在一起，暂时不用的单片机引脚可不焊接。制作完成的单片机电路如图 1-7 所示。

图 1-6　一个按键控制一只发光二极管亮灭的单片机电路元件和万能电路板

图 1-7　制作完成的单片机电路

1.2.4　用 Keil 软件编写单片机控制程序

单片机是一种软件驱动的芯片，要让它进行某些控制就必须为其编写相应的控制程序。Keil μVision2 是一款最常用的 51 单片机编程软件，在该软件中可以使用汇编语言或 C 语言编写单片机程序。Keil μVision2 的安装和使用在后面章节会详细说明，下面只对该软件编程进行简略介绍。

1. 编写程序

在计算机屏幕桌面上执行"开始→程序→Keil μVision2",如图 1-8 所示,打开 Keil μVision2 软件,如图 1-9 所示。在该软件中新建一个项目"一个按键控制一只 LED 亮灭.Uv2",再在该项目中新建一个"一个按键控制一只 LED 亮灭.c"文件,如图 1-10 所示;然后在该文件中用 C 语言编写单片机控制程序(采用英文半角输入),如图 1-11 所示;最后单击工具栏上的 按钮,将当前 C 语言程序转换成单片机能识别的程序,在软件窗口下方出现编译信息,如图 1-12 所示,如果出现"0 Error(s),0 Warning(s)",表示程序编译通过。

图 1-8 在计算机屏幕桌面上执行"开始→程序→Keil μVision2"

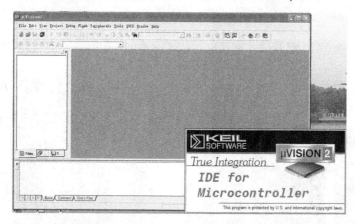

图 1-9 打开 Keil μVision2 软件

图 1-10 新建一个项目并在该项目中新建一个"一个按键控制一只 LED 亮灭.c"文件

图1-11 在"一个按键控制一只LED亮灭.c"文件中用C语言编写单片机程序

图1-12 单击编译按钮将C语言程序转换成单片机可识别的程序

C语言程序文件（.c）编译后会得到一个十六进制程序文件（.hex），如图1-13所示，利用专门的下载软件将该十六进制程序文件写入单片机即可让单片机工作而产生相应的控制。

图1-13 C语言程序文件被编译后就得到一个可写入单片机的十六进制程序文件

2. 程序说明

"一个按键控制一只 LED 亮灭.c"文件的 C 语言程序说明如图 1-14 所示。在程序中，如果将"LED=KEY"改成"LED=!KEY"，即让 LED（P0.3 端口）的电平与 KEY（P1.2 端口）的反电平相同，这样当按键按下时 P1.2 端口为低电平，P0.3 端口则为高电平，LED 灯不亮。如果将程序中的"while（1）"改成"while（0）"，while 函数大括号内的语句"LED=KEY"不会执行，即未将 LED（P0.3 端口）的电平与 KEY（P1.2 端口）对应起来，操作按键无法控制 LED 灯的亮灭。

图 1-14 "一个按键控制一只 LED 亮灭.c"文件的 C 语言程序说明

1.2.5 计算机、下载（烧录）器和单片机的连接

1. 计算机与下载（烧录）器的连接与驱动

计算机需要通过下载器（又称烧录器）才能将程序写入单片机。如图 1-15 所示是一种常用的 USB 转 TTL 的下载器，使用它可以将程序写入 STC 单片机。

图 1-15 USB 转 TTL 的下载器及连接线

在将下载器连接到计算机前，需要先在计算机中安装下载器的驱动程序，再将下载器插入计算机的 USB 接口，计算机才能识别并与下载器建立联系。下载器驱动程序的安装如图 1-16 所示，由于计算机操作系统为 WinXP，故选择与 WinXP 对应的驱动程序文件，双击该文件即开始安装。

图 1-16　安装 USB 转 TTL 的下载器的驱动程序

驱动程序安装完成后，将下载器的 USB 插口插入计算机的 USB 接口，计算机即可识别出下载器。在计算机的"设备管理器"中查看下载器与计算机的连接情况：在计算机屏幕桌面上右击"我的电脑"，在弹出的菜单中单击"设备管理器"，如图 1-17 所示，弹出"设备管理器"窗口，展开其中的"端口（COM 和 LPT）"项，可以看出下载器的连接端口为 COM3，下载器实际连接的为计算机的 USB 端口。COM3 端口是一个模拟端口，记下该端口序号以便下载程序时选用。

（a）弹出菜单　　　　　　　　　　　　（b）"设备管理器"窗口

图 1-17　查看下载器与计算机的连接端口序号

2. 下载器与单片机的连接

USB 转 TTL 的下载器一般有 5 个引脚，分别是 3.3V 电源脚、5V 电源脚、TXD（发送数据）脚、RXD（接收数据）脚和 GND（接地）脚。

下载器与 STC89C51 单片机的连接如图 1-18 所示，从图中可以看出，除了两者的电源正、负脚要连接起来外，下载器的 TXD（发送数据）脚与 STC89C51 单片机的 RXD（接收数据）脚（10 脚，与 P3.0 为同一个引脚）、下载器的 RXD 脚与 STC89C51 单片机的 TXD

脚（11 脚，与 P3.1 为同一个引脚）也要连接起来。下载器与其他型号的 STC-51 单片机的连接基本相同，只是对应的单片机引脚序号可能不同。

（a）连接说明

（b）实际连接

图 1-18 下载器与 STC89C51 单片机的连接

1.2.6 用烧录软件将程序写入单片机

1. 将计算机、下载器与单片机电路三者连接起来

将在计算机中编写并编译好的程序下载到单片机中,必须先将下载器与计算机及单片机电路连接起来,如图 1-19 所示,然后在计算机中打开 STC-ISP 烧录软件,用该软件将程序写入单片机。

图 1-19　计算机、下载器与单片机电路三者的连接

2. 打开烧录软件将程序写入单片机

STC-ISP 烧录软件只能烧写 STC 系列单片机,它分为安装版本和非安装版本,非安装版本使用更为方便。如图 1-20 所示是 STC-ISP 烧录软件非安装中文版,双击"STC_ISP_V483.exe"文件,打开 STC-ISP 烧录软件。用 STC-ISP 烧录软件将程序写入单片机的操作如图 1-21 所示,需要注意的是,单击软件中的"Download/下载"按钮后,计算机会反复往单片机发送数据,但单片机不会接收该数据,这时需要切断单片机的电源,几秒后再接通电源,单片机重新上电后会检测到计算机发送过来的数据,会将该数据接收下来并存到内部的程序存储器中,从而完成程序的写入。

(a) 双击"STC_ISP_V483.exe"文件

图 1-20　打开非安装版本的 STC-ISP 烧录软件

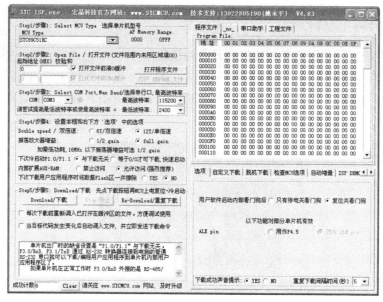

(b)打开的 STC-ISP 烧录软件

图 1-20 打开非安装版本的 STC-ISP 烧录软件（续）

(a)选择单片机型号

(b)打开要写入单片机的程序文件

图 1-21 用 STC-ISP 烧录软件将程序写入单片机的操作

（c）选择计算机与下载器连接的 COM 端口序号

（d）开始往单片机写入程序

（e）程序写入完成

图 1-21 用 STC-ISP 烧录软件将程序写入单片机的操作（续）

1.2.7 单片机电路的供电与测试

程序写入单片机后，再给单片机电路通电，测试其能否实现控制要求，如若不能，需要检查是单片机硬件电路的问题，还是程序的问题，并解决这些问题。

1. 用计算机的 USB 接口通过下载器为单片机供电

在给单片机供电时，如果单片机电路简单、消耗电流少，可让下载器（需与计算机的 USB 接口连接）为单片机提供 5V 或 3.3V 电源，该电压实际来自计算机的 USB 接口，单片机通电后再进行测试，如图 1-22 所示。

图 1-22　利用下载器（需与计算机的 USB 接口连接）为单片机提供电源

2. 用 USB 电源适配器给单片机电路供电

如果单片机电路消耗电流大，需要使用专门的 5V 电源为其供电。如图 1-23 所示是一种手机充电常见的 5V 电源适配器及数据线，该数据线一端为标准 USB 接口，另一端为 Micro USB 接口，在 Micro USB 接口附近将数据线剪断，可看见有 4 根不同颜色的线，分别是"红—电源线（VCC，5V+）"、"黑—地线（GND，5V-）"、"绿—数据正（DATA+）"和"白—数据负（DATA-）"，将绿、白线剪短不用，红、黑线剥掉绝缘层露出铜芯线，再将红、黑线分别接到单片机电路的电源正、负端，如图 1-24 所示。USB 电源适配器可以将 220V 交流电压转换成 5V 直流电压，如果单片机的供电不是 5V 而是 3.3V，可在 5V 电源线上再串接 3 只整流二极管，由于每只整流二极管电压降为 0.5~0.6V，故可得到 3.2~3.5V 的电压，如图 1-25 所示。

图 1-23　USB 电源适配器与电源线制作

图 1-24　将正、负电源线接到单片机电路的电源正、负端

图 1-25　利用 3 只整流二极管可将 5V 电压降低成 3.3V 左右的电压

用 USB 电源适配器给单片机电路供电并进行测试，如图 1-26 所示。

图 1-26　用 USB 电源适配器给单片机电路供电并进行测试

1.3　与单片机有关的基础知识

1.3.1　单片机基础电路

单片机内部主要由数字电路组成。为了在分析单片机内部电路结构时更容易理解，这里简单介绍一下单片机中常用的基础电路。

1. 与门

（1）与门的电路结构与原理

与门的电路结构如图 1-27 所示，它是一个由二极管和电阻构成的电路，其中 A、B 为输入端，S1、S2 为开关，Y 为输出端，+5V 电压经 R1、R2 分压，在 E 点得到+3V 的电压。

图 1-27　与门的电路结构

与门电路工作原理说明如下：

当 S1、S2 均拨至位置 "2" 时，A、B 端电压都为 0V，由于 E 点电压为 3V，所以二极管 VD1、VD2 都导通，E 点电压马上下降到 0.7V，Y 端输出电压为 0.7V。

当 S1 拨至位置 "2"、S2 拨至位置 "1" 时，A 端电压为 0V，B 端电压为 5V，由于 E 点电压为 3V，所以二极管 VD1 马上导通，E 点电压下降到 0.7V，此时 VD2 正端电压为 0.7V，负端电压为 5V，VD2 处于截止状态，Y 端输出电压为 0.7V。

当 S1 拨至位置 "1"、S2 拨至位置 "2" 时，A 端电压为 5V，B 端电压为 0V，VD2 导通，VD1 截止，E 点为 0.7V，Y 端输出电压为 0.7V。

当 S1、S2 均拨至位置 "1" 时，A、B 端电压都为 5V，VD1、VD2 均不能导通，E 点电压为 3V，Y 端输出电压为 3V。

为了分析方便，在数字电路中通常将 0~1V 范围的电压规定为低电平，用 "0" 表示，将 3~5V 范围的电压称为高电平，用 "1" 表示。根据该规定，可将与门电路工作原理简化如下：

当 A=0、B=0 时，Y=0；
当 A=0、B=1 时，Y=0；
当 A=1、B=0 时，Y=0；
当 A=1、B=1 时，Y=1。

由此可见，与门电路的功能是：只有输入端都为高电平时，输出端才会输出高电平；只要有一个输入端为低电平，输出端就会输出低电平。

（2）真值表

真值表是用来列举电路各种输入值和对应输出值的表格。它能让人们直观地看出电路输入与输出之间的关系。如表 1-2 所示为与门电路的真值表。

表 1-2　与门电路的真值表

输	入	输 出	输	入	输 出
A	B	Y	A	B	Y
0	0	0	1	0	0
0	1	0	1	1	1

（3）逻辑表达式

真值表虽然能直观地描述电路输入和输出之间的关系，但比较麻烦且不便记忆。为此可采用关系式来表达电路输入与输出之间的逻辑关系，这种关系式称为逻辑表达式。

与门电路的逻辑表达式为

$$Y = A \cdot B$$

式中的 "·" 表示 "与"，读作 "A 与 B"（或 "A 乘 B"）。

（4）与门的图形符号

如图 1-27 所示的与门电路由多个元件组成，这在画图和分析时很不方便，可以用一个简单的符号来表示整个与门电路，这个符号称为图形符号。与门电路的图形符号如图 1-28 所示，其中旧符号是指早期采用的符号，常用符号是指有些国家采用的符号，新标准符号是指我国最新公布的标准符号。

(a) 新标准符号　　(b) 常用符号　　(c) 旧符号

图 1-28　与门图形符号

（5）与门芯片

在数字电路系统中，已很少采用分立元件组成的与门电路，市面上有很多集成化的与门芯片（又称与门集成电路）。74LS08P 是一种较常用的与门芯片，其外形和结构如图 1-29 所示，从图 1-29（b）可以看出，74LS08P 内部有 4 个与门，每个与门有两个输入端、一个输出端。

(a) 外形　　　　　　　　　　　　　(b) 结构

图 1-29　与门芯片 74LS08P

2. 或门电路

（1）或门的电路结构与原理

或门的电路结构如图 1-30 所示，它由二极管和电阻构成，其中 A、B 为输入端，Y 为输出端。

或门电路工作原理说明如下：

当 S1、S2 均拨至位置"2"时，A、B 端电压都为 0V，二极管 VD1、VD2 都无法导通，E 点电压为 0，Y 端输出电压为 0V。即 A=0、B=0 时，Y=0。

当 S1 拨至位置"2"、S2 拨至位置"1"时，A 端电压为 0V，B 端电压为 5V，二极管 VD2 马上导通，E 点电压为 4.3V，此时 VD1 处于截止状态，Y 端输出电压为 4.3V。即 A=0、B=1 时，Y=1。

图 1-30　或门的电路结构

当 S1 拨至位置"1"、S2 拨至位置"2"时，A 端电压为 5V，B 端电压为 0V，VD1 导通，VD2 截止，E 点为 4.7V，Y 端输出电压为 4.3V。即 A=1、B=0 时，Y=1。

当 S1、S2 均拨至位置"1"时，A、B 端电压都为 5V，VD1、VD2 均导通，E 点电压为 4.3V，Y 端输出电压为 4.3V。即 A=1、B=1 时，Y=1。

由此可见，或门电路的功能是：只要有一个输入端为高电平，输出端就为高电平；只有输入端都为低电平时,输出端才输出低电平。

(2)真值表

或门电路的真值表如表1-3所示。

表1-3 或门电路的真值表

输	入	输 出	输	入	输 出
A	B	Y	A	B	Y
0	0	0	1	0	1
0	1	1	1	1	1

(3)逻辑表达式

或门电路的逻辑表达式为

$$Y=A+B$$

式中的"+"表示"或"。

(4)或门的图形符号

或门电路的图形符号如图1-31所示。

(a)新标准符号　　(b)常用符号　　(c)旧符号

图1-31 或门图形符号

(5)或门芯片

74LS32N是一种较常用的或门芯片,其外形和结构如图1-32所示,从图1-32(b)可以看出,74LS32N内部有4个或门,每个或门有两个输入端、一个输出端。

(a)外形　　　　　　　　　　(b)结构

图1-32 或门芯片74LS32N

3. 非门电路

(1)非门的电路结构与原理

非门的电路结构如图1-33所示,它是由三极管和电阻构成的电路,其中A为输入端,Y为输出端。

图 1-33 非门的电路结构

非门电路工作原理说明如下：

当 S1 拨至位置 "2"，A 端电压为 0V 时，三极管 VT1 截止，E 点电压为 5V，Y 端输出电压为 5V。即 A=0 时，Y=1。

当 S1 拨至位置 "1"，A 端电压为 5V 时，三极管 VT1 饱和导通，E 点电压低于 0.7V，Y 端输出电压也低于 0.7V。即 A=1 时，Y=0。

由此可见，非门电路的功能是：输入与输出状态总是相反。

（2）真值表

非门电路的真值表如表 1-4 所示。

表 1-4 非门电路的真值表

输 入	输 出	输 入	输 出
A	Y	A	Y
1	0	0	1

（3）逻辑表达式

非门电路的逻辑表达式为

$$Y = \overline{A}$$

式中的 "¯" 表示 "非"（或相反）。

（4）非门的图形符号

非门电路的图形符号如图 1-34 所示。

(a) 新标准符号　　　(b) 常用符号　　　(c) 旧符号

图 1-34 非门图形符号

（5）非门芯片

74LS04P 是一种常用的非门芯片（又称反相器），其外形和结构如图 1-35 所示，从图 1-35(b) 可以看出，74LS04P 内部有 6 个非门，每个非门有一个输入端、一个输出端。

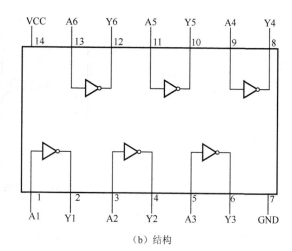

(a) 外形　　　　　　　　　　　　　　(b) 结构

图 1-35　非门芯片 74LS04P

4. 与非门电路

（1）结构、原理与图形符号

与非门是由与门和非门组成的，其逻辑结构及符号如图 1-36 所示。

(a) 逻辑结构　　　　　　　(b) 图形符号

图 1-36　与非门

与非门工作原理说明如下：

当 A 端输入"0"、B 端输入"1"时，与门的 C 端会输出"0"，C 端的"0"送到非门的输入端，非门的 Y 端（输出端）会输出"1"。

A、B 端其他三种输入情况读者可以按上述方法分析，这里不叙述。

（2）真值表

与非门的真值表如表 1-5 所示。

表 1-5　与非门的真值表

输	入	输 出	输	入	输 出
A	B	Y	A	B	Y
0	0	1	1	0	1
0	1	1	1	1	0

（3）逻辑表达式

与非门的逻辑表达式为

$$Y = \overline{A \cdot B}$$

（4）逻辑功能

与非门的逻辑功能是：只有输入端全为"1"时，输出端才为"0"；只要有一个输入端为"0",输出端就为"1"。

(5)与非门芯片

74LS00P 是一种常用的与非门芯片,其外形和结构如图 1-37 所示,从图 1-37(b)可以看出,74LS00P 内部有 4 个与非门,每个与非门有两个输入端、一个输出端。

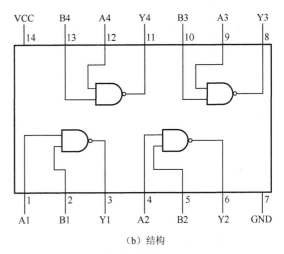

(a)外形　　　　　　　　　　　　　　(b)结构

图 1-37　与非门芯片 74LS00P

5. 或非门电路

(1)结构、原理与图形符号

或非门是由或门和非门组合而成的,其逻辑结构和符号如图 1-38 所示。

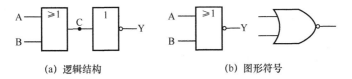

(a)逻辑结构　　　　　　(b)图形符号

图 1-38　或非门

或非门工作原理说明如下:

当 A 端输入"0"、B 端输入"1"时,或门的 C 端会输出"1",C 端的"1"送到非门的输入端,结果非门的 Y 端(输出端)会输出"0"。

A、B 端其他三种输入情况读者可以按上述方法进行分析。

(2)真值表

或非门的真值表如表 1-6 所示。

表 1-6　或非门的真值表

输	入	输　出	输	入	输　出
A	B	Y	A	B	Y
0	0	1	1	0	0
0	1	0	1	1	0

（3）逻辑表达式

或非门的逻辑表达式为

$$Y = \overline{A + B}$$

根据逻辑表达式很容易求出与输入值对应的输出值。例如，当 A=0、B=1 时，Y=0。

（4）逻辑功能

或非门的逻辑功能是：只有输入端全为"0"时，输出端才为"1"；只要输入端有一个为"1"，输出端就为"0"。

（5）或非门芯片

74LS27N 是一种常用的或非门芯片，其外形和结构如图 1-39 所示，从图 1-39（b）可以看出，74LS27N 内部有三个或非门，每个或非门有三个输入端、一个输出端。

(a) 外形　　　　　　　　　　　　　　　　　　　(b) 结构

图 1-39　或非门芯片 74LS27N

1.3.2　数制与数制的转换

数制就是数的进位制。在日常生活中，人们经常会接触到 0、7、8、9、168、295 等这样的数字，它们就是一种数制——十进制数。另外，数制还有二进制数和十六进制数等。

1．十进制数

十进制数有以下两个特点：

① 有 10 个不同的数码：0、1、2、3、4、5、6、7、8、9。任意一个十进制数均可以由这 10 个数码组成。

② 遵循"逢十进一"的计数原则。对于任意一个十进制数 N，它都可以表示成

$$N = a_{n-1} \times 10^{n-1} + a_{n-2} \times 10^{n-2} + \cdots + a_1 \times 10^1 + a_0 \times 10^0 + a_{-1} \times 10^{-1} + \cdots + a_{-m} \times 10^{-m}$$

其中，m 和 n 为正整数。

这里的 a_{n-1}，a_{n-2}，…，a_{-m} 称为数码，10 称为基数，10^{n-1}，10^{n-2}，…，10^{-m} 是各位数码的"位权"。

例如，根据上面的方法可以将十进制数 3259.46 表示成 $3259.46 = 3 \times 10^3 + 2 \times 10^2 + 5 \times 10^1 + 9 \times 10^0 + 4 \times 10^{-1} + 6 \times 10^{-2}$。

请试着按上面的方法写出 8436.051 的展开式。

2. 二进制数

十进制是最常见的数制,除此以外,还有二进制数、八进制数、十六进制数等。在数字电路中,二进制数用得最多。

(1)二进制数的特点

二进制数有以下两个特点:

① 有两个数码:0 和 1。任何一个二进制数都可以由这两个数码组成。

② 遵循"逢二进一"的计数原则。对于任意一个二进制数 N,它都可以表示成

$$N = a_{n-1} \times 2^{n-1} + a_{n-2} \times 2^{n-2} + \cdots + a_0 \times 2^0 + a_{-1} \times 2^{-1} + \cdots + a_{-m} \times 2^{-m}$$

其中,m 和 n 为正整数。

这里的 a_{n-1}, a_{n-2}, $\cdots$, a_{-m} 称为数码,2 称为基数,2^{n-1}, 2^{n-2}, $\cdots$, 2^{-m} 是各位数码的"位权"。

例如,二进制数 11011.01 可表示为 $(11011.01)_2 = 1 \times 2^4 + 1 \times 2^3 + 0 \times 2^2 + 1 \times 2^1 + 1 \times 2^0 + 0 \times 2^{-1} + 1 \times 2^{-2}$。

请试着按上面的方法写出 $(1011.101)_2$ 的展开式。

(2)二进制数的四则运算

① 加法运算。加法运算法则是"逢二进一"。举例如下:

$$0+0=0 \quad 0+1=1 \quad 1+0=1 \quad 1+1=10$$

当遇到"1+1"时就向相邻高位进 1。

例如,求 $(1011)_2 + (1011)_2$,可以用与十进制数相同的竖式计算:

```
    1011
 +  1011
 ───────
   10110
```

即 $(1011)_2 + (1011)_2 = (10110)_2$。

② 减法运算。减法运算法则是"借一当二"。举例如下:

$$0-0=0 \quad 1-0=1 \quad 1-1=0 \quad 10-1=1$$

当遇到"0-1"时,需向高位借 1 当"2"用。

例如,求 $(1100)_2 - (111)_2$,可以用与十进制数相同的竖式计算:

```
    1100
 -   111
 ───────
     101
```

即 $(1100)_2 - (111)_2 = (101)_2$。

③ 乘法运算。乘法运算法则是"各数相乘,再作加法运算"。举例如下:

$$0 \times 0 = 0 \quad 1 \times 0 = 0 \quad 0 \times 1 = 0 \quad 1 \times 1 = 1$$

例如,求 $(1101)_2 \times (101)_2$,可以用与十进制数相同的竖式计算:

```
      1101
  ×    101
  ────────
      1101
     1101
  ────────
   1000001
```

即$(1101)_2 \times (101)_2 = (1000001)_2$。

④ 除法运算。除法运算法则是"各数相除，再作减法运算"。举例如下：
$$0 \div 1 = 0 \quad 1 \div 1 = 1$$

例如，求$(1111)_2 \div (101)_2$，可以用与十进制数相同的竖式计算：

```
        11
    ┌──────
101 │ 1111
      101
      ───
       101
       101
       ───
         0
```

即$(1111)_2 \div (101)_2 = (11)_2$。

3. 十六进制数

十六进制数有以下两个特点：

① 有16个数码：0、1、2、3、4、5、6、7、8、9、A、B、C、D、E、F，这里的A、B、C、D、E、F分别代表10、11、12、13、14、15。

② 遵循"逢十六进一"的计数原则。对于任意一个十六进制数N，它都可以表示成
$$N = a_{n-1} \times 16^{n-1} + a_{n-2} \times 16^{n-2} + \cdots + a_0 \times 16^0 + a_{-1} \times 16^{-1} + \cdots + a_{-m} \times 16^{-m}$$

其中，m和n为正整数。

这里的a_{n-1}，a_{n-2}，…，a_{-m}称为数码，16称为基数，16^{n-1}，16^{n-2}，…，16^{-m}是各位数码的"位权"。

例如，十六进制数可表示为$(3A6.D)_{16} = 3 \times 16^2 + 10 \times 16^1 + 6 \times 16^0 + 13 \times 16^{-1}$。

请试着按上面的方法写出$(B65F.6)_{16}$的展开式。

4. 二进制数与十进制数的转换

（1）二进制数转换成十进制数

二进制数转换成十进制数的方法是：将二进制数各位数码与位权相乘后求和，就能得到十进制数。

例如，$(101.1)_2 = 1 \times 2^2 + 0 \times 2^1 + 1 \times 2^0 + 1 \times 2^{-1} = 4 + 0 + 1 + 0.5 = (5.5)_{10}$

（2）十进制数转换成二进制数

十进制数转换成二进制数的方法是：采用除2取余法，即将十进制数依次除2，并依次记下余数，一直除到商数为0，最后把全部余数按相反次序排列，就能得到二进制数。

例如，将十进制数$(29)_{10}$转换成二进制数，方法为

```
2 │ 29    余 1    a₀  ↑ 低位
2 │ 14    余 0    a₁  │
2 │  7    余 1    a₂  │
2 │  3    余 1    a₃  │
2 │  1    余 1    a₄  │ 高位
     0
```

即$(29)_{10} = (11101)_2$。

5. 二进制数与十六进制数的转换

（1）二进制数转换成十六进制数

二进制数转换成十六进制数的方法是：从小数点起向左、右按4位分组，不足4位的，整数部分可在最高位的左边加"0"补齐，小数点部分不足4位的，可在最低位右边加"0"补齐，每组以其对应的十六进制数代替，将各个十六进制数依次写出即可。

例如，将二进制数$(1011000110.111101)_2$转换为十六进制数，方法为

$$(1011000110.111101)_2$$

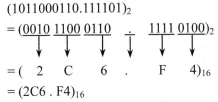

$$= (2C6.F4)_{16}$$

注意：十六进制的16位数码为0、1、2、3、4、5、6、7、8、9、A、B、C、D、E、F，它们分别与二进制数0000、0001、0010、0011、0100、0101、0110、0111、1000、1001、1010、1011、1100、1101、1110、1111相对应。

（2）十六进制数转换成二进制数

十六进制数转换成二进制数的过程与上述方法相反。其过程是：从左到右将待转换的十六进制数中的每个数依次用4位二进制数表示。

例如，将十六进制数$(13AB.6D)_{16}$转换成二进制数，方法为

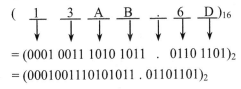

$$= (00010011101011.01101101)_2$$

1.3.3 单片机的数的表示及运算

单片机的数是以二进制表示的，分为有符号数和无符号数两种。

1. 有符号数的表示方法

有符号数是指有"+（正）"、"−（负）"符号的数。由于单片机采用二进制数，所以只有1和0两种数字，其中用"0"表示"+"，用"1"表示"−"。单片机中的数据一般只有8位，一般规定最高位为符号位，因为要用1位表示数的符号，所以只有7位用来表示数值，可以表示−127~+128。

有符号数的表示方法有三种：原码、反码和补码。同一有符号数，用三种表示方法得到的数是不同的。下面用三种方法来表示两个有符号数+1011101和−1011101。

（1）原码

用"1"表示"−"，用"0"表示"+"，其他各数保持不变，采用这种方法表示出来的数称为原码。

+1011101用原码表示是01011101，可写成[01011101]$_\text{原}$

−1011101 用原码表示是 11011101，可写成[11011101]原

（2）反码

反码是在原码的基础上求得的。对于正的有符号数，其反码与原码相同；对于负的有符号数，其反码除符号位与原码相同外，其他各位数由原码各位数取反得到。

+1011101 用反码表示是 01011101，可写成[01011101]反

−1011101 用反码表示是 10100010，可写成[10100010]反

（3）补码

补码是在反码的基础上求得的。对于正的有符号数，其补码与反码、原码相同；对于负的有符号数，其补码除符号位与反码一致外，其他数由反码加 1 得到。

+1011101 用补码表示是 01011101，可写成[01011101]补

−1011101 用补码表示是 10100011，可写成[10100011]补

2．有符号数的运算

用原码表示有符号数简单、直观，但在单片机中，如果采用原码进行减法运算，需要很复杂的硬件电路；如果用补码，可以将减法运算变为加法运算，从而省去减法器而简化硬件电路。

例如，用二进制减法运算和补码加法运算分别计算 35−21。

① 二进制减法运算：35−21=00100011−00010101=00001110

② 用补码加法运算：

先将算式转换成补码形式，35−21=[+35]+[−21]= [00100011]原+[10010101]原=[00100011]反+[11101010]反=[00100011]补+[11101011]补。

再对补码进行二进制加法运算：

$$\begin{array}{r} 00100011 \\ +\ 11101011 \\ \hline 100001110 \end{array}$$

从上面的运算过程可以看出，补码的符号也参与运算，在 8 位单片机中，由于数据长度只能有 8 位，上式结果有 9 位，第 9 位会自然丢失，补码加法的运算结果与二进制减法的运算结果是一样的，都是 00001110=14。

由此可见，用补码的形式进行运算，可以将减法运算转换为加法运算，运算结果仍是正确的，所以单片机普遍采用补码的形式表示有符号数。

3．无符号数的表示方法

无符号数因为不用符号位，8 位全部用来表示数据，所以这种方法可以表示的数据范围是 0～255。8 位二进制数的不同表示方式的换算关系如表 1-7 所示。

表 1-7　8 位二进制数的不同表示方式的换算关系

8 位二进制数	无 符 号 数	原　码	反　码	补　码
00000000	0	+0	+0	+0
00000001	1	+1	+1	+1
00000010	2	+2	+2	+2
⋮	⋮	⋮	⋮	⋮
01111100	124	+124	+124	+124

（续表）

8位二进制数	无符号数	原码	反码	补码
01111101	125	+125	+125	+125
01111110	126	+126	+126	+126
01111111	127	+127	+127	+127
10000000	128	−0	−127	−128
10000001	129	−1	−126	−127
10000010	130	−2	−125	126
⋮	⋮	⋮	⋮	⋮
11111100	252	−124	−3	−4
11111101	253	−125	−2	−3
11111110	254	−126	−1	−2
11111111	255	−127	−0	−1

从表 1-7 中可以看出，对于同一个二进制数，当采用不同的表示方式时，得到的数值是不同的，特别是大于 10000000 的有符号数。若想确切知道单片机中的二进制数所对应的十进制数是多少，先要了解该二进制数是有符号数还是无符号数，再换算出该二进制数对应的十进制数。

1.4　C51 语言基础

C51 语言是指 51 单片机编程使用的 C 语言，它与计算机的 C 语言大部分相同，但由于编程对象不同，故两者在个别处略有区别。本节主要介绍 C51 语言的基础知识，学习时若无法理解一些知识也没关系，在后续章节有大量的 C51 编程实例，在学习这些实例时再到本节查看理解有关内容即可。

1.4.1　常量

常量是指程序运行时其值不会变化的量。常量类型有整型常量、浮点型常量（也称实型常量）、字符型常量和符号型常量。

1. 整型常量

① 十进制数：编程时直接写出，如 0、18、−6。

② 八进制数：编程时在数值前加 "0" 表示八进制数，如 "012" 为八进制数，相当于十进数的 "10"。

③ 十六进制数：编程时在数值前加 "0x" 表示十六进制数，如 "0x0b" 为十六进制数，相当于十进数的 "11"。

2. 浮点型常量

浮点型常量又称实数或浮点数。在 C 语言中可以用小数形式或指数形式来表示浮点型常量。

① 小数形式表示：由数字和小数点组成的一种实数表示形式，如 0.123、.123、123.、0.0 等都是合法的浮点型常量。小数形式表示的浮点型常量必须要有小数点。

② 指数形式表示：这种形式类似于数学中的指数形式。在数学中，浮点型常量可以用幂的形式来表示，如 2.3026 可以表示为 0.23026×10^1、2.3026×10^0、23.026×10^{-1} 等形式。在 C 语言中，则以 "e" 或 "E" 后跟一个整数来表示以 "10" 为底数的幂数。2.3026 可以表示为 0.23026E1、2.3026e0、23.026e-1。C 语言规定，字母 e 或 E 之前必须要有数字，且 e 或 E 后面的指数必须为整数，如 e3、5e3.6、.e、e 等都是非法的指数形式。在字母 e 或 E 的前后及数字之间不得插入空格。

3. 字符型常量

字符型常量是用单引号括起来的单个普通字符或转义字符。

① 普通字符常量：用单引号括起来的普通字符，如'b'、'xyz'、'?'等。字符型常量在计算机中是以其代码（一般采用 ASCII 代码）储存的。

② 转义字符常量：用单引号括起来的前面带反斜杠的字符，如'\n'、'\xhh'等，其含义是将反斜杠后面的字符转换成另外的含义。表 1-8 列出了一些常用的转义字符及含义。

表 1-8 一些常用的转义字符及含义

转义字符	转义字符的含义	ASCII 代码
\n	回车换行	10
\t	横向跳到下一制表位置	9
\b	退格	8
\r	回车	13
\f	走纸换页	12
\\	反斜线符 "\"	92
\'	单引号符	39
\"	双引号符	34
\a	鸣铃	7
\ddd	1~3 位八进制数所代表的字符	
\xhh	1~2 位十六进制数所代表的字符	

4. 符号型常量

在 C 语言中，可以用一个标识符来表示一个常量，称为符号型常量。符号型常量在程序开头定义后，在程序中可以直接调用，在程序中其值不会更改。符号型常量在使用之前必须先定义，其一般形式为：

#define 标识符 常量

例如，在程序开头编写 "#define PRICE 25"，就将 PRICE 定义为符号型常量，在程序中，PRICE 就代表 25。

1.4.2 变量

变量是指程序运行时其值可以改变的量。每个变量都有一个变量名，变量名必须以字母或下画线 "_" 开头。在使用变量前需要先声明，以便程序在存储区域为该变量留出一定的空间。例如，在程序中编写 "unsigned char num=123"，就声明了一个无符号字符型变量 num，程序会在存储区域留出一个字节的存储空间，将该空间命名（变量名）为 num，在该空间存储的数据（变量值）为 123。

变量类型有位变量、字符型变量、整型变量和浮点型变量（也称实型变量）。

① 位变量（bit）：占用的存储空间为 1 位，位变量的值为 0 或 1。

② 字符型变量（char）：占用的存储空间为 1 个字节（8 位），无符号字符型变量的数值范围为 0~255，有符号字符型变量的数值范围为 −128~+127。

③ 整型变量：可分为短整型变量（int 或 short）和长整型变量（long），短整型变量的长度（即占用的存储空间）为 2 个字节，长整型变量的长度为 4 个字节。

④ 浮点型变量：可分为单精度浮点型变量（float）和双精度浮点型变量（double），单精度浮点型变量的长度（即占用的存储空间）为 4 个字节，双精度浮点型变量的长度为 8 个字节。由于浮点型变量会占用较多的空间，故单片机编程时尽量少用浮点型变量。

C51 变量的类型、长度和取值范围如表 1-9 所示。

表 1-9 C51 变量的类型、长度和取值范围

变量类型	长度/bit	长度/Byte	取值范围
bit	1	…	0、1
unsigned char	8	1	0~255
signed char	8	1	−128~127
unsigned int	16	2	0~65 535
signed int	16	2	−32 768~32 767
unsigned long	32	4	0~4 294 967 295
signed long	32	4	−2 147 483 648~2 147 483 647
float	32	4	±1.176E−38~±3.40E+38（6 位数字）
double	64	8	±1.176E−38~±3.40E+38（10 位数字）

1.4.3 运算符

C51 的运算符可分为算术运算符、关系运算符、逻辑运算符、位运算符和复合赋值运算符。

1. 算术运算符

C51 的算术运算符如表 1-10 所示。在进行算术运算时，按"先乘除模，后加减，括号最优先"的原则进行，即乘、除、模运算优先级相同，加、减优先级相同且最低，括号优先级最高，优先级相同的运算按先后顺序进行。

表 1-10 C51 的算术运算符

算术运算符	含　义	算术运算符	含　义
+	加法或正值符号	/	除法
−	减法或负值符号	%	模（相除求余）运算
*	乘法	^	乘幂
−−	减 1	++	加 1

在 C51 语言编程时，经常会用到加 1 符号"++"和减 1 符号"−−"，这两个符号使用比较灵活。常见的用法如下：

y=x++（先将 x 赋给 y，再将 x 加 1）
y=x--（先将 x 赋给 y，再将 x 减 1）
y=++x（先将 x 加 1，再将 x 赋给 y）
y=--x（先将 x 减 1，再将 x 赋给 y）
x=x+1 可写成 x++或++x。
x=x-1 可写成 x--或--x。
%为模运算，即相除取余数运算，如 9%5 结果为 4。
^为乘幂运算，如 2^3 表示 2 的 3 次方（2^3），2^表示 2 的平方（2^2）。

2. 关系运算符

C51 的关系运算符如表 1-11 所示。<、>、<=和>=运算优先级高且相同，==、!=运算优先级低且相同，如"a>b!=c"相当于"(a>b)!=c"。

表 1-11 C51 的关系运算符

关系运算符	含义	关系运算符	含义
<	小于	>=	大于等于
>	大于	==	等于
<=	小于等于	!=	不等于

用关系运算符将两个表达式（可以是算术表达式、关系表达式、逻辑表达式或字符表达式）连接起来的式子称为关系表达式，关系表达式的运算结果为一个逻辑值，即真（1）或假（0）。

例如，a=4、b=3、c=1，则
a>b 的结果为真，表达式值为 1；
b+c<a 的结果为假，表达式值为 0；
(a>b)==c 的结果为真，表达式值为 1，因为 a>b 的值为 1，c 值也为 1；
d=a>b，d 的值为 1；
f=a>b>c，由于关系运算符的结合性为左结合，a>b 的值为 1，而 1>c 的值为 0，所以 f 值为 0。

3. 逻辑运算符

C51 的逻辑运算符如表 1-12 所示。"&&"、"||"为双目运算符，要求有两个运算对象，"!"为单目运算符，只需要有一个运算对象。&&、||运算优先级低且相同，!运算优先级高。

表 1-12 C51 的逻辑运算符

逻辑运算符	含义
&&	与（AND）
||	或（OR）
!	非（NOT）

与关系表达式一样，逻辑表达式的运算结果也为一个逻辑值，即真（1）或假（0）。
例如，a=4、b=5，则
!a 的结果为假，因为 a=4 为真（a 值非 0 即为真），!a 即为假（0）；

a||b 的结果为真（1）；

!a&&b 的结果为假（0），因为!优先级高于&&，故先运算!a 的结果为 0，而 0&&b 的结果也为 0。

在进行算术、关系、逻辑和赋值混合运算时，其优先级从高到低依次为：!（非）→算术运算符→关系运算符→&&和||→赋值运算符（=）。

4. 位运算符

C51 的位运算符如表 1-13 所示。位运算的对象必须是位型、整型或字符型数，不能为浮点型数。

表 1-13 C51 的位运算符

位运算符	含 义	位运算符	含 义
&	位与	^	位异或（各位相异或，相同为 0，相异为 1）
|	位或	<<	位左移（各位都左移，高位丢弃，低位补 0）
~	位非	>>	位右移（各位都右移，低位丢弃，高位补 0）

位运算举例如下：

位与运算	位或运算	位非运算	位异或运算	位 左 移	位 右 移
00011001 & 01001101 = 00001001	00011001 | 01001101 = 01011101	~ 00011001 = 11100110	00011001 ^ 01001101 = 01010100	00011001<<1 所有位均左移 1 位，高位丢弃，低位补 0，结果为 00110010	00011001>>2 所有位均右移 2 位，低位丢弃，高位补 0，结果为 00000110

5. 复合赋值运算符

复合赋值运算符就是在赋值运算符"="前面加上其他运算符，C51 常用的复合赋值运算符如表 1-14 所示。

表 1-14 C51 常用的复合赋值运算符

运 算 符	含 义	运 算 符	含 义
+=	加法赋值	<<=	左移位赋值
−=	减法赋值	>>=	右移位赋值
*=	乘法赋值	&=	逻辑与赋值
/=	除法赋值	|=	逻辑或赋值
%=	取模赋值	^=	逻辑异或赋值

复合运算就是变量与表达式先按运算符运算，再将运算结果值赋给参与运算的变量。凡是双目运算（两个对象运算）都可以用复合赋值运算符去简化表达。

复合运算的一般形式为：

变量 复合赋值运算符 表达式

例如，a+=28 相当于 a=a+28。

1.4.4 关键字

在 C51 语言中，会使用一些具有特定含义的字符串，称为"关键字"，这些关键字已被软件使用，编程时不能将其定义为常量、变量和函数的名称。C51 语言关键字分为两大类：由 ANSI（美国国家标准学会）标准定义的关键字和 Keil C51 编译器扩充的关键字。

1. 由 ANSI 标准定义的关键字

由 ANSI（美国国家标准学会）标准定义的关键字有 char、double、enum、float、int、long、short、signed、struct、union、unsigned、void、break、case、continue、default、do、else、for、goto、if、return、switch、while、auto、extern、register、static、const、sizeof、typedef、volatile 等。这些关键字可分为以下几类：

① 数据类型关键字，用来定义变量、函数或其他数据结构的类型，如 unsigned char、int 等。
② 控制语句关键字，在程序中起控制作用的语句，如 while、for、if、case 等。
③ 预处理关键字，表示预处理命令的关键字，如 define、include 等。
④ 存储类型关键字，表示存储类型的关键字，如 static、auto、extern 等。
⑤ 其他关键字，如 const、sizeof 等。

2. Keil C51 编译器扩充的关键字

Keil C51 编译器扩充的关键字可分为以下两类：

① 用于定义 51 单片机内部寄存器的关键字，如 sfr、sbit。

sfr 用于定义特殊功能寄存器，如"sfr P1=0x90;"是将地址为 0x90 的特殊功能寄存器名称定义为 P1；sbit 用于定义特殊功能寄存器中的某一位，如"sbit LED1=P1^1;"是将特殊功能寄存器 P1 的第 1 位名称定义为 LED1。

② 用于定义 51 单片机变量存储类型关键字。这些关键字有 6 个，如表 1-15 所示。

表 1-15 用于定义 51 单片机变量存储类型关键字

存 储 类 型	与存储空间的对应关系
data	直接寻址片内数据存储区，访问速度快（128 字节）
bdata	可位寻址片内数据存储区，允许位与字节混合访问（16 字节）
idata	间接寻址片内数据存储区，可访问片内全部 RAM 地址空间（256 字节）
pdata	分页寻址片外数据存储区（256 字节）
xdata	片外数据存储区（64KB）
code	代码存储区（64KB）

1.4.5 数组

数组也常称为表格，是指具有相同数据类型的数据集合。在定义数组时，程序会将一段连续的存储单元分配给数组，存储单元的最低地址存放数组的第一元素，最高地址存放数组的最后一个元素。

根据维数不同，数组可分为一维数组、二维数组和多维数组；根据数据类型不同，数组可分为字符型数组、整型数组、浮点型数组和指针型数组。在用 C51 语言编程时，最常用的是字符型一维数组和整型一维数组。

1. 一维数组

（1）数组定义

一维数组的一般定义形式如下：

$$\text{类型说明符 数组名[下标]}$$

方括号（又称中括号）中的下标也称为常量表达式，表示数组中的元素个数。

一维数组定义举例如下：

unsigned int a[5];

以上定义了一个无符号整型数组，数组名为 a，数组中存放 5 个元素，元素类型均为整型。由于每个整型数据占 2 个字节，故该数组占用了 10 个字节的存储空间。该数组中的第 1～5 个元素分别用 a[0]～a[4]表示。

（2）数组赋值

在定义数组时，也可同时指定数组中的各个元素（即数组赋值），比如：

unsigned int a[5]={2,16,8,0,512};

unsigned int b[8]={2,16,8,0,512};

在数组 a 中，a[0]=2，a[4]=512；在数组 b 中，b[0]=2，b[4]=512，b[5]～b[7]均未赋值，全部自动填 0。

在定义数组时，要注意以下几点：

① 数组名应与变量名一样，必须遵循标识符命名规则，在同一个程序中，数组名不能与变量名相同。

② 数组中的每个元素的数据类型必须相同，并且与数组类型一致。

③ 数组名后面的下标表示数组的元素个数（又称数组长度），必须用方括号括起来，下标是一个整型值，可以是常数或符号型常量，不能包含变量。

2. 二维数组

（1）数组定义

二维数组的一般定义形式如下：

$$\text{类型说明符 数组名[下标 1] [下标 2]}$$

下标 1 表示行数，下标 2 表示列数。

二维数组定义举例如下：

unsigned int a[2] [3];

以上定义了一个无符号整型二维数组，数组名为 a，数组为 2 行 3 列，共 6 个元素，这 6 个元素依次用 a[0] [0]、a[0] [1]、a[0] [2]、a[1] [0]、a[1] [1]、a[1] [2]表示。

（2）数组赋值

二维数组赋值有两种方法：

① 按存储顺序赋值。例如：

unsigned int a[2] [3]={1,16,3,0,28,255};

② 按行分段赋值。例如：

unsigned int a[2] [3]={{1,16,3},{0,28,255}};

3. 字符型数组

字符型数组用来存储字符型数据。字符型数组可以在定义时进行初始化赋值。例如：

char c[4]={ 'A', 'B', 'C', 'D'};

以上定义了一个字符型数组，数组名为 c，数组中存放 4 个字符型元素（占用了 4 个字节的存储空间），分别是 A、B、C、D（实际上存放的是这 4 个字母的 ASCII 码，即 0x65、0x66、0x67、0x68）。如果对全体元素赋值时，数组的长度（下标）也可省略，即上述数组定义也可写成：

char c[]={ 'A', 'B', 'C', 'D'};

如果要在字符型数组中存放一个字符串"good"，可采用以下三种方法：

char c[]={ 'g', 'o', 'o', 'd', '\0'};   // "\0"为字符串的结束符

char c[]={"good"};   //使用双引号时，编译器会自动在后面加结束符'\0'，故数组长度应较字符数多一个

char c[]="good";

如果要定义二维字符型数组存放多个字符串时，二维字符型数组的下标 1 为字符串的个数，下标 2 为每个字符串的长度。下标 1 可以不写，下标 2 则必须写，并且其值应较最长字符串的字符数（空格也算一个字符）至少多出一个。例如：

char c[][20]={{"How old are you?",\n}, {"I am 18 years old.",\n},{"and you?" }};

上例中的"\n"是一种转义符号，其含义是换行，将当前位置移到下一行开头。

1.4.6 循环语句

在编程时，如果需要某段程序反复执行，可使用循环语句。C51 的循环语句有三种：while 语句、do while 语句和 for 语句。

1. while 语句

while 语句的格式为"while(表达式){语句组;}"，编程时为了书写阅读方便，一般按以下方式编写：

while(表达式)

{

语句组;

}

while 语句在执行时，先判断表达式是否为真（非 0 即为真）或表达式是否成立，若为真或表达式成立则执行大括号（也称花括号）内的语句组（也称循环体），否则不执行大括号内的语句组，直接跳出 while 语句，执行大括号之后的内容。

在使用 while 语句时，要注意以下几点：

① 当 while 语句的大括号内只有一条语句时，可以省略大括号，但使用大括号可使程序更安全可靠。

② 当 while 语句的大括号内无任何语句（空语句）时，应在大括号内写上分号";"，即"while(表达式){ ; }"，简写就是"while(表达式);"。

③ 如果 while 语句的表达式是递增或递减表达式，while 语句每执行一次，表达式的值

就增 1 或减 1，如 "while(i++){语句组;}"。

④ 如果希望某语句组无限次循环执行，可使用 "while(1){语句组;}"。如果希望程序停在某处等待，待条件（即表达式）满足时往下执行，可使用 "while(表达式);"。如果希望程序始终停在某处不往下执行，可使用 "while(1);"，即让 while 语句无限次执行一条空语句。

2. do while 语句

do while 语句的格式如下：

do
{
语句组;
}
while(表达式)

do while 语句在执行时，先执行大括号内的语句组（也称循环体），然后用 while 判断表达式是否为真（非 0 即为真）或表达式是否成立，若为真或表达式成立则执行大括号内的语句组，直到 while 表达式为 0 或不成立，直接跳出 do while 语句，执行之后的内容。

do while 语句是先执行一次循环体语句组，再判断表达式的真假以确定是否再次执行循环体，而 while 语句是先判断表达式的真假，以确定是否执行循环体语句组。

3. for 语句

for 语句的格式如下：

for(初始化表达式; 条件表达式; 增量表达式)
{
语句组;
}

for 语句执行过程：先用初始化表达式（如 i=0）给变量赋初值，然后判断条件表达式（如 i<8）是否成立，不成立则跳出 for 语句，成立则执行大括号内的语句组，执行完语句组后再执行增量表达式（如 i++），接着再次判断条件表达式是否成立，以确定是否再次执行大括号内的语句组，直到条件表达式不成立才跳出 for 语句。

1.4.7 选择语句

C51 常用的选择语句有 if 语句和 switch…case 语句。

1. if 语句

if 语句有三种形式：基本 if 语句、if…else…语句和 if…else if…语句。

（1）基本 if 语句

基本 if 语句格式如下：

if(表达式)
{
语句组;
}

if 语句执行时，首先判断表达式是否为真（非 0 即为真）或表达式是否成立，若为真或表达式成立则执行大括号（也称花括号）内的语句组（执行完后跳出 if 语句），否则不执行大括号内的语句组，直接跳出 if 语句，执行大括号之后的内容。

（2）if…else…语句

if…else…语句格式如下：

if(表达式)
{
语句组 1;
}
else
{
语句组 2;
}

if…else…语句执行时，首先判断表达式是否为真（非 0 即为真）或表达式是否成立，若为真或表达式成立则执行语句组 1，否则执行语句组 2，执行完语句组 1 或语句组 2 后跳出 if…else…语句。

（3）if…else if…语句（多条件分支语句）

if…else if…语句格式如下：

if(表达式 1)
{
语句组 1;
}
else if(表达式 2)
{
语句组 2;
}
…
else if(表达式 n)
{
语句组 n;
}

if…else if…语句执行时，首先判断表达式 1 是否为真（非 0 即为真）或表达式是否成立，为真或表达式成立则执行语句组 1，然后判断表达式 2 是否为真或表达式是否成立，为真或表达式 2 成立则执行语句组 2，……最后判断表达式 n 是否为真或表达式是否成立，为真或表达式 n 成立则执行语句组 n，如果所有的表达式都不成立或为假时，跳出 if…else if…语句。

2. switch…case 语句

switch…case 语句格式如下：

switch (表达式)
{
case 常量表达式 1；语句组 1；break；
case 常量表达式 2；语句组 2；break；
…
case 常量表达式 n；语句组 n；break；
default:语句组 $n+1$；
}

switch…case 语句执行时，首先计算表达式的值，然后按顺序逐个与各 case 后面的常量表达式的值进行比较，当与某个常量表达式的值相等时，则执行该常量表达式后面的语句组，再执行 break 而跳出 switch…case 语句，如果表达式与所有 case 后面的常量表达式的值都不相等，则执行 default 后面的语句组，并跳出 switch…case 语句。

第 2 章

51 单片机的硬件系统

51 系列（又称 MCS-51 系列）单片机是目前使用最为广泛的一种单片机，这种单片机的生产厂家很多，同一厂家又有很多不同的型号。虽然 51 系列单片机的型号很多，但它们都是在 8051 单片机的基础上通过改善和新增功能的方式生产出来的。8051 单片机是 51 系列单片机的基础，在此基础上再学习一些改善和新增的功能，就能掌握各种新型号的 51 单片机。目前市面上最常用的 51 单片机是宏晶（STC）公司生产的 STC89C5x 系列单片机。

2.1 8051 单片机的引脚功能与内部结构

2.1.1 引脚功能说明

8051 单片机有 40 个引脚，各引脚功能标注如图 2-1 所示。8051 单片机的引脚可分为三类，分别是基本工作条件引脚、I/O（输入/输出）引脚和控制引脚。

图 2-1　8051 单片机的引脚功能标注

1. 基本工作条件引脚

单片机的基本工作条件引脚有电源引脚、复位引脚和时钟引脚，只有具备了基本工作条件，单片机才能开始工作。

（1）电源引脚

40 脚（VCC）为电源正极引脚，20 脚（VSS 或 GND）为电源负极引脚。VCC 引脚接 5V 电源的正极，VSS 或 GND 引脚接 5V 电源的负极（即接地）。

（2）复位引脚

9 脚（RST/VPD）为复位引脚。

在单片机接通电源后，内部很多电路状态混乱，需要复位电路为它们提供复位信号，使这些电路进入初始状态，然后才开始工作。8051 单片机采用高电平复位，当 RST 引脚输入高电平（持续时间需超过 24 个时钟周期）时，即可完成内部电路的复位。

9 脚还具有掉电保持功能，为了防止掉电使单片机内部 RAM 的数据丢失，可在该脚再接一个备用电源，掉电时，由备用电源为该脚提供 4.5～5.5V 电压，可保持 RAM 的数据不会丢失。

（3）时钟引脚

18 脚、19 脚（XTAL2、XTAL1）为时钟引脚。

单片机内部有大量的数字电路，这些数字电路工作时需要时钟信号进行控制，才能有次序、有节拍地工作。单片机 XTAL2、XTAL1 引脚外接的晶振及电容与内部的振荡器构成时钟电路，产生时钟信号供给内部电路使用；另外，也可以由外部其他的电路提供时钟信号，外部时钟信号通过 XTAL2 引脚送入单片机，此时 XTAL1 引脚悬空。

2. I/O（输入/输出）引脚

8051 单片机有 P0、P1、P2 和 P3 共 4 组 I/O 端口，每组端口有 8 个引脚，P0 端口 8 个引脚编号为 P0.0～P0.7，P1 端口 8 个引脚编号为 P1.0～P1.7，P2 端口 8 个引脚编号为 P2.0～P2.7，P3 端口 8 个引脚编号为 P3.0～P3.7。

（1）P0 端口

P0 端口（P0.0～P0.7）的引脚号为 39～32，其功能如下：

① 用作 I/O 端口，既可以作为 8 个输入端，也可以作为 8 个输出端。

② 用作 16 位地址总线中的低 8 位地址总线。当单片机外接存储器时，会从这些引脚输出地址（16 位地址中的低 8 位）来选择外部存储器的某些存储单元。

③ 用作 8 位数据总线。当单片机外接存储器并需要读写数据时，先让这些引脚成为 8 位地址总线，从这些引脚输出低 8 位地址，与 P2.0～P2.7 引脚同时输出的高 8 位地址组成 16 位地址，选中外部存储器的某个存储单元，然后单片机让这些引脚转换成 8 位数据总线，通过这 8 个引脚往存储单元写入 8 位数据或从这个存储单元将 8 位数据读入单片机。

（2）P1 端口

P1 端口（P1.0～P1.7）的引脚号为 1～8，它只能用作 I/O 端口，可以作为 8 个输入端，也可以作为 8 个输出端。

(3) P2 端口

P2 端口（P2.0～P2.7）的引脚号为 21～28，其功能如下：

① 用作 I/O 端口，可以作为 8 个输入端，也可以作为 8 个输出端。

② 用作 16 位地址总线中的高 8 位地址总线。当单片机外接存储器时，会从这些引脚输出高 8 位地址，与 P0.0～P0.7 引脚同时输出的低 8 位地址组成 16 位地址，选中外部存储器的某个存储单元，然后单片机通过 P0.0～P0.7 引脚往选中的存储单元读写数据。

(4) P3 端口

P3 端口（P3.0～P3.7）的引脚号为 10～17，除了可以用作 I/O 端口外，各个引脚还具有其他功能，具体说明如下。

P3.0（RXD）：串行数据接收端。外部的串行数据可由此脚进入单片机。

P3.1（TXD）：串行数据发送端。单片机内部的串行数据可由此脚输出，发送给外部电路或设备。

P3.2（$\overline{INT0}$）：外部中断信号 0 输入端。

P3.3（$\overline{INT1}$）：外部中断信号 1 输入端。

P3.4（T0）：定时器/计数器 T0 的外部信号输入端。

P3.5（T1）：定时器/计数器 T1 的外部信号输入端。

P3.6（$\overline{WR}$）：写片外 RAM 的控制信号输出端。

P3.7（$\overline{RD}$）：读片外 RAM 的控制信号输出端。

P0、P1、P2、P3 端口具有多种功能，具体应用哪一种功能，由单片机根据内部程序自动确定。需要注意的是，在某一时刻，端口的某一引脚只能用作一种功能。

3. 控制引脚

控制引脚的功能主要有：当单片机外接存储器（RAM 或 ROM）时，通过控制引脚控制外接存储器，使单片机能像使用内部存储器一样使用外接存储器；在向单片机编程（即向单片机内部写入编好的程序）时，编程器通过有关控制引脚使单片机进入编程状态，然后将程序写入单片机。

8051 单片机的控制引脚的功能说明如下。

$\overline{EA}$/VPP（31 脚）：内、外部 ROM（程序存储器）选择控制端/编程电压输入端。

当 EA=1（高电平）时，单片机使用内、外部 ROM，先使用内部 ROM，超出范围时再使用外部 ROM；当 EA=0（低电平）时，单片机只使用外部 ROM，不会使用内部 ROM。在用编程器往单片机写入程序时，要在该脚加 12～25V 的编程电压，才能将程序写入单片机内部 ROM。

$\overline{PSEN}$（29 脚）：片外 ROM 选通控制端。当单片机需要从外部 ROM 读取程序时，会从该脚输出低电平到外部 ROM，外部 ROM 才允许单片机从中读取程序。

ALE/$\overline{PROG}$（30 脚）：片外低 8 位地址锁存控制端/编程脉冲输入端。单片机在读写片外 RAM 或读片外 ROM 时，该引脚会送出 ALE 脉冲信号，将 P0.0～P0.7 引脚输出低 8 位地址锁存在外部的锁存器中，然后让 P0.0～P0.7 引脚输出 8 位数据，即让 P0.0～P0.7 引脚先作地址输出端，再作数据输出端。在通过编程器将程序写入单片机时，编程器会通过该脚往单片机输入编程脉冲。

2.1.2 单片机与片外存储器的连接与控制

8051 单片机内部 RAM（可读写存储器，也称数据存储器）的容量为 256B（含特殊功能寄存器），内部 ROM（只读存储器，也称程序存储器）的容量为 4KB，如果单片机内部的 RAM 或 ROM 容量不够用，可以外接 RAM 或 ROM。在 8051 单片机与片外 RAM 或片外 ROM 连接时，使用 P0.0～P0.7 和 P2.0～P2.7 引脚输出 16 位地址，可以最大寻址 2^{16}=65536=64KB 个存储单元，每个存储单元可以存储 1 个字节（1Byte），也就是 8 位二进制数（8bit），即 1Byte=8bit，故 8051 单片机外接 RAM 或 ROM 容量最大不要超过 64KB，超出范围的存储单元无法识别使用。

8051 单片机与片外 RAM 的连接如图 2-2 所示。

图 2-2 8051 单片机与片外 RAM 的连接

当单片机需要从片外 RAM 读写数据时，会从 P0.0～P0.7 引脚输出低 8 位地址（如 00000011），再通过 8 路锁存器送到片外 RAM 的 A0～A7 引脚，它与 P2.0～P2.7 引脚输出并送到片外 RAM 的 A8～A15 引脚的高 8 位地址一起拼成 16 位地址，从 64KB 个（即 2^{16} 个）存储单元中选中某个存储单元。如果单片机要往片外 RAM 写入数据，会从 $\overline{WR}$ 引脚送出低电平到片外 RAM 的 $\overline{WE}$ 脚，片外 RAM 被选中的单元准备接收数据，与此同时，单片机的 ALE 端送出 ALE 脉冲信号去锁存器的 C 端，将 1Q～8Q 端与 1D～8D 端隔离开，并将 1Q～8Q 端的地址锁存起来（保持输出不变），单片机再从 P0.0～P0.7 引脚输出 8 位数据，送到片外 RAM 的 D0～D7 引脚，存入内部选中的存储单元。如果单片机要从片外 RAM 读取数据，同样先发出地址选中片外 RAM 的某个存储单元，并让 $\overline{RD}$ 端输出低电平去片外 RAM 的 $\overline{OE}$ 端，再将 P0.0~P0.7 引脚输出低 8 位地址锁存起来，然后让 P0.0~P0.7 引脚接收片外 RAM 的 D0~D7 引脚送来的 8 位数据。

如果外部存储器是 ROM（只读存储器），单片机不使用 $\overline{WR}$ 端和 $\overline{RD}$ 端，但会用到 $\overline{PSEN}$ 端，并将 $\overline{PSEN}$ 引脚与片外 ROM 的 $\overline{OE}$ 引脚连接起来。在单片机从片外 ROM 读数据时，会从 $\overline{PSEN}$ 引脚送出低电平到片外 ROM 的 $\overline{OE}$ 引脚，除此之外，单片机读片外 ROM 的过程与片外 RAM 基本相同。

如图 2-2 所示的 8051 单片机与片外存储器的连接线有地址总线（AB）、数据总线（DB）和控制总线（CB），地址总线由 A0~A15 共 16 根线组成，最大可寻址 $2^{16}=65536=64KB$ 个存储单元，数据总线由 D0~D7 共 8 根线组成（与低 8 位地址总线分时使用），一次可存取 8 位二进制数（即一个字节），控制总线由 $\overline{RD}$、$\overline{WR}$ 和 ALE 共 3 根线组成。单片机在执行到读写片外存储器的程序时，会自动按一定的时序发送地址和控制信号，再读写数据，无须人工编程参与。

2.1.3 内部结构说明

8051 单片机内部结构如图 2-3 所示，从图中可以看出，单片机内部主要由 CPU、电源电路、时钟电路、复位电路、ROM（程序存储器）、RAM（数据存储器）、中断控制器、串行通信口、定时器/计数器、P0~P3 端口的锁存器和输入/输出电路组成。

图 2-3 8051 单片机内部结构

1. CPU

CPU 又称中央处理器（Central Processing Unit），主要由算术/逻辑运算器（ALU）和控制器组成。单片机在工作时，CPU 会按先后顺序从 ROM（程序存储器）的第一个存储单元（0000H 单元）开始读取程序指令和数据，然后按指令要求对数据进行算术（如加运算）或逻辑运算（如与运算），运算结果存入 RAM（数据存储器），在此过程中，CPU 的控制器会输出相应的控制信号，以完成指定的操作。

2. 时钟电路

时钟电路的功能是产生时钟信号送给单片机内部各电路，控制这些电路使之有节拍地工作。时钟信号频率越高，内部电路工作速度越快。

时钟信号的周期称为时钟周期（也称振荡周期）。两个时钟周期组成一个状态周期（S），它分为 P1、P2 两个节拍，P1 节拍完成算术、逻辑运算，P2 节拍传送数据。6 个状态周期组成一个机器周期（12 个时钟周期），而执行一条指令一般需要 1~4 个机器周期（12~48 个时钟周期）。如果单片机的时钟信号频率为 12MHz，那么时钟周期为 1/12μs，状态周期为 1/6μs，机器周期为 1μs，指令周期为 1~4μs。

3. ROM（程序存储器）

ROM（程序存储器）又称只读存储器，是一种具有存储功能的电路，断电后存储的信息不会消失。ROM 主要用来存储程序和常数，用编程软件编写好的程序经编译后写入 ROM。

ROM 主要有下面几种。

（1）Mask ROM（掩膜只读存储器）

Mask ROM 中的内容由厂家生产时一次性写入，以后不能改变。这种 ROM 成本低，适用于大批量生产。

（2）PROM（可编程只读存储器）

新的 PROM 没有内容，可将程序写入内部，但只能写一次，以后不能更改。如果 PROM 在单片机内部，PROM 中的程序写错了，整个单片机便不能使用。

（3）EPROM（紫外线可擦写只读存储器）

EPROM 是一种可擦写的 PROM，采用 EPROM 的单片机上面有一块透明的石英窗口，平时该窗口被不透明的标签贴封，当需要擦除 EPROM 内部的内容时，可撕开标签，再用紫外线照射透明窗口 15~30min，即可将内部的信息全部擦除，然后重新写入新的信息。

（4）EEPROM（电可擦写只读存储器）

EEPROM 也称为 E2PROM 或 E^2PROM，是一种可反复擦写的只读存储器，但它不像 EPROM 需要用紫外线来擦除信息，这种 ROM 只要加适当的擦除电压，就可以轻松快速地擦除其中的信息，然后重新写入信息。EEPROM 反复擦写可达 1000 次以上。

（5）Flash Memory（快闪存储器）

Flash Memory 简称闪存，是一种长寿命的非易失性（在断电情况下仍能保持所存储的数据信息）的存储器，数据删除不是以单个字节为单位，而是以固定的区块（扇区）为单位，区块大小一般为 256KB~20MB。

Flash Memory 是 EEPROM 的变种，两者的区别主要在于，EEPROM 能在字节水平上进行删除和重写，而大多数 Flash Memory 需要按区块擦除或重写。由于 Flash Memory 断电时仍能保存数据，且数据擦写方便，故使用非常广泛（如手机、数码相机使用的存储卡）。STC89C5x 系列 51 单片机就采用 Flash Memory 作为程序存储器。

4. RAM（数据寄存器）

RAM（数据寄存器）又称随机存取存储器，也称可读写存储器。RAM 的特点是：可以存入信息（称为写），也可以将信息取出（称为读），断电后存储的信息会全部消失。RAM 可分为 DRAM（动态存储器）和 SRAM（静态存储器）。

DRAM 的存储单元采用了 MOS 管，它利用 MOS 管的栅极电容来存储信息，由于栅极电容容量小且漏电，故栅极电容保存的信息容易消失，为了避免存储的信息丢失，必须定时给栅极电容重写信息，这种操作称为"刷新"，故 DRAM 内部要有刷新电路。DRAM 虽然要有刷新电路，但其存储单元结构简单、使用元件少、功耗低，且集成度高、单位容量价格低，因此需要大容量 RAM 的电路或电子产品（如计算机的内存条）一般采用 DRAM 作为 RAM。

SRAM 的存储单元由具有记忆功能的触发器构成，它具有存取速度快、使用简单、不需刷新和静态功耗极低等优点，但元件数多、集成度低、运行时功耗大，单位容量价格高。因此需要小容量 RAM 的电路或电子产品（如单片机的 RAM）一般采用 SRAM 作为 RAM。

5．中断控制器

当 CPU 正在按顺序执行 ROM 中的程序时，若 INT0（P3.2）或 INT1（P3.3）端送入一个中断信号（一般为低电平信号），如果编程时又将中断设为允许，中断控制器马上发出控制信号让 CPU 停止正在执行的程序，转而去执行 ROM 中已编写好的另外的某段程序（中断程序），中断程序执行完成后，CPU 又返回执行先前中断的程序。

8051 单片机中断控制器可以接受 5 个中断请求：INT0 和 INT1 端发出的两个外部中断请求、T0 和 T1 定时器/计数器发出的两个中断请求及串行通信口发出的中断请求。

要让中断控制器响应中断请求，先要设置允许总中断，再设置允许某个或某些中断请求有效，若允许多个中断请求有效，还要设置优先级别（优先级别高的中断请求先响应），这些都是通过编程来设置的，另外还需要为每个允许的中断编写相应的中断程序。例如，允许 INT0 和 T1 的中断请求，就需要编写 INT0 和 T1 的中断程序，以便 CPU 响应了 INT0 请求马上执行 INT0 中断程序，响应了 T1 请求马上执行 T1 中断程序。

6．定时器/计数器

定时器/计数器是单片机内部具有计数功能的电路，可以根据需要将它设为定时器或计数器。如果要求 CPU 在一段时间（如 5ms）后执行某段程序，可让定时器/计数器工作在定时状态，定时器/计数器开始计时，当计到 5ms 后马上产生一个请求信号送到中断控制器，中断控制器则输出信号让 CPU 停止正在执行的程序，转而去执行 ROM 中特定的某段程序。

如果让定时器/计数器工作在计数状态，可以从单片机的 T0 或 T1 引脚输入脉冲信号，定时器/计数器开始对输入的脉冲进行计数，当计数到某个数值（如 1000）时，马上输出一个信号送到中断控制器，让中断控制器控制 CPU 去执行 ROM 中特定的某段程序（如让 P0.0 引脚输出低电平点亮外接 LED 灯的程序）。

7．串行通信口

串行通信口是单片机与外部设备进行串行通信的接口。当单片机要将数据传送给外部设备时，可以通过串行通信口将数据由 TXD 端输出；外部设备送来的数据可以从 RXD 端输入，通过串行通信口将数据送入单片机。串行是指数据传递的一种方式，串行传递数据时，数据是按一位一位传送的。

8. P0～P3 输入/输出电路和锁存器

8051 单片机有 P0～P3 共 4 组端口，每组端口有 8 个输入/输出引脚，每个引脚内部都有一个输入电路、一个输出电路和一个锁存器。以 P0.0 引脚为例，当 CPU 根据程序需要读取 P0.0 引脚输入信号时，会往 P0.0 端口发出读控制信号，P0.0 端口的输入电路工作，P0.0 引脚的输入信号经输入电路后分作两路，一路进入 P0.0 锁存器保存下来，另一路送给 CPU；当 CPU 根据程序需要从 P0.0 引脚输出信号时，会往 P0.0 端口发出写控制信号，同时往 P0.0 锁存器写入信号，P0.0 锁存器在保存信号的同时，会将信号送给 P0.0 输出电路（写 P0.0 端口时其输入电路被禁止工作），P0.0 输出电路再将信号从 P0.0 引脚送出。

P0～P3 端口的每个引脚都有两个或两个以上的功能，在同一时刻一个引脚只能用作一个功能，用作何种功能由程序决定。例如，当 CPU 执行到程序的某条指令时，若指令是要求读取某端口引脚的输入信号，CPU 执行该指令时会发出读控制信号，让该端口电路切换到信号输入模式（输入电路允许工作，输出电路被禁止），再读取该端口引脚输入的信号。

2.2 8051 单片机 I/O 端口的结构与工作原理

单片机的 I/O 端口是输入信号和输出信号的通道。8051 单片机有 P0、P1、P2、P3 共 4 组 I/O 端口，每组端口有 8 个引脚。要学好单片机技术，应了解这些端口内部电路结构与工作原理。

2.2.1 P0 端口

P0 端口有 P0.0～P0.7 共 8 个引脚，这些引脚除了可用作输入引脚和输出引脚外，在外接存储器时，还可用作地址/数据总线引脚。P0 端口每个引脚的内部电路结构都相同，其内部电路结构如图 2-4 所示。

图 2-4 P0 端口的内部电路结构

（1）P0 端口用作输出端口的工作原理

以单片机需要从 P0.x 引脚输出高电平 "1" 为例。单片机内部相关电路通过控制线送出 "0（低电平）" 到与门的一个输入端和电子开关的控制端，控制线上的 "0" 一方面使与门关闭（即与门的一端为 "0" 时，不管另一端输入何种信号，输出都为 "0"），晶体管 VT1 栅

极为 "0" 处于截止，地址/数据线送来的信号无法通过与门和晶体管 VT1；控制线上的 "0" 另一方面控制电子开关，让电子开关与锁存器的 $\overline{Q}$ 端连接。CPU 再从内部总线送高电平 "1" 到锁存器的 D 端，同时往锁存器的 CL 端送写锁存器信号，D 端的 "1" 马上存入锁存器并从 Q 和 $\overline{Q}$ 端输出，D 端输入 "1"，Q 端输出 "1"，$\overline{Q}$ 端则输出 "0"；$\overline{Q}$ 端输出 "0" 经电子开关送到晶体管 VT2 的栅极，VT2 截止，由于 VT1 也处于截止，P0.x 引脚处于悬浮状态，因此需要在 P0.x 引脚上接上拉电阻，在 VT2 截止时，P0.x 引脚输出高电平。

也就是说，当单片机需要将 P0 端口用作输出端口时，内部 CPU 会送控制信号 "0" 到与门和电子开关，与门关闭（上晶体管 VT1 同时截止，将地址/数据线与输出电路隔开），电子开关将锁存器与输出电路连接，然后 CPU 通过内部总线往 P0 端口锁存器送数据和写锁存器信号，数据通过锁存器、电子开关和输出电路从 P0 端口的引脚输出。

在 P0 端口用作输出端口时，内部输出电路的上晶体管处于截止（开路），下晶体管的漏极处于开路状态（称为晶体管开漏），因此需要在 P0 端口引脚接外部上拉电阻，否则无法可靠输出 "1" 或 "0"。

（2）P0 端口用作输入端口的工作原理

当单片机需要将 P0 端口用作输入端口时，内部 CPU 会先往 P0 端口锁存器写入 "1"（往锁存器 D 端送 "1"，同时给 CL 端送写锁存器信号），让 $\overline{Q}$=0，VT2 截止，关闭输出电路。P0 端口引脚输入的信号送到输入三态门的输入端，此时 CPU 再给三态门的控制端送读引脚控制信号，输入三态门打开，P0 端口引脚输入的信号就可以通过三态门送到内部总线。

如果单片机的 CPU 需要读取 P0 端口锁存器的值（或称读取锁存器存储的数据），会送读锁存器控制信号到三态门（上方的三态门），三态门打开，P0 锁存器的值（Q 值）经三态门送到内部总线。

（3）P0 端口用作地址/数据总线的工作原理

如果要将 P0 端口用作地址/数据总线，单片机内部相关电路会通过控制线发出 "1"，让与门打开，让电子开关和非门输出端连接。当内部地址/数据总线为 "1" 时，"1" 一方面通过与门送到 VT1 的栅极，VT1 导通，另一方面送到非门，反相后变为 "0"，经电子开关送到 VT2 的栅极，VT2 截止，VT1 导通，P0 端口引脚输出为 "1"；当内部地址/数据总线为 "0" 时，VT1 截止，VT2 导通，P0 端口引脚输出 "0"。

也就是说，当单片机需要将 P0 端口用作地址/数据总线时，CPU 会给与门和电子开关的控制端送 "1"，与门打开，将内部地址/数据总线与输出电路的上晶体管 VT1 接通，电子开关切断输出电路与锁存器的连接，同时将内部地址/数据总线经非门反相后与输出电路的下晶体管 VT1 接通，这样 VT1、VT2 状态相反，让 P0 端口引脚能稳定输出数据或地址信号（1 或 0）。

2.2.2 P1 端口

P1 端口有 P1.0～P1.7 共 8 个引脚，这些引脚可用作输入引脚和输出引脚。P1 端口每个引脚的内部电路结构都相同，其内部电路结构如图 2-5 所示。P1 端口的结构较 P0 端口简单很多，其输出电路采用了一个晶体管，在晶体管的漏极接了一只内部上拉电阻，所以在 P1 端口引脚外部可以不接上拉电阻。

图 2-5　P1 端口内部电路结构

（1）P1 端口用作输出端口的工作原理

当需要将 P1 端口用作输出端口时，单片机内部相关电路除了会往锁存器的 D 端送数据外，还会往锁存器 CL 端送写锁存器信号，内部总线送来的数据通过 D 端进入锁存器并从 Q 和 $\overline{Q}$ 端输出，如 D 端输入"1"，则 $\overline{Q}$ 端输出"0"（Q 端输出"1"），$\overline{Q}$ 端的"0"送到晶体管的栅极，晶体管截止，从 P1 端口引脚输出"1"。

（2）P1 端口用作输入端口的工作原理

当需要将 P1 端口用作输入端口时，单片机内部相关电路会先往 P1 锁存器写"1"，让 Q=1、$\overline{Q}$=0，$\overline{Q}$=0 会使晶体管截止，关闭 P1 端口的输出电路，然后 CPU 往输入三态门控制端送一个读引脚控制信号，输入三态门打开，从 P1 端口引脚输入的信号经输入三态门送到内部总线。

2.2.3　P2 端口

P2 端口有 P2.0～P2.7 共 8 个引脚，这些引脚除了可用作输入引脚和输出引脚外，在外接存储器时，还可用作地址总线（高 8 位）引脚。P2 端口每个引脚的内部电路结构都相同，其内部电路结构如图 2-6 所示。

图 2-6　P2 端口内部电路结构

（1）P2 端口用作输入/输出（I/O）端口的工作原理

当需要将 P2 端口用作 I/O 端口时，单片机内部相关电路会送控制信号到电子开关的控制端，让电子开关与 P2 锁存器的 Q 端连接。

若要将 P2 端口用作输出端口，CPU 会通过内部总线将数据送到锁存器的 D 端，同时给锁存器的 CL 端送写锁存器信号，D 端数据存入锁存器并从 Q 端输出，再通过电子开关、非门和晶体管从 P2 端口引脚输出。

若要将 P2 端口用作输入端口，CPU 会先往 P2 锁存器写"1"，让 Q=1，$\overline{Q}$=0，Q=1 会使晶体管截止，关闭 P2 端口的输出电路，然后 CPU 往输入三态门控制端送一个读引脚控制信号，输入三态门打开，从 P2 端口引脚输入的信号经输入三态门送到内部总线。

（2）P2 端口用作地址总线引脚的工作原理

如果要将 P2 端口用作地址总线引脚，单片机内部相关电路会发出一个控制信号到电子开关的控制端，让电子开关与内部地址线接通，地址总线上的信号就可以通过电子开关、非门和晶体管后从 P2 端口引脚输出。

2.2.4　P3 端口

P3 端口有 P3.0～P3.7 共 8 个引脚，P3 端口除了可用作输入引脚和输出引脚外，还具有第二功能。P3 端口每个引脚的内部电路结构都相同，其内部电路结构如图 2-7 所示。

图 2-7　P3 端口内部电路结构

（1）P3 端口用作 I/O 端口的工作原理

当需要将 P3 端口用作 I/O 端口时，单片机内部相关电路会送出"1"到与非门的一个输入端（第二功能输出端），打开与非门（与非门的特点是：一个输入端为"1"时，输出端与另一个输入端状态始终相反）。

若要将 P3 端口用作输出端口，CPU 给锁存器的 CL 端送写锁存器信号，内部总线送来的数据通过 D 端进入锁存器并从 Q 端输出，再通过与非门和晶体管两次反相后从 P3 端口引脚输出。

若要将 P3 端口用作输入端口，CPU 会先往 P3 锁存器写"1"，让 Q=1，与非门输出"0"，晶体管截止，关闭 P3 端口的输出电路，然后 CPU 往输入三态门控制端送一个读引脚控制信号，输入三态门打开，从 P3 端口引脚输入的信号经过输入缓冲器和输入三态门送到内部总线。

（2）当 P3 端口用作第二功能时

P3 端口的每个引脚都有第二功能，具体如表 2-1 所示。P3 端口用作第二功能（又称复用功能）时，实际上也是在该端口输入或输出信号，只不过输入、输出的是一些特殊功能的信号。

表 2-1 8051 单片机 P3 端口各引脚的第二功能

端口引脚	第二功能名称及说明	端口引脚	第二功能名称及说明
P3.0	RXD：串行数据接收	P3.4	T0：定时器/计数器 0 输入
P3.1	TXD：串行数据发送	P3.5	T1：定时器/计数器 1 输入
P3.2	$\overline{INT0}$：外部中断 0 申请	P3.6	$\overline{WR}$：外部 RAM 写选通
P3.3	$\overline{INT1}$：外部中端 1 申请	P3.7	$\overline{RD}$：外部 RAM 读选通

当单片机需要将 P3 端口用作第二功能输出信号（如 $\overline{RD}$、$\overline{WR}$ 信号）时，CPU 会先往 P3 锁存器写"1"，Q=1，它送到与非门的一个输入端，与非门打开，内部的第二功能输出信号送到与非门的另一个输入端，反相后输出到晶体管的栅极，经晶体管再次反相后从 P3 端口引脚输出。

当单片机需要将 P3 端口用作第二功能输入信号（如 T0、T1 信号）时，CPU 也会往 P3 锁存器写"1"，Q=1，同时第二功能输出端也为"1"，与非门输出为"0"，晶体管截止，关闭输出电路，P3 端口引脚输入的第二功能信号经输入缓冲器送往特定的电路（如 T0、T1 计数器）。

2.3 8051 单片机的存储器

2.3.1 存储器的存储单位与编址

1. 常用存储单位

位（bit）：它是计算机中最小的数据单位。由于计算机采用二进制数，所以 1 位二进制数称为 1bit，如 101011 为 6bit。

字节（Byte，单位简写为 B）：8 位二进制数称为一个字节，1B=8bit。

字（Word）：两个字节构成一个字，即 2Byte =1Word。

在单片机中还有一个常用术语：字长。所谓字长是指单片机一次能处理的二进制数的位数。51 单片机一次能处理 8 位二进制数，所以 51 单片机的字长为 8 位。

2. 存储器的编址与数据的读写说明

如图 2-8 所示是一个容量为 256B 的存储器，内部有 256 个存储单元，每个存储单元可以存放 8 位二进制数，为了存取数据方便，需要对每个存储单元进行编号，也即对存储单元编址，编址采用二进制数，对 256 个存储单元全部编址至少要用到 8 位二进制数，第 1 个存储单元编址为 00000000，编写程序时为了方便，一般用十六进制数表示，二进制数 00000000

用十六进制数表示就是 00H，H 表示十六制数，第二个存储单元编址为 01H，……第 256 个存储单元编址为 FFH（也可以写成 0FFH）。

要对 256B 存储器的每个存储单元进行读写，需要 8 根地址线和 8 根数据线，先送 8 位地址选中某个存储单元，再根据读控制或写控制将选中的存储单元的 8 位数据从 8 根数据线送出，或通过 8 根数据线将 8 位数据存入选中的存储单元中。以图 2-8 为例，当地址总线 A7~A0 将 8 位地址 0001111（1FH）送入存储器时，会选中内部编址为 1FH 的存储单元，这时再从读控制线送入一个读控制信号，1FH 存储单元中的数据 00010111 从 8 根数据总线 D7~D0 送出。

图 2-8　256B 存储器的编址

2.3.2　片内、外程序存储器的使用与编址

单片机的程序存储器主要用来存储程序、常数和表格数据。8051 单片机内部有 4KB 的程序存储器（8052 单片机内部有 8KB 的程序存储器，8031 单片机内部没有程序存储器，需要外接程序存储器），如果内部程序存储器不够用（或无内部程序存储器），可以外接程序存储器。

8051 单片机最大可以外接容量为 64KB 的程序存储器（ROM），它与片内 4KB 程序存储器统一编址。当单片机的 $\overline{EA}$ 端接高电平（接电源正极）时，片内、片外程序存储器都可以使用，片内 4KB 程序存储器的编址为 0000H~0FFFH，片外 64KB 程序存储器的编址为 1000H~FFFFH，片外程序存储器低 4KB 存储空间无法使用，如图 2-9（a）所示；当单片机的 $\overline{EA}$ 端接低电平（接地）时，只能使用片外程序存储器，其编址为 0000H~FFFFH，片内 4KB 程序存储器无法使用，如图 2-9（b）所示。

图 2-9　8051 单片机片内、外程序存储器的使用与编址

2.3.3　片内、外数据存储器的使用与编址

单片机的数据存储器主要用来存储运算的中间结果和暂存数据、控制位和标志位。8051 单片机内部有 256B 的数据存储器,如果内部数据存储器不够用,可以外接数据存储器。

8051 单片机最大可以外接容量为 64KB 的数据存储器（RAM）,它与片内 256B 数据存储器分开编址,如图 2-10 所示。当 8051 单片机连接片外 RAM 时,片内 RAM 的 00H~FFH 存储单元地址与片外 RAM 的 0000H~00FFH 存储单元地址相同,为了区分两者,在用汇编语言编程时,读写片外 RAM 时要用"MOVX"指令（读写片内 RAM 时要用"MOV"指令）;在用 C 语言编程时,读写 RAM 时须先声明数据类型（内部数据或外部数据）,若读写的数据存放在片内 RAM 中,要声明数据类型为内部数据类型（如用"data"声明）,若读写的数据存放在片外 RAM 中,应声明数据类型为外部数据类型（如用"xdata"声明）,单片机会根据声明的数据类型自动选择读写片内或片外 RAM。

图 2-10　8051 单片机片内、外数据存储器的使用与编址

2.3.4　数据存储器的分区

8051 单片机内部有 128B 的数据存储器（地址为 00H~7FH）和 128B 的特殊功能寄存

器区（地址为 80H~FFH），8052 单片机内部有 258B 的数据存储器（地址为 00H~FFH）和 128B 的特殊功能寄存器区（地址为 80H~FFH），如图 2-11 所示。

图 2-11 8051、8052 单片机的数据存储器分区

根据功能不同，8051、8052 单片机的数据存储器可分为工作寄存器区（0~3 组）、位寻址区和用户 RAM 区，从图 2-11 可以看出，8052 单片机的用户 RAM 区空间较 8051 单片机多出 128B，该 128B 存储区地址与特殊功能寄存器区（SFR）的地址相同，但两者是两个不同的区域。特殊功能寄存器区的每个寄存器都有一个符号名称，如 P0（即 P0 锁存器）、SCON（串行通信控制寄存器），特殊功能寄存器区只能用直接寻址方式访问，8052 单片机的新增的 128B 用户 RAM 区只能用间接方式访问。

1. 工作寄存器区

单片机在工作时需要处理很多数据，有些数据要用来运算，有些要反复调用，有些要用来比较校验等，在处理这些数据时需要有地方能暂时存放这些数据，单片机提供暂存数据的地方就是工作寄存器。

8051 单片机的工作寄存器区总存储空间为 32B，由 0~3 组工作寄存器组成，每组有 8 个工作寄存器（R0~R7），共 32 个工作寄存器（存储单元），地址编号为 00H~1FH，每个工作寄存器可存储一个字节数据（8 位）。4 组工作寄存器的各个寄存器地址编号如表 2-2 所示。

表 2-2 各个寄存器地址编号

组号	R0	R1	R2	R3	R4	R5	R6	R7
0	00H	01H	02H	03H	04H	05H	06H	07H
1	08H	09H	0AH	0BH	0CH	0DH	0EH	0FH
2	10H	11H	12H	13H	14H	15H	16H	17H
3	18H	19H	1AH	1BH	1CH	1DH	1EH	1FH

单片机上电复位后，默认使用第 0 组工作寄存器，可以通过编程设置 PSW（程序状态字寄存器）的 RS1、RS0 位的值来换成其他组工作寄存器。当 PSW 的 RS1 位=0、RS0 位=0 时，使用第 0 组工作寄存器；当 RS1 位=0、RS0 位=1 时，使用第 1 组工作寄存器；当 RS1 位=1、RS0 位=0 时，使用第 2 组工作寄存器；当 RS1 位=1、RS0 位=1 时，使用第 3 组工作寄存器，如图 2-12 所示。不使用的工作寄存器可当作一般的数据存储器使用。

图 2-12 PSW 的 RS1、RS0 位决定使用的工作寄存器组号

2. 位寻址区

位寻址区位于工作寄存器区之后，总存储空间为 16B，有 16 个字节存储单元，字节地址为 20H~2FH，每个字节存储单元有 8 个存储位，一共有 16×8=128 个存储位，每个位都有地址，称为位地址，利用位地址可以直接对位进行读写。

可位寻址区的 16 个字节单元与 128 个位的地址编号如图 2-13 所示。从图中可以看出，字节单元和存储位有部分相同的地址编号，单片机是以指令类型来区分访问地址为字节单元还是位单元。例如，用字节指令访问地址 20H 时，访问的为 20H 字节单元，可以同时操作该字节单元的 8 位数；用位指令访问地址 20H 时，访问的为 24H 字节单元的 D0 位，只能操作该位的数据。

图 2-13 位寻址区的 16 个字节单元与 128 个位的地址编号

3. 用户 RAM 区

用户 RAM 区又称为数据缓存区，8051 单片机的用户 RAM 区有 80 个存储单元（字节），地址编号为 30H～7FH，8052 单片机的用户 RAM 区有 208 个存储单元（字节），地址编号为 30H～FFH。用户 RAM 区一般用来存储随机数据和运算中间结果等。

2.3.5 特殊功能寄存器（SFR）

特殊功能寄存器简称 SFR（Special Function Register），主要用于管理单片机内部各功能部件（如定时器/计数器、I/O 端口、中断控制器和串行通信口等），通过编程设定一些特殊功能寄存器的值，可以让相对应的功能部件进入设定的工作状态。

1. 特殊功能寄存器的符号、字节地址、位地址和复位值

8051 单片机有 21 个特殊功能寄存器（SFR），如表 2-3 所示。每个特殊功能寄存器都是一个字节单元（有 8 位），它们的地址离散分布在 80H～FFH 范围内，这个地址范围与数据存储器用户 RAM 区（对于 8052 单片机而言）的 80H～FFH 地址重叠，为了避免寻址产生混乱，51 单片机规定特殊寄存器只能用直接寻址（直接写出 SFR 的地址或符号）方式访问，8052 单片机新增的 128B 用户 RAM 区的 80H～FFH 单元只能用间接寻址方式访问。

21 个特殊功能寄存器都能以字节为单位进行访问，其中有一些特殊功能寄存器还可以进行位访问，能访问的位都有符号和位地址，位地址为特殊功能寄存器的字节地址加位号。以特殊功能寄存器 P0 为例，其字节地址为 80H（字节地址值可以被 8 整除），其 P0.0～P0.7 位的位地址为 80H～87H，访问字节地址 80H 时可读写 8 位（P0.0～P0.7 位），访问位地址 82H 时仅可读写 P0.2 位。

有位地址的特殊功能寄存器既可以用字节地址访问整个寄存器（8 位），也可以用位地址（或位符号）访问寄存器的某个位，无位地址的特殊功能寄存器只能用字节地址访问整个寄存器。当位地址和字节地址相同时，单片机会根据指令类型来确定该地址的类型。单片机上电复位后，各特殊功能寄存器都有个复位初始值，具体如表 2-3 所示，x 表示数值不定（或 1 或 0）。

表 2-3 8051 单片机的 21 个特殊功能寄存器（SFR）

符号	名称	字节地址	位符号与位地址								复位值
P0	P0 锁存器	80H	87H							80H	1111 1111B
			P0.7	P0.6	P0.5	P0.4	P0.3	P0.2	P0.1	P0.0	
SP	堆栈指针	81H									0000 0111B
DRTR DPL	数据指针（低）	82H									0000 0000B
DPH	数据指针（高）	83H									0000 0000B
PCON	电源控制寄存器	87H	SMOD	SMOD0	—	POF	GF1	GF0	PD	IDL	00x1 0000B
TCON	定时器控制寄存器	88H	8FH							88H	0000 0000B
			TF1	TR1	TF0	TR0	IE1	IT1	IE0	IT0	
TMOD	定时器工作方式寄存器	89H	GATE	C/$\overline{\text{T}}$	M1	M0	GATE	C/$\overline{\text{T}}$	M1	M0	0000 0000B
TL0	定时器 0 低 8 位寄存器	8AH									0000 0000B
TL1	定时器 1 低 8 位寄存器	8BH									0000 0000B

（续表）

符 号	名 称	字节地址	位符号与位地址								复位值
TH0	定时器0高8位寄存器	8CH									0000 0000B
TH1	定时器1高8位寄存器	8DH									0000 0000B
P1	P1锁存器	90H	97H							90H	1111 1111B
			P1.7	P1.6	P1.5	P1.4	P1.3	P1.2	P1.1	P1.0	
SCON	串口控制寄存器	98H	9FH							98H	0000 0000B
			SM0	SM1	SM2	REN	TB8	RB8	T1	R1	
SBUF	串口数据缓冲器	99H									xxxx,xxxx
P2	P2锁存器	A0H	A7H							A0H	1111 1111B
			P2.7	P2.6	P2.5	P2.4	P2.3	P2.2	P2.1	P2.0	
IE	中断允许寄存器	A8H	AFH							A8H	0x00 0000B
			EA	—	ET2	ES	ET1	EX1	ET0	EX0	
P3	P3锁存器	B0H	B7H							B0H	1111 1111B
			P3.7	P9.3	P3.5	P3.4	P3.3	P3.2	P3.1	P3.0	
IP	中断优先级寄存器	B8H	BFH							B8H	xx00 0000B
			—	—	PT2	PS	PT1	PX1	PT0	PX0	
PSW	程序状态字寄存器	D0H	D7H							D0H	0000 0000B
			CY	AC	F0	RS1	RS0	OV	F1	P	
ACC	累加器	E0H									0000 0000B
B	B寄存器	F0H									0000 0000B

2. 部分特殊功能寄存器介绍

单片机的特殊功能寄存器很多，可以分为特定功能型和通用型。对于特定功能型特殊功能寄存器，当往某些位写入不同的值，可以将其控制的功能部件设为不同工作方式，读取某些位的值可以了解相应功能部件的工作状态；通用型特殊功能寄存器主要用于运算、寻址和反映运算结果状态。

特定功能型特殊功能寄存器将在后面介绍功能部件的章节说明，下面介绍一些通用型特殊功能寄存器。

（1）累加器（ACC）

累加器又称 ACC，简称 A，是一个8位寄存器，其字节地址为 E0H。累加器是单片机中使用最频繁的寄存器，在进行算术或逻辑运算时，数据大多数先进入 ACC，运算完成后，结果大多数也送入 ACC。

（2）寄存器 B

寄存器 B 主要用于乘、除运算，其字节地址是 F0H。在乘法运算时，一个数存放在 A（累加器）中，另一个数存放在 B 中，运算结果得到的积（16位），积的高字节存放在 B 中，低字节存放在 A 中；在除法运算时，被除数取自 A，除数取自 B，运算结果得到的商（8位）

和余数（8位），商存放在A中，余数存放在A中。

（3）数据指针寄存器（DPTR）

数据指针寄存器（DPTR）简称数据指针，是一个16位寄存器，由DPH和DPL两个8位寄存器组成，地址分别为83H、82H。DPTR主要在单片机访问片外RAM时使用，用于存放片外RAM的16位地址，DPH保存高8位地址，DPL保存低8位地址。

（4）堆栈指针寄存器（SP）

人们在洗碗碟时，通常是将洗完的碗碟一只一只由下往上堆起来，使用时则是将碗碟从上往下一只一只取走。这个过程有两个要点：一是这些碗碟的堆放是连续的；二是先堆放的后取走，后堆放的先取走。单片机的堆栈与上述情况类似。堆栈是指在单片机数据存储器中划分出的一个连续的存储空间，这个存储空间存取数据时具有"先进后出，后进先出"的特点。

在存储器存取数据时，首先根据地址选中某个单元，再将数据存入或取出。如果有一批数据要连续存入存储器，比如将5个数据（每个数据为8位）依次存入地址为30H~34H的5个存储单元中，按一般的操作方法是：先选中地址为30H的存储单元，再将第1个数据存入该单元，然后选中地址为31H的存储单元，再将第2个数据存入该单元，……显然这样存取数据比较麻烦，采用堆栈可以很好地解决这个问题。

在数据存储器中划分堆栈的方法是：通过编程的方法设置堆栈指针寄存器（SP）的值，如让SP=2FH，SP就将存储器地址为2FH的存储单元设为堆栈的栈顶地址，2FH单元后面的连续存储单元就构成了堆栈，如图2-14所示。堆栈设置好后，就可以将数据按顺序依次存入堆栈或从堆栈中取出，在堆栈中存取数据按照"先进后出，后进先出"的规则进行。

图2-14 堆栈的使用

需要注意的是，堆栈指针寄存器（SP）中的值并不是堆栈的第一个存储单元的地址，而是前一个单元的地址。例如，SP=2FH，那么堆栈的第一个存储单元的地址是30H，第1个数据存入30H单元。单片机通电复位后，SP的初始值为07H，这样堆栈第一个存储单元的地址就为 08H，由于 08H～1FH 地址已划分给 1～3 组工作寄存器，在需要用到堆栈时，通常在编程时设 SP=2FH，这样就将堆栈设置在数据存储器的用户 RAM 区（30H～7FH）。

（5）程序状态字寄存器（PSW）

程序状态字寄存器（PSW）的地址是 D0H，它是一个状态指示寄存器（又称标志寄存器），用来指示系统的工作状态。PSW 是一个 8 位寄存器，可以存储 8 位数，各位代表不同的功能。程序状态字寄存器（PSW）的字节地址、各位地址和各位功能如图 2-15 所示。

图 2-15　程序状态字寄存器（PSW）的字节地址、各位地址和各位功能

D7 位（C）：进位标志位。当单片机进行加、减运算时，若运算结果最高位有进位或借位时，C 位置 1，无进位或借位时，C 位置 0。在进行位操作时，C 用作位操作累加器。

D6 位（AC）：半进位标志位。单片机进行加、减运算时，当低半字节的 D3 位向高半字节的 D4 位有进位或借位时，AC 位置 1，否则 AC 位置 0。

D5 位（F0）：用户标志位 0。用户可设定的标志位，可置 1 或置 0。

D4 位（RS1）、D3 位（RS0）：工作寄存器组选择位。这两位有 4 种组合状态，用来控制工作寄存器区（00H～1FH）4 组中的某一组寄存器进入工作状态，具体参见图 2-12。

D2 位（OV）：溢出标志位。在进行有符号数运算时，若运算结果超出−128～+127 范围，OV=1，否则 OV=0；当进行无符号数乘法运算时，若运算结果超出 255，OV=1，否则 OV=0；当进行无符号数除法运算时，若除数为 0，OV=1，否则 OV=0。

D1 位（F1）：用户标志位 1。同 F0 位，用户可设定的标志位，可置 1 或置 0。

D0 位（P）：奇偶校验位。该位用于对累加器 A 中的数据进行奇偶校验，当累加器 A 中"1"的个数为奇数值时，P=1；若累加器 A 中"1"的个数为偶数值时，P=0。51 系列单片机总是保持累加器 A 与 P 中"1"的总个数为偶数值，如累加器 A 中有 3 个"1"，即"1"的个数为奇数值，那么 P 应为"1"，这样才能让两者"1"的总个数为偶数值，这种校验方式称为偶校验。

2.4　STC89C5x 系列单片机介绍

STC 公司（宏晶科技公司）是全球最大的 8051 内核单片机设计公司，其单片机性能出众，使用非常广泛，被用户评为 8051 单片机全球第一品牌。STC 公司以 8051 单片机为内核，对其功能进行改进、增加或缩减，生产出多个系列的 51 单片机：89 系列、90 系列、10 系列、11 系列、12 系列和 15 系列。89 系列是最基础的 51 单片机，可以完全兼容 Atmel 的 AT89 系列单片机，属于 12T 单片机（1 个机器周期占用 12 个时钟周期）。90 系列是基于 89 系列的改进型产品系列。10 系列和 11 系列是 1T 单片机（1 个机器周期为 1 个时钟周期），

运算速度快。12 系列是增强型功能的 1T 单片机，型号标有"AD"的具有 AD（模/数）转换功能。15 系列是最新推出的产品，最大的特点是内部集成了高精度的 R/C 时钟，可以无须外接晶振和外接复位电路来代替 89 系列。

STC 公司设计生产的 51 单片机有多个系列，有些系列是过渡产品，市场上较为少见，有些系列是新产品，还未很好地被市场接受。89 系列单片机是 STC 公司最基础的单片机，也是市场上最常用 51 单片机,学习该系列单片机不但可轻松掌握 STC 公司其他系列单片机，也能很容易掌握其他公司的 51 单片机。

2.4.1　STC89C5x 单片机的版本、封装形式和引脚功能说明

1. 两种版本与封装形式

STC89C5x 系列单片机分为 HD 和 90C 两种版本，两种版本的区别方法是查看单片机表面文字最后一行的最后几个文字，若为 90C 则表示该单片机为 90C 版本，若为 HD 则表示该单片机为 HD 版本，如图 2-16 所示。

图 2-16　STC89C5x 系列单片机的版本识别方法

HD 版为早期版本，其引脚功能与 8051 单片机更为接近，它有 EA、PSEN 引脚；90C 版为改进版本，它将不常用的 EA、PSEN 引脚分别改成了 P4.6、P4.4，并将 ALE 引脚改成了 ALE/P4.5 复用功能引脚。STC89C5x 系列单片机的 HD 版和 90C 版的常用封装形式及引脚区别如图 2-17 所示。

图 2-17　STC89C5x 系列单片机的 HD 版和 90C 版的常用封装形式及引脚区别

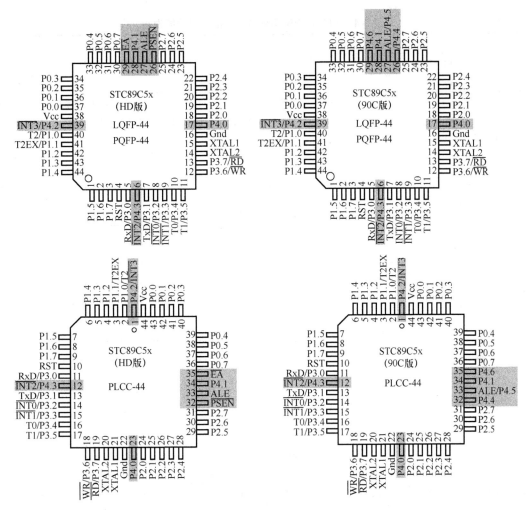

图 2-17 STC89C5x 系列单片机的 HD 版和 90C 版的常用封装形式及引脚区别（续）

STC89C5x 系列单片机采用的封装形式主要有 PDIP、LQFP、PQFP 和 PLCC，这几种封装的实物芯片外形如图 2-18 所示，PDIP、LQFP 封装更为常用。

PDIP　　　　　　LQFP　　　　　　PQFP　　　　　　PLCC
(塑料双列直插式封装)　(薄型方块扁平封装)　(塑料方块扁平封装)　(塑封带引线芯片载体封装)

图 2-18　4 种常见的芯片封装形式

2. 引脚功能说明

STC89C5x 系列单片机的引脚功能说明如表 2-4 所示，阴影部分为在 8051 单片机基础上改进或新增的功能引脚。

表 2-4 STC89C5x 系列单片机的引脚功能说明

引脚	引脚编号			说明	
	LQFP44 PQFP44	PDIP40	PLCC44		
P0.0~P0.7	30~37	32~39	36~43	\multicolumn{2}{l}{P0:P0 口既可作为输入/输出口,也可作为地址/数据复用总线使用。当 P0 作为输入/输出口时,P0 是一个 8 位准双向口,上电复位后处于开漏模式。P0 口内部无上拉电阻,所以作 I/O 口必须外接 4.7~10kΩ的上拉电阻,当 P0 作为地址/数据复用总线使用时,是低 8 位地址线[A0~A7],数据线的[D0~D7],此时无须外接上拉电阻}
P1.0/T2	40	1	2	P1.0	标准 I/O 口
				T2	定时器/计数器 2 的外部输入
P1.1/T2EX	41	2	3	P1.1	标准 I/O 口
				T2EX	定时器/计数器 2 捕捉/重装方式的触发控制
P1.2	42	3	4	标准 I/O 口	
P1.3	43	4	5	标准 I/O 口	
P1.4	44	5	6	标准 I/O 口	
P1.5	1	6	7	标准 I/O 口	
P1.6	2	7	8	标准 I/O 口	
P1.7	3	8	9	标准 I/O 口	
P2.0~P2.7	18~25	21~28	24~31	\multicolumn{2}{l}{P2 口内部有上拉电阻,既可作为输入/输出口,也可作为高 8 位地址总线使用(A8~A15)。当 P2 口作为输入/输出口时,P2 是一个 8 位准双向口}
P3.0/RxD	5	10	11	P3.0	标准 I/O 口
				RxD	串口 1 数据接收端
P3.1/TxD	7	11	13	P3.1	标准 I/O 口
				TxD	串口 1 数据发送端
P3.2/$\overline{INT0}$	8	12	14	P3.2	标准 I/O 口
				$\overline{INT0}$	外部中断 0,下降沿中断或低电平中断
P3.3/$\overline{INT1}$	9	13	15	P3.3	标准 I/O 口
				$\overline{INT1}$	外部中断 1,下降沿中断或低电平中断
P3.4/T0	10	14	16	P3.4	标准 I/O 口
				T0	定时器/计数器 0 的外部输入
P3.5/T1	11	15	17	P3.5	标准 I/O 口
				T1	定时器/计数器 1 的外部输入
P3.6/$\overline{WR}$	12	16	18	P3.6	标准 I/O 口
				$\overline{WR}$	外部数据存储器写脉冲
P3.7/$\overline{RD}$	13	17	19	P3.7	标准 I/O 口
				$\overline{RD}$	外部数据存储器读脉冲
P4.0	17		23	P4.0	标准 I/O 口
P4.1	28		34	P4.1	标准 I/O 口
P4.2/$\overline{INT3}$	30		1	P4.2	标准 I/O 口
				$\overline{INT3}$	外部中断 3,下降沿中断或低电平中断

(续表)

引 脚	引脚编号			说 明	
	LQFP44 PQFP44	PDIP40	PLCC44		
P4.3/$\overline{INT2}$	6		12	P4.3	标准 I/O 口
				$\overline{INT2}$	外部中断 2,下降沿中断或低电平中断
P4.4/$\overline{PSEN}$	26	29	32	P4.4	标准 I/O 口
				$\overline{PSEN}$	外部程序存储器选通信号输出引脚
P4.5/ALE	27	30	33	P4.5	标准 I/O 口
				ALE	地址锁存允许信号输出引脚/编程脉冲输入引脚
P4.6/$\overline{EA}$	20	31	35	P4.6	标准 I/O 口
				$\overline{EA}$	内外存储器选择引脚
RST	4	9	10	RST	复位脚
XTAL1	15	19	21		内部时钟电路反相放大器输入端,接外部晶振的一个引脚。当直接使用外部时钟源时,此引脚是外部时钟源的输入端
XTAL2	14	18	20		内部时钟电路反相放大器的输出端,接外部晶振的另一端。当直接使用外部时钟源时,此引脚可浮空,此时 XTAL2 实际将 XTAL1 输入的时钟进行输出
VCC	38	40	44		电源正极
Gnd	16	20	22		电源负极,接地

2.4.2 STC89C5x 系列单片机的型号命名规则

STC89C5x 系列单片机的型号命名规则如下:

2.4.3 STC89C5x 系列单片机的常用型号的主要参数

STC89C5x 系列单片机常用型号的主要参数如表 2-5 所示，为便于比较，表中也列出了部分最新的 15 系列单片机的主要参数。

表 2-5 STC89C5x 系列单片机常用型号的主要参数

型号	工作电压（V）	Flash 程序存储器（B）	SRAM（B）	EEP ROM（B）	定时器	A/D10位8路	降低EMI	双倍速	最多有I/O口	支持掉电唤醒外部中断	内置复位	看门狗	ISP	IAP	功能更强不需外部时钟不需外部复位的替代型号（需修改硬件电路）
STC89C51	5.5~3.8	4K	512	9K	3个	—	√	√	39个	4个	有	有	√	√	STC15W404S
STC89LE51	2.4~3.6	4K	512	9K	3个	—	√	√	39个	4个	有	有	√	√	STC15W404S
STC15W404S	5.5~2.5	4K	512	9K	3个	√			42个	5个	强	强	√	√	
STC89C52	5.5~3.8	8K	512	5K	3个	—	√	√	39个	4个	有	有	√	√	STC15W408S
STC89LE52	2.4~3.6	8K	512	5K	3个	—	√	√	39个	4个	有	有	√	√	STC15W408S
STC15W408S	5.5~2.5	8K	512	5K	3个	√			42个	5个	强	强	√	√	
STC89C53	5.5~3.8	12K	512	2K	3个	—	√	√	39个	4个	有	有	√	√	IAP15W413S
STC89LE53	2.4~3.6	12K	512	2K	3个	—	√	√	39个	4个	有	有	√	√	IAP15W413S
STC89C14	5.5~3.8	14K	512	—	3个	—	√	√	39个	4个	有	有	√	√	IAP15W413S
STC89LE14	2.4~3.6	14K	512	—	3个	—	√	√	39个	4个	有	有	√	√	IAP15W413S
IAP15W413S	5.5~2.5	13K	512	IAP	3个	√			42个	5个	强	强	√	√	
STC89C54	5.5~3.8	16K	1280	45K	3个	—	√	√	39个	4个	有	有	√	√	STC15W1K16S
STC89LE54	2.4~3.4	16K	1280	45K	3个	—	√	√	39个	4个	有	有	√	√	STC15W1K16S
STC15W1K16S	5.5~2.6	16K	1024	13K	3个	√			42个	5个	强	强	√	√	
STC89C58	5.5~3.8	32K	1280	29K	3个	—	√	√	39个	4个	有	有	√	√	IAP15W1K29S
STC89LE58	2.4~3.4	32K	1280	29K	3个	—	√	√	39个	4个	有	有	√	√	IAP15W1K29S
IAP15W1K29S	5.5~2.6	29K	1024	IAP	3个	√			42个	5个	强	强	√	√	
STC89C516	5.5~3.8	62K	1280		3个	—	√	√	39个	4个	有	有	√	√	IAP15F2K61S
IAP15F2K61S	5.5~3.8	61K	2048	IAP	3个	√			42个	5个	强	强	√	√	
STC89LE516	2.4~3.4	62K	1280		3个	—	√	√	39个	4个	有	有	√	√	IAP15L2K61S
IAP15L2K61S	2.4~3.6	61K	2048	IAP	3个	√			42个	5个	强	强	√	√	
STC89C510	5.5~3.8	40K	1280	22K	3个	—	√	√	39个	4个	有	有	√	√	
STC89LE510	2.4~3.4	40K	1280	22K	3个	—	√	√	39个	4个	有	有	√	√	
STC89C512	5.5~3.8	48K	1280	14K	3个	—	√	√	39个	4个	有	有	√	√	
STC89LE512	2.4~3.4	48K	1280	14K	3个	—	√	√	39个	4个	有	有	√	√	
STC89C514	5.5~3.8	56K	1280	6K	3个	—	√	√	39个	4个	有	有	√	√	
STC89LE514	2.4~3.4	56K	1280	6K	3个	—	√	√	39个	4个	有	有	√	√	

2.4.4 STC89C5x 系列单片机的 I/O 端口

1. I/O 端口上电复位状态与灌电流、拉电流

STC89C5x 系列单片机有 P0、P1、P2、P3 和 P4 端口，P4 端口为新增端口。单片机上电复位后，P1、P2、P3、P4 端口的锁存器均为"1"，各端口引脚内部的晶体管截止，晶体管漏极有上拉电阻（阻值很大，称为弱上拉），P0 端口的锁存器也为"1"，端口引脚内部的晶体管截止，晶体管漏极无上拉电阻（称为晶体管开漏）。

P0 端口上电复位后内部晶体管无上拉电阻，处于开漏状态，如果该端口用作输入/输出端口，需要外接 4.7～10kΩ 的上拉电阻，如果 P0 端口用作外部存储器的地址/数据线，可不用外接上拉电阻。

单片机端口引脚可以流入电流，也可以流出电流，从外部流入引脚的电流称为灌电流，从引脚内部流出的电流称为拉电流，如图 2-19 所示。STC89C5x 系列单片机 P0 端口的灌电流最大为 12mA，其他端口的灌电流最大为 6mA。各端口的拉电流很小，一般在 0.23mA 以下。

图 2-19 单片机的拉电流和灌电流

2. P4 端口的使用

STC89C5x 系列单片机在 8051 单片机的基础上增加了 P4 端口，P4 端口锁存器与 P0～P3 锁存器一样，属于特殊功能寄存器，它是一个 8 位寄存器，由 8 个位锁存器组成。

（1）P4 锁存器的字节地址、位地址与地址定义

P4 锁存器的字节地址和各位地址如图 2-20 所示。

位地址 →	EFH	EEH	EDH	ECH	EBH	EAH	E9H	E8H
字节地址 → E8H	—	P4.6	P4.5	P4.4	P4.3	P4.2	P4.1	P4.0

图 2-20 P4 锁存器的字节地址和各位地址

8051 单片机没有 P4 端口，故 C 语言编程时调用的头文件"reg51.h"中也没有 P4 锁存器的地址定义，要使用 P4 端口，编程时需要先定义 P4 锁存器的地址，也可以把 P4 锁存器的地址定义写进"reg51.h"。在 Keil C51 软件中定义 P4 锁存器的字节地址和各位地址如图 2-21 所示。

图 2-21 在 Keil C51 软件中定义 P4 锁存器的字节地址和各位地址

（2）ALE/P4.5 引脚的使用

90C 版本的 STC89C5x 系列单片机的 ALE 引脚具有 ALE 和 P4.5 两种功能，该脚用作何种功能可在给单片机下载程序时，在烧录软件中设置，具体如图 2-22 所示，旧版的烧录软件无该设置项。

图 2-22 在烧录软件中设置 ALE 引脚的功能

3. I/O 端口与外部电路的连接

（1）P0 端口与外部电路的连接

P0 端口用作输入或输出端口时，内部晶体管漏极与电源之间无上拉电阻，即内部晶体管开漏，需要在引脚外部连接 4.7~10kΩ 的上拉电阻，如图 2-23 所示。P0 端口用作地址/数据总线端口时，可以不外接上拉电阻。

图 2-23 P0 端口用作输入或输出端口时要外接上拉电阻

（2）P0～P4端用作输出端口的外部驱动电路

P0～P4端用作输出端口时，输出电流（上拉电流）很小，很难直接驱动负载，可在引脚外部连接如图2-24所示的电路。

图2-24　P0～P4端用作输出端口时的外部驱动电路

（3）I/O端口连接高电压的电路

STC89C5x单片机的电源为5V，其内部电路也是按此5V供电标准设计的，当I/O端口与外部高于5V的电路连接时，为避免高电压进入I/O端口损坏单片机内部电路，需要给I/O端口连接一些隔离保护电路。

当I/O端口用作输入电路且连接高电压电路时，可在I/O端口连接一只二极管来隔离高电压，如图2-25（a）所示。输入低电平（开关S闭合）时，二极管VD导通，I/O端口电压被拉低到0.7V（低电平）；输入高电压（S断开）时，VD负极电压高于5V时，VD截止，I/O端口电压在内部被拉高，即I/O端口输入为高电平。

当I/O端口用作输出电路且连接高电压电路时，可在I/O端口连接三极管来隔离电压，如图2-25（b）所示。该电路同时还能放大I/O端口的输出信号。

(a) I/O端口用作输入电路时可外接一只二极管来隔离高电压

(b) I/O端口用作输出电路时可外接三极管来隔离高电压

图2-25　单片机I/O端口连接高电压电路的隔离电路

2.4.5 STC89C5x 系列单片机的程序存储器与数据存储器

1. 程序存储器

程序存储器用于存放用户程序、表格数据和常数等信息。STC89C5x 系列单片机内部集成了 4~62KB 的 Flash 程序存储器，各型号单片机的程序存储器容量大小可参见表 2-5。

STC89C5x 系列单片机分为 HD 版和 90C 版（可查看单片机表面最下一行的最后几个文字），90C 版无 $\overline{EA}$ 引脚和 $\overline{PSEN}$ 引脚，只能使用片内程序存储器；HD 版有 $\overline{EA}$ 引脚和 $\overline{PSEN}$ 引脚，除了可使用片内程序存储器外，还可使用片外程序存储器。以 HD 版的 STC89C54 型单片机为例，当 $\overline{EA}$ =1 时，单片机先使用片内 16KB 的程序存储器（地址范围为 0000H~3FFFH），片内程序存储器用完后自动使用片外程序存储器（地址范围为 4000H~FFFFH）。

当用户编写的程序很大时，建议直接选用大容量程序存储器的单片机，尽量不采用小容量单片机加片外程序存储器方式。

2. 数据存储器

数据存储器用于存放程序执行的中间结果和过程数据。STC89C5x 系列单片机内部数据存储器由内部 RAM 和内部扩展 RAM 组成，小容量单片机（如 STC89C51、STC89C14 等）内部集成了 512B 的数据存储器（256B 内部 RAM+256B 内部扩展 RAM），大容量单片机（如 STC89C54、STC89C516 等）内部集成了 1280B 的数据存储器（256B 内部 RAM+1024B 内部扩展 RAM）。

（1）256B 内部 RAM

STC89C5x 系列单片机 256B 内部 RAM 由低 128B 的 RAM（地址为 00H~7FH，与 8051 单片机一样）和高 128B 的 RAM（地址为 80HH~FFH）组成，即 STC89C5x 系列单片机 256B 内部 RAM 的使用与 8052 单片机一样，可参见图 2-11。

（2）256B 或 1024B 内部扩展 RAM

STC89C5x 系列单片机的内部扩展 RAM 虽然在单片机内部，但单片机将它当作片外 RAM 使用，像 8051 单片机使用片外 RAM 一样访问，不过 P0、P2 端口不会输出地址和数据信号，$\overline{RD}$、$\overline{WR}$ 端也不会输出读、写控制信号。小容量单片机的 256B 内部扩展 RAM 的地址为 00H~FFH，大容量单片机的 1024B 内部扩展 RAM 的地址为 0000H~03FFH。

内部扩展 RAM 有一部分地址（00H~FFH）与内部 RAM 地址相同，在访问两者都有的地址时，单片机会根据指令的类型（汇编语言编程时）或数据存储类型（C 语言编程时）来区别该地址是指向内部 RAM 或是内部扩展 RAM。

（3）内部扩展 RAM 的使用

若要访问内部扩展 RAM，在用汇编语言编程时，要用到访问外部 RAM 的 MOVX 指令，如"MOVX @DPTA A"、"MOVX A @R1"，在用 C 语言编程时，可使用 xdata 声明存储类型，如"unsigned char xdata i=0;"。

另外，访问内部扩展 RAM 还要设置 AUXR（辅助寄存器，属于特殊功能寄存器）。辅助寄存器 AUXR 的字节地址为 8EH，各位定义及复位值如图 2-26 所示。

图 2-26 AUXR（辅助寄存器）的字节地址、位定义及复位值

① EXTRAM：内部/外部扩展 RAM 存取控制位。

当 EXTRAM=0 时，可存取内部扩展 RAM。对于 STC89C5x 系列小容量单片机，可访问 256B 内部扩展 RAM，（地址范围为 00H～FFH），一旦访问地址超过了 FFH，单片机会访问片外 RAM；对于 STC89C5x 系列大容量单片机，可访问 1024B 内部扩展 RAM（地址范围为 00H～3FFH），一旦访问地址超过了 3FFH，单片机会访问片外 RAM。

当 EXTRAM=1 时，禁止访问内部扩展 RAM，允许存取片外 RAM。访问片外 RAM 的方法与 8051 单片机一样。

② ALEOFF：ALE 引脚功能关闭。

当 ALEOFF=0 时，在 12 时钟模式（一个机器周期为 12 个时钟周期，又称 12T 模式）时，ALE 引脚固定输出 1/6 晶振频率的信号；在 6 时钟模式（6T）时，ALE 引脚固定输出 1/3 晶振频率的信号。

当 ALEOFF=1 时，ALE 引脚仅在访问片外存储器时才输出信号，其他情况下无输出，减少对外部电路的干扰。

此外，访问内部扩展 RAM 还要在烧录程序时在烧录软件中设置"内部扩展 RAM 可用"选项，如图 2-27 所示。

图 2-27 在烧录软件中设置选用"内部扩展 RAM 可用"

2.4.6 STC89C5x 系列单片机的特殊功能寄存器

特殊功能寄存器（SFR）区是单片机内部一个特殊功能的 RAM 区，该区域内的特殊功能寄存器主要用来管理、控制和监视各功能模块。SFR 区的地址范围为 80H～FFH，它与单片机内部高 128 字节 RAM 的地址相同，但前者只能使用直接地址访问。

STC89C5x 系列单片机的特殊功能寄存器如表 2-6 所示，它在 8051 单片机基础上增加了很多特殊功能寄存器，阴影部分为增加的特殊功能寄存器，字节地址最低位为 0 或 8（如 80H、98H、D0H 等）的特殊功能寄存器可位寻址，即这些寄存器可直接访问某位。各特殊功能寄存

器的用法在后面介绍单片机各功能模块使用时详细说明。

表 2-6 STC89C5x 系列单片机的特殊功能寄存器

符号	名称	字节地址	位符号与位地址（字节地址低位为 0 或 8 的寄存器可位寻址）								复位值
P0	P0 锁存器	80H	87H P0.7	P0.6	P0.5	P0.4	P0.3	P0.2	P0.1	80H P0.0	1111 1111B
SP	堆栈指针	81H									0000 0111B
DPTR DPL	数据指针（低）	82H									0000 0000B
DPTR DPH	数据指针（高）	83H									0000 0000B
PCON	电源控制寄存器	87H	SMOD	SMOD0	—	POF	GF1	GF0	PD	IDL	00x1 0000B
TCON	定时器控制寄存器	88H	8FH TF1	TR1	TF0	TR0	IE1	IT1	IE0	88H IT0	0000 0000B
TMOD	定时器工作方式寄存器	89H	GATE	C/$\overline{T}$	M1	M0	GATE	C/$\overline{T}$	M1	M0	0000 0000B
TL0	定时器 0 低 8 位寄存器	8AH									0000 0000B
TL1	定时器 1 低 8 位寄存器	8BH									0000 0000B
TH0	定时器 0 高 8 位寄存器	8CH									0000 0000B
TH1	定时器 1 高 8 位寄存器	8DH									0000 0000B
AUXR	辅助寄存器	8EH	—	—	—	—	—	—	EXTRAM	ALEOFF	xxxx xx00B
P1	P1 锁存器	90H	97H P1.7	P1.6	P1.5	P1.4	P1.3	P1.2	P1.1	90H P1.0	1111 1111B
SCON	串口控制寄存器	98H	9FH SM0	SM1	SM2	REN	TB8	RB8	T1	98H R1	0000 0000B
SBUF	串口数据缓冲器	99H									xxxx.xxxx
P2	P2 锁存器	A0H	A7H P2.7	P2.6	P2.5	P2.4	P2.3	P2.2	P2.1	A0H P2.0	1111 1111B
AUXR1	辅助寄存器 1	A2H	—	—	—	—	GF2	—	—	DPS	xxxx 0xx0B
IE	中断允许寄存器	A8H	AFH EA	—	ET2	ES	ET1	EX1	ET0	A8H EX0	0x00 0000B
SADDR	从机地址控制寄存器	A9H									0000 0000B
P3	P3 锁存器	B0H	B7H P3.7	P3.6	P3.5	P3.4	P3.3	P3.2	P3.1	B0H P3.0	1111 1111B
IPH	中断优先级寄存器（高）	B7H	PX3H	PX2H	PT2H	PSH	PT1H	PX1H	PT0H	PX0H	0000 0000B
IP	中断优先级寄存器	B8H	BFH —	—	PT2	PS	PT1	PX1	PT0	B8H PX0	xx00 0000B
SADEN	从机地址掩模寄存器	B9H									0000 0000B
XICON	辅助中断控制寄存器	C0H	C7H PX3	EX3	IE3	IT3	PX2	EX2	IE2	C0H IT2	0000 0000B
T2CON	定时器 2 控制寄存器	C8H	CFH TF2	EXF2	RCLK	TCLK	EXEN2	TR2	C8H C/$\overline{T}$	CP/$\overline{RL2}$	0000 0000B
T2MOD	定时器 2 工作模式寄存器	C9H	—	—	—	—	—	—	T2OE	DCEN	xxxx xx00B

（续表）

符 号	名 称	字节地址	位符号与位地址（字节地址低位为0或8的寄存器可位寻址）									复位值
RCAP2L	定时器2 重装/捕捉低8位寄存器	CAH									0000 0000B
RCAP2H	定时器2 重装/捕捉高8位寄存器	CBH									0000 0000B
TL2	定时器2 低8位寄存器	CCH									0000 0000B
TH2	定时器2 高8位寄存器	CDH									0000 0000B
PSW	程序状态字寄存器	D0H	D7H							D0H	0000 0000B
			CY	AC	F0	RS1	RS0	OV	F1	P	
ACC	累加器	E0H									0000 0000B
WDT_CONTR	看门狗控制寄存器	E1H	—	—	EN_WDT	CLR_WDT	IDLE_WDT	PS2	PS1	PS0	xx00 0000B
ISP_DATA	ISP/IAP 数据寄存器	E2H									1111 1111B
ISP_ADDRH	ISP/IAP 高8位地址寄存器	E3H									0000 0000B
ISP_ADDRL	ISP/IAP 低8位地址寄存器	E4H									0000 0000B
ISP_CMD	ISP/IAP 命令寄存器	E5H	—	—	—	—	—	MS2	MS1	MS0	xxxx x000B
ISP_TRIG	ISP/IAP 命令触发寄存器	E6H									xxxx xxxxB
ISP_CONTR	ISP/IAP 控制寄存器	E7H	ISPEN	SWBS	SWRST	—	—	WT2	WT1	WT0	000x x000B
P4	P4 锁存器	E8H	EFH							E8H	xxxx 1111B
			—	—	—	—	P4.3	P4.2	P4.1	P4.0	
B	B 寄存器	F0H									0000 0000B

第 3 章

Keil C51 编程软件的使用

单片机软件开发的一般过程是：先根据控制要求用汇编语言或 C 语言编写程序，然后对程序进行编译，转换成二进制或十六进制形式的程序，再对编译后的程序进行仿真调试，程序满足要求后用烧录软件将程序写入单片机。Keil C51 软件是一款最常用的 51 系列单片机编程软件，它由 Keil 公司（已被 ARM 公司收购）推出，使用该软件不但可以编写和编译程序，还可以仿真和调试程序，编写程序时既可以选择用汇编语言，也可以使用 C 语言。

3.1　Keil C51 软件的安装

3.1.1　Keil C51 软件的版本及获取

Keil C51 软件的版本很多，主要有 Keil μVision2、Keil μVision3、Keil μVision4 和 Keil μVision5，Keil μVision3 是在 Keil 公司被 ARM 公司收购后推出的，故该版本及之后版本除了支持 51 系列单片机外，还增加了对 ARM 处理器的支持。如果仅对 51 系列单片机编程，可选用 Keil μVision2 版本，本章也以该版本进行介绍。

如果读者需要获得 Keil C51 软件，可到 Keil 公司网站 http://www.Keil.com 下载 Eval（评估）版本，也可登录易天电学网（www.eTV100.com）下载。

3.1.2　Keil C51 软件的安装

Keil C51 软件下载后是一个压缩包，将压缩包解压打开后，可看到一个 setup 文件夹，如图 3-1（a）所示；双击打开 setup 文件夹，文件夹中有一个 Setup.exe 文件，如图 3-1（b）所示，双击该文件开始安装软件。首先弹出一个如图 3-1（c）所示的对话框，若选择"Eval Version（评估版本）"，无须序列号即可安装软件，但软件只能编写不大于 2KB 的程序，初级用户基本够用；若选择"Full Version（完整版本）"，在后续安装时需要输入软件序列号，软件使用不受限制，这里选择"Full Version（完整版本）"，软件开始安装。在安装过程中会弹出如图 3-1（d）所示对话框，要求选择 Keil 软件的安装位置，单击"Browse（浏览）"按钮可更改软件的安装位置，这里保持默认位置（C:\keil）；单击"Next（下一步）"按钮，会出现如图 3-1（e）所示对话框，在"Serial Number"项输入软件的序列号，在"安装说明"文件（如图 3-1（a）所示）中可找到序列号，其他各项可随意填写，填写完成后单击"Next"按钮，软件安装过程继续，如图 3-1（f）所示，在后续安装对话框中出现选择项时均保持默认选择，最后出现如图 3-1（g）所示对话框，单击"Finish（完成）"按钮则完成软件的安装。

（a）在 Keil C51 软件文件夹中打开 setup 文件夹

（b）在 setup 文件夹中双击 Setup.exe 文件开始安装 Keil C51 软件

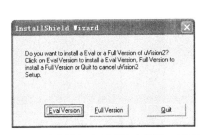

（c）选择安装版本（评估版和完整版）对话框　　　（d）选择软件的安装位置（安装路径）

图 3-1　Keil C51 软件的安装

（e）在对话框内输入软件序列号及有关信息

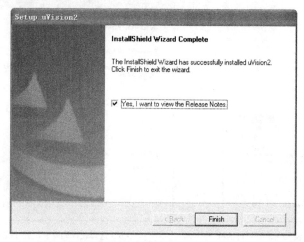

（f）软件安装进度条

（g）单击"Finish"按钮完成 Keil C51 软件的安装

图 3-1　Keil C51 软件的安装（续）

3.2 程序的编写与编译

3.2.1 启动 Keil C51 软件并新建工程文件

1. Keil C51 软件的启动

Keil C51 软件安装完成后，双击电脑屏幕桌面上的"Keil μVision2"图标，如图 3-2（a）所示，或单击电脑屏幕桌面左下角的"开始"按钮，在弹出的菜单中执行"程序"→"Keil μVision2"，如图 3-2（b）所示，就可以启动 Keil μVision2 程序，启动后的 Keil μVision2 软件窗口如图 3-3 所示。

（a）双击桌面上的图标启动软件

（b）用开始菜单启动软件

图 3-2　Keil C51 软件的两种启动方法

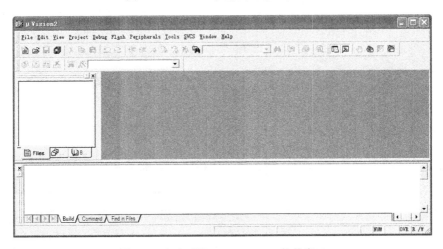

图 3-3　启动后的 Keil μVision2 软件窗口

2. 新建工程文件

在用 Keil μVision2 软件进行单片机程序开发时，为了便于管理，需要先建立一个项目文件，用于管理本项目中的所有文件。

在 Keil μVision2 软件新建工程文件的操作过程如表 3-1 所示。

表 3-1　在 Keil μVision2 软件新建工程文件的操作说明

序号	操作说明	操作图
1	执行菜单命令"Project"→"New Project",如图(a)所示,会弹出图(b)所示的对话框	图(a)
2	在图(b)所示的"Create New Project"对话框中选择新工程的保存位置,这里先打开 D 盘的"Book_C51 程序"文件夹,然后在该文件夹中新建一个"3_1"文件夹	图(b)
3	打开"3_1"文件夹,输入新建工程的文件名,工程文件扩展名为".uv",再单击"保存"按钮,如图(c)所示,会弹出如图(d)所示的对话框	图(c)
4	该对话框为选择单片机型号对话框,有很多公司的 51 系列单片机供选择,但无 STC 公司的 51 系列单片机,由于 51 单片机基本内核是相同的,这里选择 Atmel 公司的 AT89S52 型单片机	图(d)

(续表)

序号	操 作 说 明	操 作 图
5	在单片机型号对话框中找到 Atmel 公司的 AT89S52 型单片机，选中后单击"确定"按钮，如图（e）所示，弹出如图（f）所示询问对话框	图（e）
6	图（f）所示的对话框询问是否复制 8051 标准启动代码到当前工程文件所在文件夹中，初学者可选择"否"，如果用到了某些增强功能需要初始化配置时，则可以选择"是"	图（f）
7	在 Keil 软件左边的工程管理器中新增了一个"Target 1"文件夹，该文件夹中还有一个"Source Group 1"文件夹，如图（g）所示，新建工程文件完成	图（g）

3.2.2 新建源程序文件并与工程关联起来

新建工程完成后，还要在工程中建立程序文件，并将程序文件保存后再与工程关联到一起，然后就可以在程序文件中用 C 语言或汇编语言编写程序了。

新建源程序文件并与工程关联起来的操作过程如下：

① 新建源程序文件。在 Keil μVision2 软件窗口中执行菜单命令"File"→"New"，即新建了一个默认名称为"Text 1"的空白文件，同时该文件在软件窗口中打开，如图 3-4 所示。

② 保存源程序文件。单击工具栏上的 🖫 工具图标，或执行菜单命令"File"→"Save As"，弹出如图 3-5 所示"Save As"对话框。在对话框中打开之前建立的工程文件所在的文件夹，再将文件命名为"一个按键控制一只 LED 亮灭.c"（扩展名.c 表示为 C 语言程序，不能省略），单击"保存"按钮即将该文件保存下来。

图 3-4 新建源程序文件

图 3-5 保存源程序文件

③ 将源程序文件与工程关联起来。新建的源程序文件与新建的项目没有什么关联,需要将它加入到工程中。展开工程管理器的"Target 1"文件夹,在其中的"Source Group 1"文件夹上右击,弹出如图 3-6 所示的快捷菜单,选择其中的"Add Files to Group'Source Group

图 3-6 用快捷菜单执行加载文件命令

1'"项，会出现如图3-7所示的加载文件对话框，在该对话框中选文件类型为"C Source file (*.c)"，找到刚刚新建的"一个按键控制一只LED亮灭.c"文件，再单击"Add"按钮，该文件即被加入到项目中，此时对话框并不会消失，可以继续加载其他文件，单击"Close"按钮关闭对话框。在Keil软件工程管理器的"Source Group1"文件夹中可以看到新加载的"一个按键控制一只LED亮灭.c"文件，如图3-8所示。

图3-7 在对话框中选择要加载的文件

图3-8 程序文件被加载到工程中

3.2.3 编写程序

编写程序有两种方式：一是直接在Keil软件的源程序文件中编写；二是用其他软件（如Windows自带的记事本程序）编写，再加载到Keil软件中。

1. 在Keil软件的源程序文件中编写

在Keil软件窗口左边的工程管理器中选择源程序文件并双击，源程序文件被Keil软件自带的程序编辑器（文本编辑器）打开，如图3-9所示，再在程序编辑器中用C语言编写单片机控制程序，如图3-10所示。

图 3-9　打开源程序文件

图 3-10　在 Keil 软件自带的程序编辑器中用 C 语言编写程序

2. 用其他文本工具编写程序

Keil 软件的程序编辑器实际上是一种文本编辑器，它对中文的支持不是很好，在输入中文时，有时会出现文字残缺现象。编程时也可以使用其他文本编辑器（如 Windows 自带的记事本）编写程序，再将程序加载到 Keil 软件中进行编译、仿真和调试。

用其他文本工具编写并加载程序的操作如下：

① 用文本编辑器编写程序。打开 Windows 自带的记事本，在其中用 C 语言（或汇编语言）编写程序，如图 3-11 所示。编写完后将该文件保存下来，文件的扩展名为.c（或.asm），这里将文件保存为"1KEY_1LED.c"。

② 将程序文件载入 Keil 软件与工程关联。打开 Keil 软件并新建一个工程（如已建工程，

本步骤忽略），再将"1KEY_1LED.c"文件加载进 Keil 软件与工程关联起来，加载程序文件的过程可参见图 3-6 至图 3-8 所示。程序载入完成后，在 Keil 软件的工程管理器的 Source Group 1 文件夹中可看到加载进来的"1KEY_1LED.c"文件，如图 3-12 所示，双击可以打开该文件。

图 3-11 用 Windows 自带的记事本编写单片机控制程序

图 3-12 用记事本编写的程序被载入 Keil 软件

3.2.4 编译程序

用 C 语言（或汇编语言）编写好程序后，程序还不能直接写入单片机，因为单片机只接受二进制数，所以要将 C 语言程序转换成二进制或十六进制代码。将 C 语言程序（或汇编语言程序）转换成二进制或十六进制代码的过程称为编译（或汇编）。

C 语言程序的编译要用到编译器，汇编语言程序要用到汇编器，51 系列单片机对 C 语言程序编译时采用 C51 编译器，对汇编语言程序汇编时采用 A51 汇编器。Keil C51 软件本身带有编译器和汇编器，在对程序进行编译或汇编时，会自动调用相应的编译器或汇编器。

1. 编译或汇编前的设置

在 Keil C51 软件中编译或汇编程序前需要先进行一些设置。设置时，执行菜单命令"Project"→"Options for Target'Target 1'"，如图 3-13（a）所示，弹出如图 3-13（b）所示的对话框，该对话框中有 10 个选项卡，每个选项卡中都有一些设置内容，其中"Target"和"Output"选项卡较为常用，默认打开"Target"选项卡，这里保持默认值。单击"Output"选项卡，切换到该选项卡，如图 3-13（c）所示，选中"Create HEX File"项后单击"确定"按钮关闭对话框。设置时选中"Create HEX Fi"项的目的是让编译或汇编时生成扩展名为.hex的十六进制文件，再用烧录软件将该文件烧录到单片机中。

（a）执行菜单命令"Project"→"Options for Target'Target 1'"

（b）"Options for Target'Target 1'"对话框

图 3-13　编译或汇编程序前进行的设置

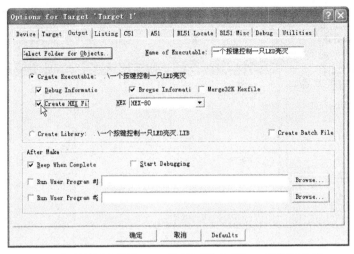

(c)在对话框中切换到 Output 选项卡并选中"Create HEX File"项

图 3-13　编译或汇编程序前进行的设置（续）

2. 编译或汇编程序

编译设置结束后，在 Keil 软件窗口执行菜单命令"Project"→"Rebuild all target files（重新编译所有的目标文件）"，如图 3-14（a）所示，也可以直接单击工具栏上的 图标，Keil 软件自动调用 C51 编译器将"一个按键控制一只 LED 亮灭.c"文件中的程序进行编译，编译完成后，在软件窗口下方的输出窗口中可看到有关的编译信息，如果出现"0 Error(s), 0 Warning(s)"，如图 3-14（b）所示，表示程序编译没有问题（至少在语法上不存在问题）；如果存在错误或警告，要认真检查程序，修改后再编译，直到通过为止。

（a）执行编译命令

图 3-14　编译程序

(b)编译完成

图 3-14　编译程序（续）

程序编译完成后，打开工程文件所在的文件夹，会发现生成了一个"一个按键控制一只 LED 亮灭.hex"文件，如图 3-15 所示。该文件是由编译器将 C 语言程序"一个按键控制一只 LED 亮灭.c"编译成的十六进制代码文件，双击该文件系统会调用记事本程序打开它，可以看见该文件的具体内容，如图 3-16 所示。在单片机烧录程序时，用烧录软件载入该文件并转换成二进制代码写入单片机。

图 3-15　生成一个扩展名为".hex"的十六进制文件

图 3-16　"一个按键控制一只 LED 亮灭.hex"文件的内容

3.3　程序的仿真与调试

编写的程序能顺利编译成功，只能说明程序语法上没有问题，但却不能保证该程序写入单片机后一定能达到预定的效果。为了让程序写入单片机后能达到预定的效果，可以对程序进行仿真和调试。当然如果认为编写的程序没有问题，也可以不进行仿真、调试，而直接用编程器将程序写入单片机。

仿真有软件仿真和硬件仿真两种。软件仿真是指在软件中（如 Keil μVision2）运行编写的程序，再在软件中观察程序运行的情况来分析、判断程序是否正常。硬件仿真是指将实验板（取下单片机芯片）、仿真器（代替单片机芯片）和 PC 连接起来，在软件中将程序写入仿真器，让程序在仿真器中运行，同时观察程序在软件中的运行情况和在实验板上是否实现了预定的效果。

在仿真的过程中，如果发现程序出现了问题，就要找出问题的所在并改正过来，然后再编译、仿真，有问题再改正，如此反复，直到程序完全达到要求，这个过程称为仿真、调试程序。因为这两个步骤是交叉进行的，所以一般将它们放在一起说明。由于仿真、调试程序涉及的知识很广，如果阅读时理解有困难，可稍微浏览一下本部分内容再去学习后面的知识，待掌握后面一些章节的知识后再重新学习本节内容。

3.3.1 软件仿真调试

单片机在执行程序时，一般会改变一些数据存储器（含特殊功能寄存器）的值。软件仿真就是让软件模拟单片机来一条条执行程序，再在软件中观察相应寄存器的值的变化，以此来分析判断程序能否达到预定的效果。如果在 Keil μVision2 软件中已编写好了程序（图 3-17 为已编写好待仿真的 Test1.c 程序），要对该程序进行软件仿真，应先进行软件仿真设置，再编译程序，然后对程序进行仿真调试。

图 3-17 已编写好待仿真的文件

1. 软件仿真设置

软件仿真是指用软件模拟单片机逐条执行程序。为了让软件仿真更接近真实的单片机，要求在仿真前对软件进行一定的设置。

软件仿真设置的操作过程如下：

① 在 Keil C51 软件的工程管理器中选中"Target1"文件夹，再执行菜单命令"Project→Options for Target'Target 1'"，弹出如图 3-18 所示的对话框，默认显示"Target"选项卡，将其中的"Xtal(MHz)（单片机时钟频率）"项设为 12.0MHz，然后单击"Output"选项卡，切换到如图 3-19 所示的对话框。

② 在如图 3-19 所示的对话框中将"Create HEX File（建立 HEX 文件）"项选中，这样在编译时可以生成扩展名为.hex 的十六进制文件，然后单击"Debug"选项卡，切换到如图 3-20 所示对话框。

③ 在如图 3-20 所示的对话框中选中"Use Simulator（使用仿真）"项，再单击"确定"按钮，退出设置对话框。

图 3-18　在对话框的"Target"选项卡中将时钟频率设为 12MHz

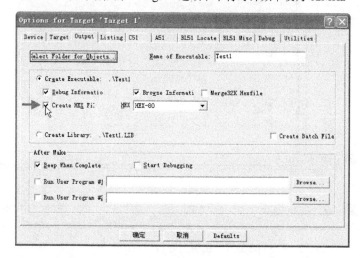

图 3-19　切换到"Output"选项卡并选中"Create HEX File"项

2. 编译程序

软件设置好后，还要将程序文件（.c 格式）编译成十六进制.hex 格式的文件，因为仿真器只能识别这种机器语言文件。

图 3-20　切换到"Debug"选项卡并选中"Use Simulator（使用仿真）"项

在如图 3-21 所示的软件窗口中单击 ![] （重新编译所有目标文件）图标，系统开始对 Test1.c 文件进行编译，编译完成后，如果在窗口下方的区域显示"0 Error(s)，0 Warning(s)"，表明程序编译时没有发现错误。编译生成的 Test.hex 文件会自动放置在工程文件所在的文件夹中，在软件窗口无法看到，但在仿真、调试时，软件会自动加载该文件。

图 3-21　在工具栏上单击编译工具图标

3．仿真调试程序

程序编译完成后，就可以开始进行仿真调试。程序的仿真操作如表 3-2 所示。

表 3-2　程序的仿真

序号	操作说明	操作图
1	启动仿真。单击工具栏上的 ⊕ 工具图标，或执行菜单命令"Debug"→"Start/Stop Debug Session"，软件马上进入右图所示的仿真等待状态。 软件窗口左侧的工程管理器自动由文件管理器切换成寄存器显示器，在窗口中间还悬浮着 P0 端口寄存器显示器（若该显示框没有出现，可以执行菜单命令"Peripherals"→"I/O Ports"→"Port 0"，将它调出来）。 软件窗口右下角为变量显示器（单击工具栏上的 图标可以显示或关闭该显示器），显示程序中出现的变量名及变量值。 在中间的程序区，有一个黄色箭头指向第一个待执行的命令。在左侧的寄存器区，显示常用寄存器名及值，如累加器 a 的值为 0x00，PSW 寄存器的值为 0x00	
2	开始进行仿真。单击工具栏上的 ⊕（单步仿真）工具图标，软件开始执行程序仿真。 第 1 次单击 ⊕ 工具时，软件执行"ACC=0xd5"，该程序执行后，黄色箭头移到下一行，如右图所示，"ACC=0xd5"执行后，软件窗口左侧寄存器显示器的累加器 a 的数据变为 0xd5（这里 0x 表示后面 d5 是十六进制数），同时 psw 寄存器中的数据变为 0x01，它的奇偶校验位 P 由"0"变为"1"	
3	第 2 次单击 ⊕ 工具，软件执行"ACC=0x00"，该程序执行后，黄色箭头移到下一行，如右图所示，"ACC=0x00"执行后，寄存器显示器中的累加器 a 的数据变为 0x00，同时 psw 寄存器中的数据变为 0x00，它的奇偶校验位 P 由"1"变为"0"	

序号	操作说明	操作图
4	第3次单击 ![]工具，软件执行"P0=0x00"，该行程序执行后，黄色箭头移到下一行，如右图所示，"P0=0x00"执行后，P0端口显示器的8个端口全部由"1"变为"0"。	
5	第4次单击 ![]工具，软件执行"P02=1"，该行程序执行后，黄色箭头移到下一行，如右图所示，"P02=1"执行后，P0端口显示器的P0.2端口的"0"变为"1"。 P端口显示器有上下两组，上组用于显示端口的值，下组用于手动给端口输入值，选中表示输入为"1"。	
6	第5次单击 ![]工具，软件执行"H=0xa3"，该行程序执行后，黄色箭头移到下一行，如右图所示，"H=0xa3"执行后，变量显示器的变量H的值由"0x00"变为"0xA3"。	

(续表)

序号	操作说明	操作图
7	第6次单击🔁工具，软件结束程序，黄色箭头返回到"ACC=0xd5"，不断单击🔁工具，软件不断重复上述过程	

在程序仿真时，用🔁工具可以让程序一步一步执行，通过查看寄存器、变量等的值及变化来判断程序是否正常，如果仿真执行到某步不正常时，可单击🔍工具图标，停止仿真，返回到编程状态，找到程序不正常的原因并改正，然后重新编译，再进行仿真，如此反复，直到程序仿真运行通过。单步仿真时程序每执行一步都会停止，如果单击▤↓（全速运行）工具图标，程序仿真时会全速运行不停止（除非程序中有断点，程序无法往后执行），可以直接看到程序运行的结果，单击⊗（停止）工具图标，可停止全速运行仿真。

前面用到了与仿真有关的几个工具，为了更好地进行仿真操作，这里再对其他一些仿真工具进行说明。常用的仿真工具图标及说明如图3-22所示。

图3-22　各仿真工具功能说明

3.3.2 硬件仿真调试

1. 硬件仿真与仿真芯片

软件仿真只让软件模拟单片机运行，通过观察运行过程中有关寄存器的数据变化情况，来判断程序是否正常。这样虽然方便，但却无法观察到程序在实际的单片机中运行的效果。

若想知道编写的程序在实际单片机中运行时能否达到预定的效果，可以通过编程器将程序写入单片机，然后将写好程序的单片机插入实验板，再观察程序在单片机内部运行时对实验板外围电路的实际控制效果。如果未达到预定的效果，就需要在软件中检查、修改程序，然后从实验板上取下单片机，放入编程器，将以前的程序擦除，再将修改后的程序写入，如此反复，直到程序在单片机中运行时能达到预定的控制效果。这样做的缺点是显而易见的：一是反复插拔单片机，易损坏单片机引脚；二是反复擦写单片机，易使内部的 ROM 失效，毕竟 ROM 的擦写次数有限；三是程序写入单片机后，程序指令会从前往后全速运行，无法人为让程序执行一条停止一次，因此当单片机产生的控制不正常时，无法判断是哪行程序出现问题造成的。

硬件仿真可以很好解决这个问题，硬件仿真要用到仿真芯片（或仿真器）。仿真芯片可以看作是一个单片机。在使用时，先将实验板上的单片机取下，再将仿真芯片插在单片机的位置上。仿真芯片也是一种 8051 内核的单片机，与普通 8051 内核单片机的不同主要有：

① 仿真芯片内部的程序存储器可以反复擦写（达 10 万次以上）。
② 仿真芯片内部含有仿真监控程序。
③ 用仿真芯片替代实验板上的单片机后，再将实验板与计算机连接起来，可以直接在 Keil 软件往实验板上的仿真芯片中写入程序，无须使用另外的烧录软件。
④ 由于仿真芯片内含仿真监控程序，故可以在 Keil 软件中控制实验板的仿真芯片内部程序运行进程，如可以让仿真芯片内的程序指令单步运行，这样易找出程序有问题的部分。

2. 硬件仿真的硬件及连接

如图 3-23 所示是单片机实验板和仿真芯片，在仿真时，将单片机从实验板的 40P 插座上取下，再将仿真芯片插入该插座，然后用 COM 线将实验板的 COM 口和计算机的 COMD 连接起来，如图 3-24 所示，还要给实验板接 5V 电源。

图 3-23　单片机实验板与仿真芯片

图 3-24　插入仿真芯片的实验板与计算机的连接

如果计算机没有 COM 口，也可以使用如图 3-25 所示的 USB 转串口线来连接实验板和计算机，由于硬件仿真对速度和稳定性的要求都很高，市面上采用 PL2303 的 USB 转串口线速度跟不上，建议使用采用 CH340 芯片的 USB 转串口线。也可以使用图 1-18 所示的 USB 转 TTL 的下载器直接连接仿真芯片的 VCC、GND、RXD（P3.0）、TXD（P3.1）引脚，同样地，USB 转 TTL 的下载器应采用 CH340 芯片。在使用 USB 转串口线或 USB 转 TTL 的下载器连接计算机与实验板时，需要在计算机中安装该转换线或 USB 转 TTL 的下载器的驱动程序，并在计算机的设备管理器中查看其模拟 COM 口号，具体可查看图 1-17。

图 3-25　USB 转串口线

3. 仿真设置

与软件仿真一样，硬件仿真也要进行设置。

与硬件仿真有关的设置过程：在 Keil C51 软件中执行菜单命令"Project"→"Options for Target'Target 1'"，弹出如图 3-26 所示的设置对话框。在该对话框中对"Target"和"Output"选项卡内容的设置与软件仿真设置一样，而"Debug"选项卡的设置有些不同，单击"Debug"选项卡，将对话框切换到显示该选项卡的内容，如图 3-27 所示。在"Debug"选项卡中，选中图示的"Use"项，再在后面的下拉列表框中选择仿真设备驱动程序为"Keil Monitor-51 Driver"，因为所连接的仿真芯片就是这种类型，然后单击"Settings"按钮，弹出如图 3-28 所示的"Target Setup"对话框，在"Port"项的下拉列表框中选择计算机与使用了仿真芯片的实验板连接的 COM 口号（或模拟 COM 口号），由于实验板连接的是计算机的 COM1 口，所以选择"COM1"，再在"Baudrate"项中选择 COM1 口的数据传送速率，这里选择"38400"，然后单击"OK"按钮，关闭对话框，回到如图 3-27 所示的对话框，在该对话框中单击"确定"按钮，关闭对话框，设置完毕。

图 3-26 仿真设置对话框的"Target"选项卡

图 3-27 "Debug"选项卡

图 3-28 设置计算机的数据传输口和数据传输速率

4. 开始硬件仿真

仿真设置完成后，在 Keil 软件中单击 🔨 工具图标对程序文件进行编译，完成后，如果在窗口下方的区域显示 "0 Error(s), 0 Warning(s)"，表明程序编译时没有出现错误，再单击 🔍 工具图标，Keil 软件开始与实验板的仿真芯片通信，并将程序下载到仿真芯片内，在软件下方的状态栏会出现下载进度条，程序下载完成后，状态栏会出现仿真芯片版本号，如显示 "Connected to Monitor-51 V3.4"，就可以开始在 Keil 软件中操作各种仿真工具进行硬件仿真。

在硬件仿真时可以单步仿真，让仿真芯片内的程序单步执行，不但可以在 Keil 软件中查看有关寄存器和变量的值，还可以查看仿真芯片单步执行程序时实验板控制情况，来分析判断程序是否正常。在硬件仿真时，如果发现实验板工作未达到预期效果，可停止仿真，分析程序问题所在，修改后再编译、仿真，直到实验板工作达到预期效果。硬件仿真正常后，从实验板上取下仿真芯片，再将单片机插到实验板上，并将仿真调试后的程序写入单片机，实验板即能按预期控制要求工作。

5. 硬件仿真常见问题

硬件仿真常见问题如下：

① 在单击 🔍 工具图标开始仿真时，如果出现如图 3-29 所示对话框，说明通信异常，可按一下实验板上的复位键或关、开电源一次，然后单击 "Try Again" 按钮即可。如果多次尝试仍不能进入仿真状态，可单击 "Settings" 按钮，检查端口和波特率是否正常，再重新操作。

图 3-29 无法进入硬件仿真的对话框

② 硬件仿真全速运行时，无法通过单击 ⊗ 工具停止，其原因可能是在图 3-28 所示对话框内 "Serial Interrupt" 项未勾选，建议不要勾选，否则会影响仿真的正确性，可以通过操作实验板上的复位键来停止运行，然后进行其他仿真操作。

③ 不能正常进入仿真状态，可检查：硬件连接是否正常；电源是否开启；软件设置是否正确；重新启动 Keil 软件。

第 4 章

单片机驱动 LED 与 LED 数码管的电路及编程

4.1 单片机驱动 LED 的电路及编程

4.1.1 发光二极管（LED）外形、性质与检测

1. 外形与符号

发光二极管简称 LED（Light Emitting Diode），是一种电-光转换器件，能将电信号转换成光。如图 4-1（a）所示是一些常见的发光二极管的实物外形，如图 4-1（b）所示为发光二极管的电路符号。

图 4-1 发光二极管

2. 性质

发光二极管在电路中需要正接才能工作。下面以如图 4-2 所示的电路来说明发光二极管的性质。

图 4-2 发光二极管的性质说明图

在图 4-2 中，可调电源 E 通过电阻 R 将电压加到发光二极管 VD 两端，电源正极对应 VD 的正极，负极对应 VD 的负极。将电源 E 的电压由 0 开始慢慢调高，发光二极管两端电压 U_{VD} 也随之升高，在电压较低时发光二极管并不导通，只有 U_{VD} 达到一定值时，VD 才导

通，此时的 U_{VD} 电压称为发光二极管的导通电压。发光二极管导通后有电流流过，就开始发光，流过的电流越大，发出的光线越强。

不同颜色的发光二极管，其导通电压有所不同，红外线发光二极管最低，略高于 1V，红光二极管为 1.5～2V，黄光二极管约 2V，绿光二极管为 2.5～2.9V，高亮度蓝光、白光二极管导通电压一般达到 3V 以上。

发光二极管正常工作时的电流较小，小功率的发光二极管工作电流一般在 3～20mA，若流过发光二极管的电流过大，容易被烧坏。发光二极管的反向耐压也较低，一般在 10V 以下。在焊接发光二极管时，应选用功率在 25W 以下的电烙铁，焊接点应离管帽 4mm 以上。焊接时间不要超过 4s，最好用镊子夹住引脚散热。

3. 检测

发光二极管的检测包括极性判别和好坏检测。

（1）极性判别

① 从外观判别极性。对于未使用过的发光二极管，引脚长的为正极，引脚短的为负极，也可以通过观察发光二极管内电极来判别引脚极性，内电极大的引脚为负极，如图 4-3 所示。

图 4-3　从外观判别引脚极性

② 万用表检测极性。发光二极管与普通二极管一样具有单向导电性，即正向电阻小，反向电阻大。根据这一点可以用万用表检测发光二极管的极性。

由于大多数发光二极管的导通电压在 1.5V 以上，而万用表选择 R×1Ω～R×1kΩ 挡时，内部使用 1.5V 电池，其提供的电压无法使发光二极管正向导通，故检测发光二极管极性时，万用表选择 R×10kΩ 挡（内部使用 9V 电池），红、黑表笔分别接发光二极管的两个电极，正、反各测一次，两次测量的阻值会出现一大一小，以阻值小的那次为准，黑表笔接的为正极，红表笔接的为负极。

（2）好坏检测

在检测发光二极管好坏时，万用表选择 R×10kΩ 挡，测量两引脚之间的正、反向电阻。若发光二极管正常，正向电阻小，反向电阻大（接近∞）。

若正、反向电阻均为∞，则发光二极管开路。

若正、反向电阻均为 0，则发光二极管短路。

若反向电阻偏小，则发光二极管反向漏电。

4. 限流电阻的阻值计算

由于发光二极管的工作电流小、耐压低，故使用时需要连接限流电阻，图 4-4 是发光二极管的两种常用驱动电路,在采用图 4-4(b)所示的晶体管驱动时,晶体管相当于一个开关(电子开关),当基极为高电平时三极管会导通,相当于开关闭合,发光二极管有电流通过而发光。

发光二极管的限流电阻的阻值可按 $R=(U-U_F)/I_F$ 计算,U 为加到发光二极管和限流电阻两端的电压,U_F 为发光二极管的正向导通电压(1.5~3.5V,可用数字万用表二极管测量获得),I_F 为发光二极管的正向工作电流(3~20mA,一般取 10mA)。

图 4-4 发光二极管的两种常用驱动电路

4.1.2 单片机连接 8 个 LED 的电路

如图 4-5 所示是单片机(STC89C51)连接 8 个 LED 的电路,当单片机 P1 端某个引脚为低电平时,LED 导通,有电流流过 LED,LED 点亮,此时 LED 的工作电流 $I_F=(U-U_F)/R=(5-1.5)/510≈0.007A=7mA$。

图 4-5 单片机连接 8 个 LED 的电路

4.1.3 位操作与字节操作方式点亮单个 LED 的程序及详解

要点亮 P1.7 引脚外接的 LED，只需让 P1.7 引脚为低电平即可。点亮单个 LED 可采用位操作方式或字节操作方式，如果选择位操作方式，在编程时直接让 P1.7=0，即让 P1.7 引脚为低电平，如果选择字节操作方式，在编程时让 P1=7FH=01111111B，也可以让 P1.7 引脚为低电平。

1. 采用位操作方式编程点亮单个 LED 的程序

打开 Keil C51 软件，采用位操作方式编写点亮单个 LED 的程序，程序如图 4-6 所示。

```
/*点亮单个 LED 的程序，采用直接
  将某位置 0 或置 1 的位操作方式编程*/
#include<reg51.h>    //调用 reg51.h 文件对单片机各特殊功能寄存器进行地址定义
sbit LED7=P1^7;      //用位定义关键字 sbit 将 LED7 代表 P1.7 端口，
                     //LED7 是自己任意定义且容易记忆的符号

/*以下为主程序部分*/
void main (void)     //main 为主函数，main 前面的 void 表示函数无返回值(输出参数)，
                     //后面小括号内的 void(也可不写)表示函数无输入参数，一个程序
                     //只允许有一个主函数，其语句要写在 main 首尾大括号内，不管程序
                     //多复杂，单片机都会从 main 函数开始执行程序
{                    //main 函数首大括号
   LED7=1;           //将 P1.7 端口赋值 1，让 P1.7 引脚输出高电平
   while (1)         //while 为循环控制语句，当小括号内的条件非 0(即为真)时，
                     //反复执行 while 首尾大括号内的语句
   {                 //while 语句首大括号
     LED7=0;         //将 P1.7 端口赋值 0，让 P1.7 引脚输出低电平
   }                 //while 语句尾大括号
}                    //main 函数尾大括号
```

图 4-6 采用位操作方式点亮单个 LED 的程序

程序说明：

①"/* */"为多行注释符号（也可单行注释），"/*"为多行注释的开始符号，"*/"为多行注释的结束符号，注释内容写在开始和结束符号之间，注释内容可以是单行，也可以是多行。"//"为单行注释开始符号，注释内容写在该符号之后，换行自动结束注释。注释部分有助于阅读和理解程序，不会写入单片机，如图 4-7 所示是去掉注释部分的程序，其功能与如图 4-6 所示的程序一样，只是阅读理解不方便。

```
#include<reg51.h>
sbit LED7=P1^7;
void main ()
{
   LED7=1;
   while (1)
   {
     LED7=0;
   }
}
```

图 4-7 去掉注释部分的程序

② #include<reg51.h>。"#include"是一个文件包含预处理命令，它是软件在编译前要做的工作，不会写入单片机，C 语言的预处理命令相当于汇编语言中的伪指令，预处理命令之前要加一个"#"。"reg51.h"是 8051 单片机的头文件，在程序的 reg51.h 上单击右键，弹出如图 4-8 所示的右键菜单，选择打开 reg51.h 文件，即可将 reg51.h 文件打开，reg51.h 文件的内容如图 4-9 所示，它主要是定义 8051 单片机特殊功能寄存器的字节地址或位地址，如定

义 P0 端口（P0 锁存器）的字节地址为 0x80（即 80H），PSW 寄存器的 CY 位的位地址为 0xD7（即 D7H）。reg51.h 文件位于 C:\Keil\C51\INC 中。在程序中也可不写"#include<reg51.h>"，但需要将 reg51.h 文件中的所有内容复制到程序中。

图 4-8 在程序的 reg51.h 上单击右键用菜单打开该文件

图 4-9 reg51.h 文件的内容

2. 采用字节操作方式编程点亮单个 LED 的程序

采用字节操作方式编写点亮单个 LED 的程序，程序如图 4-10 所示。程序采用一次 8 位赋值（以字节为单位），先让 P1=0xFF=FFH=11111111B，即让 P1 锁存器 8 位全部为高电平，P1 端口 8 个引脚全部输出高电平，然后让 P1=0x7F=FFH=01111111B，即让 P1 锁存器的第 7 位为低电平，P1.7 引脚输出低电平，P1.7 引脚外接 LED 导通发光。

```
/*点亮单个 LED 的程序,采用字节操作方式编程*/
#include<reg51.h>     //调用 reg51.h 文件对单片机各特殊功能寄存器进行地址定义

/*以下为主程序部分*/
void main ()          //main 为主函数,void 表示函数类型为空类型,一个程序只
                      //允许有一个主函数,其语句要写在 main 首尾大括号内,不管
                      //程序多复杂,单片机都会从 main 函数开始执行程序
  {                   //main 函数首大括号
    P1=0xFF;          //让 P1=FFH=11111111B,即让 P1 所有引脚都输出高电平
    while (1)         //while 为循环函数,当小括号内的条件非 0(即为真)时,反复
                      //执行 while 首尾大括号内的语句
    {                 //while 函数首大括号
      P1=0x7F;        //让 P1=7FH=01111111B,其中 P1.7 引脚输出低电平
    }                 //while 函数尾大括号
  }                   //main 函数尾大括号
```

图 4-10 采用字节操作方式点亮单个 LED 的程序

4.1.4 单个 LED 闪烁发光的程序及详解

LED 闪烁是指 LED 亮、灭交替进行。在编写程序时,可以先让连接 LED 负极的单片机引脚为低电平,点亮 LED,该引脚低电平维持一定的时间,然后让该引脚输出高电平,熄灭 LED,再让该引脚高电平维持一定的时间,这个过程反复进行,LED 就会闪烁发光。

为了让单片机某引脚高、低电平能持续一定的时间,可使用 Delay(延时)函数。函数可以看作是具有一定功能的程序段,函数有标准库函数和用户自定义函数,标准库函数是 Keil 软件自带的函数,用户自定义函数是由用户根据需要自己编写的。不管是标准库函数还是用户自定义函数,都可以在 main 函数中调用执行,在调用函数时,可以赋给函数输入值(输入参数),函数执行后可能会输出结果(返回值)。如图 4-11 所示是控制单个 LED 闪烁发光的程序,用到了 Delay 函数,它是一个自定义函数,只有输入参数 t,无返回值,执行 Delay 函数需要一定时间,故起延时作用。

```
/*控制单个 LED 闪烁的程序*/
#include<reg51.h>              //调用 reg51.h 文件对单片机各特殊功能寄存器进行地址定义
sbit LED7=P1^7;                //用位定义关键字 sbit 将 LED7 代表 P1.7 端口,
                               //LED7 是自己任意定义且容易记忆的符号
void Delay(unsigned int t);    //声明一个 Delay(延时)函数,Delay 之前的 void 表示
                               //函数无返回值(即无输出参数),Delay 的输入参数
                               //为 unsigned int t(无符号的整数型变量 t)

/*以下为主程序部分*/
void main ( void)              //main 为主函数,函数之前的 void 表示函数无返回值,后面括号
                               //内的 void 表示无输入参数,也可省去不写,一个程序只允许有
                               //一个主函数,其语句要写在 main 首尾大括号内,不管程序多复杂,
                               //单片机都会从 main 函数开始执行程序
  {                            //main 函数首大括号
    while (1)                  //while 为循环函数,当小括号内的条件非 0(即为真)时,反复
                               //执行 while 首尾大括号内的语句
    {                          //while 函数首大括号
      LED7=0;                  //将 P1.7 端口赋值 0,让 P1.7 引脚输出低电平
      Delay(30000);            //执行 Delay 函数,同时将 30000 赋给 Delay 函数的输入参数 t,
                               //更改输入参数值可以改变延时时间
      LED7=1;                  //将 P1.7 端口赋值 1,让 P1.7 引脚输出高电平
      Delay(30000);            //执行 Delay 函数,同时将 30000 赋给 Delay 函数的输入参数 t,
                               //更改输入参数值可以改变延时时间
    }                          //while 函数尾大括号
  }                            //mai 函数尾大括号

/*以下为延时函数*/
void Delay (unsigned int t)    //Delay 为延时函数,函数之前的 void 表示函数无返回值,后面括号
                               //内的 unsigned int t 表示输入参数为变量 t,t 的数据类型为无符号整数型
  {                            //Delay 函数首大括号
    while(--t);                // while 为循环函数,--t 表示减 1,即每执行一次 while 函数,t 值就减 1,
                               //t 值非 0(即为真)时,反复 while 函数,直到 t 值为 0(即为假)时,执行
                               //while 函数之后的语句。由于每执行一次 while 函数都需要一定的时间,
                               //while 执行次数越多,执行该行程序花费时间越长,即可起延时作用
  }                            //Delay 函数尾大括号
```

图 4-11 控制单个 LED 闪烁发光的程序

主函数 main 是程序执行的起点,如果将被调用的函数写在主函数 main 后面,该函数必须要在 main 函数之前声明,若将被调用函数写在 main 主函数之前,可以省略函数声明,但在执行函数多重调用时,编写顺序是有先后的。例如,在主函数中调用函数 A,而函数 A 又去调用函数 B,如果函数 B 编写在函数 A 的前面,就不会出错,相反就会出错。也就是说,在使用函数之前,必须告诉程序有这个函数,否则程序就会报错,故建议所有的函数都写在主函数后面,再在主函数前面加上函数声明,这样可以避免出错且方便调试,直观性也很强,很容易看出程序使用了哪些函数。如图 4-11 所示中的 Delay 函数内容写在 main 函数后面,故在 main 函数之前对 Delay 函数进行了声明。

4.1.5 单个 LED 以不同频率闪烁发光的程序及详解

如图 4-11 所示是控制单个 LED 以固定频率闪烁发光的程序,而图 4-12 所示是控制单个 LED 以不同频率闪烁发光的程序,该程序第一个 for 循环语句使 LED 以高频率快速闪烁 10 次,第二个 for 循环语句使 LED 以低频率慢速闪烁 10 次,while 循环语句使其首尾大括号内的两个 for 语句不断重复执行,即让 LED 快闪 10 次和慢闪 10 次不断重复进行。

```
/*控制单个LED以不同频率闪烁的程序*/
#include<reg51.h>          //调用reg51.h文件对单片机各特殊功能寄存器进行地址定义
sbit LED7=P1^7;            //用位定义关键字sbit将LED7代表P1.7端口,
                           //LED7是自己任意定义且容易记忆的符号
void Delay(unsigned int t); //声明一个Delay(延时)函数,Delay之前的void表示函数
                           //无返回值(即无输出参数),Delay的输入参数为无符号(unsigned)
                           //整数型(int)变量t,t值为16位,取值范围 0~65535

/*以下为主程序部分*/
void main (void)           //main为主函数,main前面的void表示函数无返回值(输出参数),
                           //后面小括号内的void表示函数无输入参数,可省去不写,一个程序
                           //只允许有一个主函数,其语句要写在main首尾大括号内,不管程序
                           //多复杂,单片机都会从main函数开始执行程序
{                          //main函数首大括号
 unsigned char i;          //定义一个无符号(unsigned)字符型(char)变量i,i的取值范围 0~255
 while (1)                 //while为循环控制句,当小括号内的条件非0(即为真)时,
                           //反复执行while首尾大括号内的语句
 {                         //while语句首大括号
   for(i=0; i<10; i++)     // for也是循环语句,执行时先用表达式一i=0对i赋初值0,然后
                           //判断表达式二i<1是否成立,若表达式二成立,则执行for语句
                           //首尾大括号的内容,再执行表达式三i++将i值加1,接着又判断
                           //表达式二i<1是否成立,如此反复进行,直到表达式二不成立时,
                           //才跳出for语句,去执行for语句尾大括号之后的内容,这里的
                           //for语句大括号内容会循环执行10次
   {                       //for语句首大括号
    LED7=0;                //将P1.7端口赋值0,让P1.7引脚输出低电平
    Delay(6000);           //执行Delay函数,同时将6000赋给Delay函数的输入参数t,
                           //更改输入参数值可以改变延时时间
    LED7=1;                //将P1.7端口赋值1,让P1.7引脚输出高电平
    Delay(6000);           //执行Delay函数,同时将6000赋给Delay函数的输入参数t,
                           //更改输入参数值可以改变延时时间
   }                       //for语句尾大括号
   for(i=0; i<10; i++)
   {                       //第二个for语句首大括号
    LED7=0;
    Delay(50000);
    LED7=1;
    Delay(50000);
   }                       //第二个for语句尾大括号
 }                         //while语句尾大括号
}                          //main函数尾大括号

/*以下为延时函数*/
void Delay(unsigned int t) //Delay为延时函数,函数之前的void表示函数无返回值,后面括号
                           //内的unsigned int t表示输入参数为变量t,t的数据类型为无符号整数型
{                          //Delay函数首大括号
 while(--t);               // while为循环控制句,--t表示减1,即每执行一次while语句,t值就减1,
                           //t值非0(即为真)时,反复while语句,直到t值为0(即为假)时,执行while
                           //首尾大括号(本例无)之后的语句。由于每执行一次while语句都需要一定
                           //的时间,while语句执行次数越多,花费时间越长,即可起延时作用
}                          //Delay函数尾大括号
```

图 4-12 控制单个 LED 以不同频率闪烁发光的程序

4.1.6 位操作和字节操作方式点亮多个 LED 的程序及详解

1. 采用位操作方式编程点亮多个 LED 的程序

如图 4-13 所示是采用位操作方式编程点亮多个 LED 的程序，程序编译并烧录入单片机后，P1.0、P1.2、P1.3、P1.4 引脚外接的 LED 会被点亮。

```c
/*采用位操作方式编程点亮多个 LED 的程序 */
#include<reg51.h>    //调用 reg51.h 文件对单片机各特殊功能寄存器进行地址定义
sbit LED0=P1^0;      //用位定义关键字 sbit 将容易记忆的符号 LED0 代表 P1.0 端口
sbit LED1=P1^1;      //用位定义关键字 sbit 将容易记忆的符号 LED1 代表 P1.1 端口
sbit LED2=P1^2;
sbit LED3=P1^3;
sbit LED4=P1^4;
sbit LED5=P1^5;
sbit LED6=P1^6;
sbit LED7=P1^7;

/*以下为主程序部分*/
void main (void)     //main 为主函数，main 前面的 void 表示函数无返回值(输出参数)，
                     //后面小括号内的 void(也可不写)表示函数无输入参数，一个程序
                     //只允许有一个主函数，其语句要写在 main 首尾大括号内，不管
                     //程序多复杂，单片机都会从 main 函数开始执行程序
{                    //main 函数首大括号
    LED0=0;          //将 LED0(P1.0)端口赋值 0，让 P1.0 引脚输出低电平
    LED1=1;          //将 LED1(P1.1)端口赋值 1，让 P1.0 引脚输出高电平
    LED2=0;
    LED3=0;
    LED4=0;
    LED5=1;
    LED6=1;
    LED7=1;
    while (1)        //while 为循环控制语句，当小括号内的条件非 0(即为真)时，
                     //反复执行 while 首尾大括号内的语句
    {                //while 语句首大括号
                     //可在 while 首尾大括号内写需要反复执行的语句，如果
                     //首尾大括号内的内容为空，可用分号取代首尾大括号
    }                //while 语句尾大括号
}                    //main 函数尾大括号
```

图 4-13 采用位操作方式编程点亮多个 LED 的程序

2. 采用字节操作方式编程点亮多个 LED 的程序

如图 4-14 所示是采用字节操作方式编程点亮多个 LED 的程序，程序编译并烧录入单片机后，P1.7、P1.4、P1.2、P1.1 引脚外接的 LED 会被点亮。

```c
/*采用字节操作方式编程点亮多个 LED 的程序 */
#include<reg51.h>    //调用 reg51.h 文件对单片机各特殊功能寄存器进行地址定义

/*以下为主程序部分*/
void main (void)     //main 为主函数，main 前面的 void 表示函数无返回值(输出参数)，
                     //后面小括号内的 void(也可不写)表示函数无输入参数，一个程序
                     //只允许有一个主函数，其语句要写在 main 首尾大括号内，不管
                     //程序多复杂，单片机都会从 main 函数开始执行程序
{                    //main 函数首大括号
    P1=0xFF;         //让 P1=FFH=11111111B，即让 P1 所有引脚都输出高电平
    while (1)        //while 为循环控制语句，当小括号内的条件非 0(即为真)时，
                     //反复执行 while 首尾大括号内的语句
    {                //while 语句首大括号
    P1=0x69;         //让 P1=69H=01101001B，即 P1.7、P1.4、P1.2、P1.1 引脚输出低电平
    }                //while 语句尾大括号
}                    //main 函数尾大括号
```

图 4-14 采用字节操作方式编程点亮多个 LED 的程序

4.1.7 多个 LED 以不同频率闪烁发光的程序及详解

如图 4-15 所示是控制多个 LED 以不同频率闪烁发光的程序，该程序的第一个 for 循环

语句使单片机 P1.7、P1.5、P1.3、P1.1 引脚连接的 4 个 LED 以高频率快速闪烁 10 次，第二个 for 循环语句使这些 LED 以低频率慢速闪烁 10 次，主程序中的 while 循环语句使其首尾大括号内的两个 for 语句不断重复执行，即让 LED 快闪 10 次和慢闪 10 次不断重复进行。该程序是以字节操作方式编程的，也可以使用位操作方式对 P1.7、P1.5、P1.3、P1.1 端口赋值来编程，具体编程方法可参见图 4-13 所示的程序。

```
/*控制多个 LED 以不同频率闪烁的程序*/
#include<reg51.h>          //调用 reg51.h 文件对单片机各特殊功能寄存器进行地址定义
void Delay(unsigned int t);  //声明一个 Delay（延时）函数，Delay 之前的 void 表示函数
                            //无返回值（即无输出值），Delay 的输入参数为无符号（unsigned）
                            //整数型（int）变量 t，t 值为 16 位，取值范围 0~65535
/*以下为主程序部分*/
void main (void)             //main 为主函数，一个程序只允许有一个主函数不管程序
                            //多复杂，单片机都会从 main 函数开始执行程序
{                           //main 函数首大括号
  unsigned char i;           //定义一个无符号(unsigned)字符(char)变量 i，i 的取值范围 0~255
  while (1)                  //while 为循环控制语句，当小括号内的条件非 0（即为真）时，反复
                            //执行 while 首尾大括号内的语句
  {                         //while 语句首大括号
    for(i=0; i<10; i++)      // for 也是循环语句，执行时先用表达式一 i=0 对 i 赋初值 0，然后
                            //判断表达式二 i<1 是否成立，若表达式二成立，则执行 for 语句
                            //首尾大括号的内容，再执行表达式三 i++将 i 值加 1，接着又判断
                            //表达式二 i<1 是否成立，如此反复进行，直到表达式二不成立时，
                            //才跳出 for 语句，去执行 for 语句尾大括号之后的内容，这里的
                            //for 语句大括号内容会循环执行 10 次
    {                       //for 语句首大括号
      P1=0x55;               //让 P1=55H=01010101B，即 P1.7、P1.5、P1.3、P1.1 引脚输出低电平
      Delay(6000);           //执行 Delay 函数，同时将 6000 赋给 Delay 函数的输入参数 t，
                            //更改输入参数值可以改变延时时间
      P1=0xFF;               //让 P1=FFH=11111111B，即 P1.7、P1.5、P1.3、P1.1 引脚输出高电平
      Delay(6000);           //执行 Delay 函数，同时将 6000 赋给 Delay 函数的输入参数 t，
                            //更改输入参数值可以改变延时时间
    }                       //for 语句尾大括号
    for(i=0; i<10; i++)
    {                       //第二个 for 语句首大括号
      P1=0x55;               //让 P1=55H=01010101B，即 P1.7、P1.5、P1.3、P1.1 引脚输出低电平
      Delay(50000);
      P1=0xFF;               //让 P1=FFH=11111111B，即 P1.7、P1.5、P1.3、P1.1 引脚输出高电平
      Delay(50000);
    }                       //第二个 for 语句尾大括号
  }                         //while 语句尾大括号
}                           //main 函数尾大括号
/*以下为延时函数*/
void Delay(unsigned int t)   //Delay 为延时函数，函数之前的 void 表示函数无返回值，后面括号
                            //内的 unsigned int t 表示输入参数为变量 t，t 的数据类型为无符号整数型
{                           //Delay 函数首大括号
  while(--t);                // while 为循环控制语句，--t 表示 t 减 1，即每执行一次 while 语句，t 值就减 1，
                            //t 值非 0（即为真）时，反复执行 while 语句，直到 t 值为 0（即为假）时，执行 while
                            //首尾大括号（本例无）之后的语句。由于每执行一次 while 语句都需要一定
                            //的时间，while 语句执行次数越多，花费时间越长，即可起延时作用
}                           //Delay 函数尾大括号
```

图 4-15 控制多个 LED 以不同频率闪烁发光的程序

4.1.8 多个 LED 左移和右移的程序及详解

1. 控制多个 LED 左移的程序

控制多个 LED 左移的程序如图 4-16 所示。程序首先给 P1 赋初值，让 P1=FEH=11111110B，P1.0 引脚输出低电平，P1.0 引脚连接的 LED 点亮，然后执行 for 循环语句，在 for 语句中，用位左移运算符"<<1"将 P1 端口数据（8 位）左移一位，右边空出的位值用 0 补充，for 语句会执行 8 次，第 1 次执行后，P1=11111100，P1.0、P1.1 引脚的 LED 点亮，第 2 次执行后，P1=11111000，P1.0、P1.1、P1.2 引脚的 LED 点亮，……第 8 次执行后，P1=00000000，P1 所有引脚的 LED 都会点亮。

单片机程序执行到最后时，又会从头开始执行，如果希望程序运行到某处时停止，可使用"while(1){}"语句（或使用"while(1);"），如果 while(1) {}之后还有其他语句，空{}可省

掉，否则空{}不能省掉。图 4-16 中的主程序最后用 while(1){}语句来停止主程序，使之不会从头重复执行，因此 P1 引脚的 8 个 LED 全亮后不会熄灭，如果删掉主程序最后的 while(1){}语句，LED 逐个点亮（左移）到全亮这个过程会不断重复。

```
/*控制多个 LED 左移的程序*/
#include<reg51.h>          //调用 reg51.h 文件对单片机各特殊功能寄存器进行地址定义
void Delay(unsigned int t); //声明一个 Delay（延时）函数，Delay 之前的 void 表示函数
                            //无返回值（即无输出参数），Delay 的输入参数为无符号 (unsigned)
                            //整数型 (int) 变量 t，t 值为 16 位，取值范围 0~65535
/*以下为主程序部分*/
void main (void)            //main 为主函数，一个程序只允许有一个主函数不管程序，
                            //多复杂，单片机都会从 main 函数开始执行程序
{                           //main 函数首大括号
  unsigned char i;          //定义一个无符号(unsigned)字符型(char)变量 i，i 的取值范围 0~255
  P1=0xfe;                  //给 P1 端口赋初值，让 P1=FEH=11111110B
  for(i=0;i<8;i++)          // for 是循环语句，执行时先用表达式一 i=0 对 i 赋初值 0，然后
                            //判断表达式二 i<8 是否成立，若表达式二成立，则执行 for 语句
                            //首尾大括号的内容，再执行表达式三 i++将 i 值加 1，接着又判断
                            //表达式二 i<8 是否成立，如此反复进行，直到表达式二不成立时，
                            //才跳出 for 语句，去执行 for 语句尾大括号之后的内容，这里的
                            //for 语句大括号内的内容会循环执行 8 次
  {                         //for 语句首大括号
   Delay(60000);            //执行 Delay 函数，同时将 6000 赋给 Delay 函数的输入参数 t,
                            //更改输入参数值可以改变延时时间
   P1=P1<<1;                //将 P1 端口数值(8 位)左移一位，"<<"表示左移，"1"为移动的位数
                            //P1=P1<<1 也可写作 P1<<=1
  }                         //for 语句尾大括号
  while (1)                 //while 为循环控制语句，当小括号内的条件非 0(即为真)时，反复
                            //执行 while 首尾大括号内的语句
  {                         //while 语句首大括号
                            //可在 while 首尾大括号内写需要反复执行的语句，如果首尾大括号
                            //内的内容为空，也可用分号取代首尾大括号
  }                         //while 语句尾大括号
}                           //main 函数尾大括号
/*以下为延时函数*/
void Delay(unsigned int t)  //Delay 为延时函数，函数之前的 void 表示函数无返回值，后面括号
                            //内的 unsigned int t 表示输入参数为变量 t，t 的数据类型为无符号整数型
{                           //Delay 函数首大括号
  while(--t);               // while 为循环控制语句，--t 表示 t 减 1，即每执行一次 while 语句，t 值就减 1,
                            //t 值非 0(即为真)时，反复执行 while 语句，直到 t 值为 0(即为假)时，执行 while
                            //首尾大括号（本例无）之后的语句。由于每执行一次 while 语句都需要一定
                            //的时间，while 语句执行次数越多，花费时间越长，即可起延时作用
}                           //Delay 函数尾大括号
```

图 4-16 控制多个 LED 左移的程序

2. 多个 LED 右移的程序

控制多个 LED 右移的程序如图 4-17 所示，该程序结构与左移程序相同，右移采用了位右移运算符">>1"，程序首先赋初值 P1=7FH=01111111，P1.7 引脚的 LED 点亮，然后让 for

```
/*控制多个 LED 右移的程序*/
#include<reg51.h>
void Delay(unsigned int t);
/*以下为主程序部分*/
void main (void)
{
  unsigned char i;
  P1=0x7f;                  //给 P1 端口赋初值，让 P1=7FH=01111111B
  for(i=0;i<8;i++)
  {
   Delay(60000);
   P1=P1>>1;                //将 P1 端口数值(8 位)左移一位，">>"表示右移，"1"为移动
                            //的位数，P1=P1>>1 也可写作 P1>>=1
  }
  while (1);
}
/*以下为延时函数*/
void Delay(unsigned int t)
{
  while(--t);
}
```

图 4-17 控制多个 LED 右移的程序

语句执行 8 次，第 1 次执行后，P1=00111111，P1.7、P1.6 引脚的 LED 点亮，第 2 次执行后，P1=0001111，P1.7、P1.6、P1.5 引脚的 LED 点亮，……第 8 次执行后，P1=00000000，P1 所有引脚的 LED 都会点亮。由于主程序最后有 "while(1);" 语句，故 8 个 LED 始终处于点亮状态。若删掉 "while(1);" 语句，多个 LED 右移过程会不断重复。

4.1.9　LED 循环左移和右移的程序及详解

1. 控制 LED 循环左移的程序

LED 循环左移是指 LED 先往左移，移到最左边后又返回最右边重新开始往左移，反复循环进行。如图 4-18 所示是控制 LED 循环左移的程序，该程序先用 P1=P1<<1 语句让 LED 左移一位，然后用 P1=P1 | 0x01 语句将左移后的 P1 端口的 8 位数与 00000001 进行位或运算，目的是将左移后最右边空出的位用 1 填充，左移 8 次后，最右端（最低位）的 0 从最左端（最高位）移出，程序马上用 P1=0xfe 赋初值，让最右端值又为 0，然后 while 语句使上述过程反复进行。"｜" 为 "位或" 运算符，在计算机键盘的回车键下方。

```
/*控制 LED 循环左移的程序*/
#include<reg51.h>              //调用 reg51.h 文件对单片机各特殊功能寄存器进行地址定义
void Delay(unsigned int t);   //声明一个 Delay (延时) 函数
/*以下为主程序部分*/
void main (void)               //main 为主函数，一个程序只允许有一个主函数，不管程序
                               //多复杂，单片机都会从 main 函数开始执行程序
{                              //main 函数首大括号
  unsigned char i;             //定义一个无符号(unsigned)字符型(char)变量 i，i 的取值范围 0~255
  P1=0xfe;                     //给 P1 端口赋初值，让 P1=FEH=11111110B
  while (1)                    //while 为循环控制语句，当小括号内的条件非 0 (即为真) 时，反复
                               //执行 while 首尾大括号内的语句
  {                            //while 语句首大括号
    for(i=0;i<8;i++)           //for 是循环语句，for 语句首尾大括号内的内容会循环执行 8 次
    {                          //for 语句首大括号
      Delay(60000);            //执行 Delay 函数进行延时
      P1=P1<<1;                //将 P1 端口数值(8 位)左移一位，"<<"表示左移，"1"为移动的位数，
      P1=P1|0x01;              //将 P1 端口数值(8 位)与 00000001 进行或运算，即给 P1 端口最低位补 1
    }                          //for 语句尾大括号
    P1=0xfe;                   //P1 端口赋初值，让 P1=FEH=11111110B
  }                            //while 语句尾大括号
}                              //main 函数尾大括号
/*以下为延时函数*/
void Delay(unsigned int t)    //Delay 为延时函数，unsigned int t 表示输入参数为无符号整数型变量 t
{                              //Delay 函数首大括号
  while(--t){};                // while 为循环语句，每执行一次 while 语句，t 值就减 1，直到 t 值为 0 时
                               //才执行{ 之后的语句，在主程序中可以为 t 赋值，t 值越大，while 语句
                               //执行次数越多，延时时间越长
}                              //Delay 函数尾大括号
```

图 4-18　控制 LED 循环左移的程序

图 4-18 所示程序编译并烧录进单片机后，程序运行时可看到 8 个 LED 从最右端开始，逐个往左点亮（始终只有一个 LED 亮），最左端的 LED 点亮再熄灭后，最右端 LED 又点亮，如此周而复始。

2. 控制 LED 循环右移的程序

控制 LED 循环右移的程序如图 4-19 所示，在右移（高位往低位移动）前，先用 P1=0x7f 语句将最高位的 LED 点亮，然后用 P1=P1>>1 语句将 P1 的 8 位数右移一位，执行 8 次，每次执行后用 P1=P1|0x80 语句给 P1 最高位补 1，8 次执行完后，又用 P1=0x7f 语句将最高位的 LED 点亮，接着又执行 for 语句，如此循环反复。

```c
/*控制LED循环右移的程序*/
#include<reg51.h>
void Delay(unsigned int t);
/*以下为主程序部分*/
void main (void)
{
  unsigned char i;
  P1=0x7f;                //给P1端口赋初值,让P1=7FH=01111111B,最高位的LED点亮
  while (1)               //while为循环语句,当小括号内的值不是0时,反复执行首尾大括号内的语句
  {
    for(i=0;i<8;i++)      //for为循环语句,其首尾大括号内的语句会执行8次
    {
      Delay(60000);       //执行Delay延时函数延时
      P1=P1>>1;           //将P1端口数值(8位)右移一位,">>"表示右移,"1"为移动的位数
      P1=P1|0x80;         //将P1端口数值(8位)与10000000进行或运算,即给P1最高位补1
    }
    P1=0x7f;              //给P1端口赋初值,让P1=7FH=01111111B,最高位的LED点亮
  }
}
/*以下为延时函数*/
void Delay(unsigned int t)
{
  while(--t){};
}
```

图 4-19　控制 LED 循环右移的程序

4.1.10　LED 左右移动并闪烁发光的程序及详解

如图 4-20 所示是一个控制 LED 左右移动并闪烁发光的程序,第一个 for 语句是使两个 LED 从右端移到左端,第二个 for 语句使两个 LED 从左端移到右端,第三个 for 语句使 8 个 LED 亮、灭闪烁三次,三个 for 语句都处于 while(1)语句的首尾大括号内,故三个 for 语句反复循环执行。

```c
/*控制LED左右移动再闪烁的程序*/
#include<reg51.h>             //调用reg51.h文件对单片机各特殊功能寄存器进行地址定义
void Delay(unsigned int t);   //声明一个Delay(延时)函数,其输入参数为无符号(unsigned)
                              //整数型(int)变量t,t值为16位,取值范围0~65535
/*以下为主程序部分*/
void main (void)              //main为主函数,一个程序只允许有一个主函数,不管程序
                              //多复杂,单片机都会从main函数开始执行程序
{                             //main函数首大括号
  unsigned char i;            //定义一个无符号(unsigned)字符型(char)变量i,i的取值范围0~255
  unsigned char temp;         //定义一个无符号字符型变量temp,temp的取值范围0~255
  while (1)                   //while为循环语句,当小括号内的值不是0时,反复执行首尾大括号内的语句
  {                           //while语句首大括号
    temp=0xfc;                //让变量temp=FCH=11111100
    P1=temp;                  //将变量temp的值(11111100)赋给P1,让P1.0、P1.1引脚的两个LED亮
    for(i=0;i<7;i++)          //第一个for语句,其首尾大括号内的语句会执行7次,双LED从右端亮到左端
    {                         //第一个for语句首大括号
      Delay(60000);           //执行Delay延时函数延时,同时将60000赋给Delay的输入参数t
      temp=temp<<1;           //也可写作temp<<=1,让变量temp的值(8位数)左移一位
      temp=temp|0x01;         //也可写作temp|=0x01,将变量temp的值与00000001进行位或运算,
                              //即给temp最低位补1
      P1=temp;                //将temp的值赋给P1,采用temp作为中间变量,可避免直接操作
                              //P1端口导致端口外接的LED短暂闪烁
    }                         //第一个for语句尾大括号
    temp=0x3f;                //让变量temp=3FH=00111111
    P1=temp;                  //将变量temp的值(00111111)赋给P1,即让P1.7、P1.6引脚的LED亮
    for(i=0;i<7;i++)          //第二个for语句,其首尾大括号内的语句会执行7次,双LED从左端亮到右端
    {                         //第二个for语句首大括号
      Delay(60000);           //执行Delay延时函数延时,同时将60000赋给Delay的输入参数t
      temp=temp >>1;          //也可写作temp>>=1,让变量temp的值(8位数)右移一位
      temp=temp|0x80;         //也可写作temp|=0x01,将变量temp的值与10000000进行位或运算,
                              //即给temp最高位补1
      P1=temp;                //将temp的值赋给P1,采用temp作为中间变量,可避免直接操作
                              //P1端口导致端口外接的LED短暂闪烁
    }                         //第二个for语句尾大括号
    for(i=0;i<3;i++)          //第三个for语句,使首尾大括号内的语句会执行3次,使8个LED同时闪烁3次
    {                         //第三个for语句首大括号
      P1=0xff;                //让P1=FFH=11111111B,让P1端口所有LED熄灭
      Delay(60000);           //执行Delay延时函数延时,同时将60000赋给Delay的输入参数t
```

图 4-20　控制 LED 左右移动并闪烁的程序

```
        P1=0x00;              //让 P1=00H=00000000B，即让 P1 端口所有 LED 变亮
        Delay(60000);         //执行 Delay 延时函数延时，同时将 60000 赋给 Delay 的输入参数 t
      }                       //第三个 for 语句尾大括号
    }                         //while 语句尾大括号
  }                           //main 语句尾大括号

/*以下为延时函数*/
void Delay(unsigned int t)    //Delay 为延时函数，unsigned int t 表示输入参数为无符号整数型变量 t
{                             //Delay 函数首大括号
  while(--t);                 //while 为循环语句，每执行一次 while 语句，t 值就减 1，直到 t 值为 0 时
                              // 才执行 while 尾大括号之后的语句，在主程序中可以为 t 赋值，t 值越大，
                              // while 语句执行次数越多，延时时间越长
}                             //Delay 函数尾大括号
```

图 4-20 控制 LED 左右移动并闪烁的程序（续）

4.1.11 用查表方式控制 LED 发光的程序及详解

如图 4-21 所示是用查表方式控制 LED 发光的程序。程序首先用关键字 code 定义一个无符号字符型表格 table（数组），在表格中按顺序存放 16 个数据（编号为 0～15）。程序再让 for 语句循环执行 16 次，每执行一次将 table 数据的序号 i 值加 1，并将选中序号的数据赋值给 P1 端口，P1 端口外接 LED 按表格数值发光。例如，for 语句第 1 次执行时，i=0，将表格中第 1 个位置（序号为 0）的数据 1FH（即 00011111）赋给 P1 端口，P1.7、P1.6、P1.5 引脚外接的 LED 发光，for 语句第 2 次执行时，i=1，将表格中第 2 个位置（序号为 1）的数据 45H（即 01000101）赋给 P1 端口，P1.7、P1.5～P1.3 和 P1.1 引脚外接的 LED 发光。

```
/*按表格的代码来显示 LED 的程序*/
#include<reg51.h>              //调用 reg51.h 文件对单片机各特殊功能寄存器进行地址定义
void Delay(unsigned int t);    //声明一个 Delay（延时）函数
unsigned char code table[]={0x1f,0x45,0x3e,0x68,  //定义一个无符号(unsigned)字符型(char)表格(table)，
                            0xf3,0x46,0x33,       //code 表示表格数据存在单片机的代码区（ROM 中）
                            0xff,0xaa,0x08,0x60,  //表格按顺序存放 16 个代码，每个代码 8 位，第 0 个
                            0x88,0x11,0xa5,0xda}; //代码为 1FH，即 00011111B

/*以下为主程序部分*/
void main (void)
{
  unsigned char i;             //定义一个无符号(unsigned)字符型(char)变量 i，i 的取值范围 0~255
  while (1)                    //while 为循环语句，当小括号内的值不是 0 时，反复执行首尾大括号内的语句
  {
    for(i=0;i<16;i++)          //for 是循环语句，for 语句首尾大括号内的内容会循环执行 16 次，每执行一次，
                               // i 加 1，这样可将 table 表格中的 16 个代码按顺序依次赋给 P1 端口
    {
      P1=table[i];             //将 table 表格中的第 i 个代码（8 位）赋给 P1
      Delay(60000);            //执行 Delay 延时函数延时，同时将 60000 赋给 Delay 的输入参数 t
    }
  }
}
/*以下为延时函数*/
void Delay(unsigned int t)     //Delay 为延时函数，unsigned int t 表示输入参数为无符号整数型变量 t
{
  while(--t);                  //while 为循环语句，每执行一次 while 语句，t 值就减 1，直到 t 值为 0 时
                               //才执行 while 尾大括号之后的语句
}
```

图 4-21 用查表方式控制 LED 发光的程序

关键字 code 定义的表格数据存放在单片机的 ROM 中，这些数据主要是一些常量或固定不变的参数，放置在 ROM 中可以节省大量 RAM 空间。table[]表格实际上是一种一维数组，table [n] 表示表格中第 n+1 个元素（数据），如 table [0]表示表格中第 1 个位置的元素，table [15]表示表格中第 16 个位置的元素，只要 ROM 空间允许，表格的元素数量可自由增加。在使用 for 语句查表时，要求循环次数与表格元素的个数相等，若次数超出个数，则越出表格范围，查到的将是随机数。

4.1.12 LED 花样发光的程序及详解

如图 4-22 所示是 LED 花样发光的程序。程序的第一个 for 语句将 LED 左移点亮（最后全部 LED 都亮），第二个 for 语句将 LED 右移点亮（最后全部 LED 都亮），第三、第四个 for 语句先将一个 LED 左移点亮再右移点亮（左、右移时始终只有一个 LED 亮），第五个 for 语句以查表方式点亮 P1 端口的 LED。本例综合应用了 LED 的左移、右移、循环左右移和查表点亮 LED。

```
/*花样显示LED的程序*/
#include<reg51.h>              //调用reg51.h文件对单片机各特殊功能寄存器进行地址定义
void Delay(unsigned int t);    //声明一个Delay(延时)函数
unsigned char code table[]={0x1f,0x45,0x3e,0x68,   //定义一个无符号(unsigned)字符型(char)表格(table),
                0xa7,0xf3,0x46,0x33,   //code表示表格数据存在单片机的代码区(ROM中),
                0xff,0xaa,0x08,0x60,   //表格按顺序存放16个代码,每个代码8位,第0个
                0x88,0x11,0xa5,0xda};  //代码为为1FH, 即00011111B

/*以下为主程序部分*/
void main (void)
{
  unsigned char i;             //定义一个无符号(unsigned)字符型(char)变量i, i的取值范围 0~255
  while(1)
    {
      P1=0xfe;                 //让P1=FEH=11111110B, 点亮P1.0端口的LED
      for(i=0;i<8;i++)         //第一个for语句执行8次, LED往左点亮, 最后8个LED全亮
        {
          Delay(60000);
          P1 <<=1;
        }
      P1=0x7f;                 //让P1=7FH=01111111B, 熄灭7个LED, 仅点亮P1.7端口的LED
      for(i=0;i<8;i++)         //第二个for语句执行8次, LED往右点亮, 最后8个LED全亮
        {
          Delay(60000);
          P1 >>=1;
        }
      P1=0xfe;                 //让P1=FEH=11111110B, 点亮P1.0端口的LED
      for(i=0;i<8;i++)         //第三个for语句执行8次, LED逐个往左点亮（始终只有一个LED亮）
        {
          Delay(60000);
          P1 <<=1;
          P1 |=0x01;
        }
      P1=0x7f;                 //让P1=7FH=01111111B, 点亮P1.7端口的LED
      for(i=0;i<8;i++)         //第四个for语句执行8次, LED逐个往右点亮（始终只有一个LED亮
        {
          Delay(60000);
          P1 >>=1;
          P1 |=0x80;
        }
      for(i=0;i<16;i++)        //第五个for语句执行16次, 依次将表格table中的16个数据赋给P1端口
                               //让外接LED按数据显示
        {
          Delay(20000);
          P1= table [i];
        }
    }
}
/*以下为延时函数*/
void Delay(unsigned int t)     //Delay为延时函数, unsigned int t表示输入参数为无符号整数型变量t
{
  while(--t);                  // while为循环语句, 每执行一次while语句, t值就减1, 直到t值为0时
                               //才执行while尾大括号之后的语句
}
```

图 4-22 LED 花样发光的程序

4.1.13 用 PWM（脉宽调制）方式调节 LED 亮度的原理与程序

1. 用 PWM（脉宽调制）方式调节 LED 亮度的原理

调节 LED 亮度可采取两种方式：一是改变 LED 流过的电流大小来调节亮度，流过 LED 的电流越大，LED 亮度越高；二是改变 LED 通电时间长短来调节亮度，LED 通电时间越长，亮度越高。单片机的 P 端口只能输出 5V 和 0V 两种电压，无法采用改变 LED 电流大小的方

法来调节亮度,只能采用改变 LED 通电时间长短来调节亮度。

如果让单片机的 P1.7 引脚(LED7 端)输出如图 4-23(a)所示的脉冲信号,在脉冲信号的第 1 个周期内,LED7=0 使 LED 亮,但持续时间很短,故亮度暗,LED7=1 使 LED 无电流通过,但余辉会使 LED 具有一定的亮度,该时间持续越长,LED 亮度越暗;在脉冲信号的第 2 个周期内,LED7=0 持续时间略有变长,LED7=1 持续时间略有变短,LED 稍微变亮;当脉冲信号的第 499 个周期来时,LED7=0 持续时间最长,LED7=1 持续时间最短,LED 最亮。也就是说,如果单片机输出如图 4-23(a)所示的脉冲宽度逐渐变窄的脉冲信号(又称 PWM 脉冲)时,LED 会逐渐变亮。

如果让单片机输出如图 4-23(b)所示的脉冲宽度逐渐变宽的脉冲信号(又称 PWM 脉冲)时,脉冲信号第 1 个周期内 LED7=0 持续时间最长,LED7=1 持续时间最短,LED 最亮,在后面周期内,LED7=0 持续时间越来越短,LED7=1 持续时间越来越长,LED 越来越暗,在脉冲信号第 499 个周期到来时,LED7=0 持续时间最短,LED7=1 持续时间最长,LED 最暗。如果脉冲信号的宽度不变,LED 的亮度也就不变。

(a) LED 逐渐变亮(LED7=0 持续时间逐渐变长,LED7=1 持续时间逐渐变短)

(b) LED 逐渐变暗(LED7=0 持续时间逐渐变短,LED7=1 持续时间逐渐变长)

图 4-23 用 PWM(脉宽调制)方式调节 LED 亮度的原理说明图

2. 用 PWM(脉宽调制)方式调节 LED 亮度的程序

如图 4-24 所示是用 PWM(脉宽调制)方式调节 LED 亮度的程序。程序中的第一个 for 语句会执行 499 次,每执行一次,P1.7 引脚输出的 PWM 脉冲变窄一些,如图 4-23(a)所示,即 LED7=0 持续时间越来越长,LED7=1 持续时间越来越短,LED 越来越亮,在 for 语句执行第 499 次时,LED7=0 持续时间最长,LED7=1 持续时间最短,LED 最亮。程序中的第二个 for 语句也会执行 499 次,每执行一次,P1.7 引脚输出的 PWM 脉冲变宽一些,如图 4-23(b)所示,即 LED7=0 持续时间越来越短,LED7=1 持续时间越来越长,LED 越来越暗,在 for 语句执行第 499 次时,LED7=0 持续时间最短,LED7=1 待续时间最长,LED 最暗。

```
/*用 PWM（脉冲宽度调制）方式调节 LED 亮度的程序。*/
#include<reg51.h>              //调用 reg51.h 文件对单片机各特殊功能寄存器进行地址定义
sbit LED7=P1^7;                //用位定义关键字 sbit 将 LED7 代表 P1.7 端口
void Delay(unsigned int t);    //声明一个 Delay（延时）函数
/*以下为主程序部分*/
void main (void)
{
    unsigned int T=500,Toff=0;   //定义两个无符号整数型变量 T 和 Toff，T 为 LED 发光周期
                                 //时间值，赋初值 500，Toff 为 LED 点亮时间值，赋初值 0,
    while (1)                    //while 小括号内的值不是 0 时，反复执行 while 首尾大括号内的语句
    {
        for(Toff=1;Toff<T;Toff++) //第一个 for 循环语句执行，先让 Toff=1，再判断 Toff<T 是否成立，
                                  //成立执行 for 首尾大括号内的语句，执行完后执行 Toff++将 Toff 加 1，
                                  //然后又判断 Toff<T 是否成立，如此反复，直到 Toff<T 不成立，
                                  //才跳出 for 语句，for 语句首尾大括号内的语句会循环执行 499 次
        {
            LED7=0;               //点亮 LED7
            Delay(Toff);          //执行 Delay 延时函数延时，同时将 Toff 值作为 Delay 的输入参数，
                                  //第一次执行时 Toff=1，第二次执行时 Toff=2，最后一次执行时
                                  //Toff=499，即 LED7=0 持续时间越来越长
            LED7=1;               //熄灭 LED
            Delay(T-Toff);        //执行 Delay 延时函数延时，同时将 T-Toff 值作为 Delay 的输入参数，
                                  //第一次执行时 T-Toff=500-1=499，第二次执行时 T-Toff=498，
                                  //最后一次执行时 T-Toff=1，即 LED7=1 持续时间越来越短
        }
        for(Toff=T-1;Toff>0;Toff--) //第二个 for 循环语句执行，先让 Toff=T-1，再判断 Toff>0 是否成立，
                                    //成立则执行 for 首尾大括号内的语句，执行完后执行 Toff--将 Toff 减 1，
                                    //然后又判断 Toff>0 是否成立，如此反复，直到 Toff>0 不成立，
                                    //才跳出 for 语句。for 语句首尾大括号内的语句会循环执行 499 次
        {
            LED7=0;                 //点亮 LED7
            Delay(Toff);            //执行 Delay 延时函数延时，同时将 Toff 值作为 Delay 的输入参数，
                                    //第一次执行时 Toff=499，第二次执行时 Toff=498，最后一次
                                    //执行时 Toff=1，即 LED7=0 持续时间越来越短
            LED7=1;                 //熄灭 LED
            Delay(T-Toff);          //执行 Delay 延时函数延时，同时将 T-Toff 值作为 Delay 的输入参数，
                                    //第一次执行时 T-Toff=500-499=1，第二次执行时 T-Toff=2，
                                    //最后一次执行时，T-Toff=499，即 LED7=1 持续时间越来越长
        }
    }
}
/*以下为延时函数*/
void Delay(unsigned int t)  //Delay 为延时函数，unsigned int t 表示输入参数为无符号整数型变量 t
{
    while(--t);             //while 为循环语句，每执行一次 while 语句，t 值就减 1，直到 t 值为 0 时
                            //才跳出 while 语句
}
```

图 4-24 用 PWM（脉宽调制）方式调节 LED 亮度的程序

4.2 单片机驱动一位 LED 数码管显示的电路及编程

4.2.1 一位 LED 数码管外形、结构与检测

LED 数码管是将发光二极管做成段状，通过让不同段发光来组合成各种数字。

1. 外形、结构与类型

一位 LED 数码管如图 4-25 所示，它将 a、b、c、d、e、f、g、dp 共 8 个发光二极管排成图示的 "" 字形，通过让 a、b、c、d、e、f、g 不同的段发光来显示数字 0～9。

(a) 外形　　　　　　　　　　(b) 段与引脚的排列

图 4-25 一位 LED 数码管

由于8个发光二极管共有16个引脚，为了减少数码管的引脚数，在数码管内部将8个发光二极管正极或负极引脚连接起来，接成一个公共端（COM端），根据公共端是发光二极管正极还是负极，可分为共阳极接法（正极相连）和共阴极接法（负极相连），如图4-26所示。

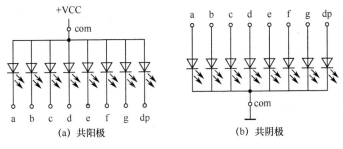

图4-26 一位LED数码管内部发光二极管的连接方式

对于共阳极接法的数码管，需要给发光二极管加低电平才能发光；对于共阴极接法的数码管，需要给发光二极管加高电平才能发光。如果图4-25是一个共阳极接法的数码管，让它显示一个"5"字，那么需要给a、c、d、f、g引脚加低电平，b、e引脚加高电平，这样a、c、d、f、g段的发光二极管有电流通过而发光，b、e段的发光二极管不发光，数码管就会显示出数字"5"。

LED数码管各段电平与显示字符的关系如表4-1所示，比如对于共阴极数码管，如果dp~a为00111111（十六进表示为3FH）时，数码管显示字符"0"；对于共阳极数码管，如果dp~a为11000000（十六进表示为C0H）时，数码管显示字符"0"。

表4-1 LED数码管各段电平与显示字符的关系

显示字符	共阴数码管各段电平值（共阳数码管各段电平正好相反）							字符码（十六进制）	
	dp	g	f	e	d	c	b	a	共阴	共阳
0	0	0	1	1	1	1	1	1	3FH	C0H
1	0	0	0	0	0	1	1	0	06H	F9H
2	0	1	0	1	1	0	1	1	5BH	A4H
3	0	1	0	0	1	1	1	1	4FH	B0H
4	0	1	1	0	0	1	1	0	66H	99H
5	0	1	1	0	1	1	0	1	6DH	92H
6	0	1	1	1	1	1	0	1	7DH	82H
7	0	0	0	0	0	1	1	1	07H	F8H
8	0	1	1	1	1	1	1	1	7FH	80H
9	0	1	1	0	1	1	1	1	6FH	90H
A	0	1	1	1	0	1	1	1	77H	88H
B	0	1	1	1	1	1	0	0	7CH	83H
C	0	0	1	1	1	0	0	1	39H	C6H
D	0	1	0	1	1	1	1	0	5EH	A1H
E	0	1	1	1	1	0	0	1	79H	86H
F	0	1	1	1	0	0	0	1	71H	8EH
.	1	0	0	0	0	0	0	0	80H	7FH
全灭	0	0	0	0	0	0	0	0	00H	FFH

2. 类型与引脚检测

检测 LED 数码管使用万用表的 R×10kΩ 挡。从图 4-26 的数码管内部发光二极管的连接方式可以看出：对于共阳极数码管，黑表笔接公共极、红表笔依次接其他各极时，会出现 8 次阻值小；对于共阴极多位数码管，红表笔接公共极、黑表笔依次接其他各极时，也会出现 8 次阻值小。

（1）类型与公共极的判别

在判别 LED 数码管类型及公共极（com）时，万用表拨至 R×10kΩ 挡，测量任意两引脚之间的正反向电阻，当出现阻值小时，如图 4-27 所示，说明黑表笔接的为发光二极管的正极，红表笔接的为负极，然后黑表笔不动，红表笔依次接其他各引脚，若出现阻值小的次数大于两次时，则黑表笔接的引脚为公共极，被测数码管为共阳极类型；若出现阻值小的次数仅有一次，则该次测量时红表笔接的引脚为公共极，被测数码管为共阴极。

（2）各段极的判别

在检测 LED 数码管各引脚对应的段时，万用表选择 R×10kΩ 挡。对于共阳极数码管，黑表笔接公共引脚，红表笔接其他某个引脚，这时会发现数码管某段会有微弱的亮光，如 a 段有亮光，表明红表笔接的引脚与 a 段发光二极管负极连接；对于共阴极数码管，红表笔接公共引脚，黑表笔接其他某个引脚，会发现数码管某段会有微弱的亮光，则黑表笔接的引脚与该段发光二极管正极连接。

如果使用数字万用表检测 LED 数码管，应选择二极管测量挡。在测量 LED 两个引脚时，若显示超出量程符号 "1" 或 "OL" 时，表明数码管内部发光二极管未导通，红表笔接的为 LED 数码管内部发光二极管的负极，黑表笔接的为正极，若显示 1500～3000（或 1.5～3.0）之间的数字，同时数码管的某段发光，表明数码管内部发光二极管已导通，数字值为发光二极管的导通电压（单位为 mV 或 V），红表笔接的为数码管内部发光二极管的正极，黑表笔接的为负极。

图 4-27 一位 LED 数码管的检测

4.2.2 单片机连接一位 LED 数码管的电路

单片机连接一位共阳极 LED 数码管的电路如图 4-28 所示。

图 4-28 单片机连接一位共阳极 LED 数码管的电路

4.2.3 单个数码管静态显示一个字符的程序及详解

如图 4-29 所示是单个数码管静态显示一个字符的程序，程序运行时，数码管会显示字符"2"，如果将程序中 P1=0xa4 换成其他字符码，如让 P1=0x83，数码管会显示字符"b"，其他字符的字符码参见表 4-1。

```
/*单个数码管静态显示一个字符的程序*/
#include<reg51.h>      //调用 reg51.h 文件对单片机各特殊功能寄存器进行地址定义

/*以下为主程序部分*/
void main (void)       //main 为主函数，main 前面的 void 表示函数无返回值(输出参数)，
                       //后面小括号内的 void(也可不写)表示函数无输入参数，一个程序
                       //只允许有一个主函数，其语句要在 main 首尾大括号内，不管程序
                       //多复杂，单片机都会从 main 函数开始执行程序
{                      //main 函数首大括号
  P1=0xa4;             //让 P1=A4H=10100100B，即让 P1 端口输出"2"的字符码
  while(1)             //while 为循环控制语句，当小括号内的条件非 0(即为真)时，反复执行
                       // while 首尾大括号内的语句
  {                    //while 语句首大括号
                       //可在 while 首尾大括号内写需要反复执行的语句，如果首尾大括号内
                       //无语句，可去掉首尾大括号，将分号放在 while(1)之后
  }                    //while 语句尾大括号
}                      //main 函数尾大括号
```

图 4-29 单个数码管静态显示一个字符的程序

4.2.4 单个数码管动态显示多个字符的程序及详解

如图 4-30 所示是单个数码管动态显示多个字符的程序。在程序中，先在单片机程序存

储存器（ROM）中定义一个无符号字符型表格 table，在该表格中按顺序存放 0～F 字符的字符码，在执行程序时，for 语句执行 16 次，依次将 table 表格中的 0～F 的字符码送给 P1 端口，P1 端口驱动外接共阳数码管，使之从 0 依次显示到 F，并且该显示过程循环进行。

```
/*单个数码管动态显示多个字符的程序*/
#include<reg51.h>                //调用reg51.h文件对单片机各特殊功能寄存器进行地址定义
void Delay(unsigned int t);       //声明一个Delay（延时）函数，其输入参数为无符号(unsigned)
                                 //整数型（int）变量t，t值为16位，取值范围 0~65535
unsigned char code table[]={0xc0,0xf9,0xa4,0xb0,  //定义一个无符号(unsigned)字符型(char)表格(table)，
                0x99,0x92,0x82,0xf8,   //code表示表格数据存在单片机的代码区(ROM中)，
                0x80,0x90, 0x88,0x83,  //表格按顺序存放 0~F的字符码，每个字符码8位，
                0xc6,0xa1,0x86,0x8e};  //0的字符码为为C0H，即11000000B

/*以下为主程序部分*/
void main (void)
{
 unsigned char i;         //定义一个无符号(unsigned)字符型(char)变量i，i的取值范围 0~255
 while (1)                //while为循环语句，当小括号内的值不是0时，反复执行首尾大括号内的语句
 {
  for(i=0;i<16;i++)       //for是循环语句，for语句首尾大括号内的内容会循环执行16次，每执行一次，
                          // i加1，这样可将table表格中的16个代码按顺序依次赋给P1端口
  {
   P1=table[i];           //将table表格中的第i个代码（8位）赋给P1
   Delay(60000);          //执行Delay延时函数延时，同时将60000赋给Delay的输入参数t
  }
 }
}
/*以下为延时函数*/
void Delay(unsigned int t)    //Delay为延时函数，unsigned int t表示输入参数为无符号整数型变量t
{
 while(--t);              // while为循环语句，每执行一次while语句，t值就减1，直到t值为0时
                          //才执行while尾大括号之后的语句
}
```

图 4-30　单个数码管动态显示多个字符的程序

4.2.5　单个数码管环形转圈显示的程序及详解

如图 4-31 所示是单个数码管环形转圈显示的程序，程序运行时会使数码管的 a～f 段依次逐段显示，并且循环进行。该程序与 LED 循环左移程序基本相同，先用 P1=0xfe 点亮数码管的 a 段，再用 P1=P1<<1 语句让 P1 数值左移一位，以点亮数码管的下一段，同时用 P1=P1|0x01 语句将左移后的 P1 端口的 8 位数值与 00000001 进行位或运算，目的是将左移后右端出现的 0 用 1 取代，以熄灭数码管的上一段，左移 6 次后又用 P1=0xfe 点亮数码管的 a 段，如此反复进行。

```
/*单个数码管环形转圈显示的程序*/
#include<reg51.h>                //调用reg51.h文件对单片机各特殊功能寄存器进行地址定义
void Delay(unsigned int t);       //声明一个Delay（延时）函数，其输入参数为无符号 (unsigned)
                                 //整数型（int）变量t，t值为16位，取值范围 0~65535
/*以下为主程序部分*/
void main (void)
{
 unsigned char i;         //定义一个无符号(unsigned)字符型(char)变量i，i的取值范围 0~255
 while (1)                //while为循环语句，当小括号内的值不是0时，反复执行首尾大括号内的语句
 {
  P1=0xfe;                //给P1端口赋初值，让P1=FEH=11111110B，即让数码管的a段亮
  for(i=0;i<6;i++)        //for是循环语句，for语句首尾大括号内的内容会循环执行6次
  {
   Delay(20000);          //执行Delay函数进行延时
   P1<<=1;                //将P1端口数值（8位）左移一位，"<<"表示左移，"1"为移动的位数，
   P1=P1|0x01;            //也可写作P1|=0x01，将P1端口数值（8位）与00000001进行或运算，
                          //即给P1端口最低位补1
  }
 }
}
/*以下为延时函数*/
void Delay(unsigned int t)    //Delay为延时函数，unsigned int t表示输入参数为无符号整数型变量t
{
 while(--t);              // while为循环语句，每执行一次while语句，t值就减1，直到t值为0时
                          //才执行while尾大括号之后的语句
}
```

图 4-31　单个数码管环形转圈显示的程序

4.2.6 单个数码管显示逻辑电平的程序及详解

如图 4-32 所示是单个数码管显示逻辑电平的程序。该程序检测 P3.3 端口的电平,并通过 P1 端口外接的数码管将电平直观显示出来,若 P3.3 端口为高电平,数码管显示"H",若 P3.3 端口为低电平,数码管显示"L"。

```
/*单个数码管显示逻辑电平的程序*/
#include<reg51.h>   //调用 reg51.h 文件对单片机各特殊功能寄存器进行地址定义
sbit TestIn=P3^3;   //用位定义关键字 sbit 将 P3.3 端口定义为 TestIn,
                    // TestIn 是自己任意定义且容易记忆的符号
/*以下为主程序部分*/
void main (void)
{
 while (1)          //while 为循环语句,当小括号内的值不是 0 时,反复执行首尾大括号内的语句
 {
  if(TestIn==1)     //如果 (if) TestIn 为高电平,即 P3.3 端口输入为高电平
   {
    P1=0x89;        //让 P1 端口输出"H"的字符码 89H (10001001)
   }
  else              //否则 (else)
   {
    P1=0xc7;        //让 P1 端口输出"L"的字符码 C7H (11000111)
   }
 }
}
```

图 4-32 单个数码管显示逻辑电平的程序

在图 4-32 所示程序中使用了选择语句 "if(表达式){语句组 1}else{语句组 2}",在执行该选择语句时,如果 (if) 表达式成立,执行语句组 1,否则 (else,即表达式不成立) 执行语句组 2。

4.3 单片机驱动 8 位 LED 数码管显示的电路及编程

4.3.1 多位 LED 数码管外形、结构与检测

1. 外形与类型

如图 4-33 所示是 4 位 LED 数码管,它有两排共 12 个引脚,其内部发光二极管有共阳极和共阴极两种连接方式,如图 4-34 所示,12、9、8、6 脚分别为各位数码管的公共极(又称位极),11、7、4、2、1、10、5、3 脚同时连接各位数码管的相应段,称为段极。

图 4-33 4 位 LED 数码管

(a) 共阳极

图 4-34 4 位 LED 数码管内部发光二极管的连接方式

图 4-34　4 位 LED 数码管内部发光二极管的连接方式（续）

2. 多位 LED 数码管显示多位字符的显示原理

多位 LED 数码管采用了扫描显示方式，又称动态驱动方式。为了让大家理解该显示原理，这里以在图 4-33 所示的 4 位 LED 数码管上显示"1278"为例来说明，假设其内部发光二极管为图 4-34（b）所示的共阴极连接方式。

先给数码管的 12 脚加一个低电平（9、8、6 脚为高电平），再给 7、4 脚加高电平（11、2、1、10、5 脚均为低电平），结果第一位的 b、c 段发光二极管点亮，第一位显示"1"，由于 9、8、6 脚均为高电平，故第二、三、四位中的所有发光二极管均无法导通而不显示；然后给 9 脚加一个低电平（12、8、6 脚为高电平），给 11、7、2、1、5 脚加高电平（4、10 脚为低电平），第二位的 a、b、d、e、g 段发光二极管点亮，第二位显示"2"，同样原理，在第三位和第四位分别显示数字"7"、"8"。

多位数码管的数字虽然是一位一位地显示出来的，但除了 LED 有余辉效应（断电后 LED 还能亮一定时间）外，人眼还具有视觉暂留特性（所谓视觉暂留特性是指当人眼看见一个物体后，如果物体消失，人眼还会觉得物体仍在原位置，这种感觉约保留 0.04s 的时间），当数码管显示到最后一位数字"8"时，人眼会感觉前面 3 位数字还在显示，故看起来好像是一下子显示"1278"4 位数。

3. 检测

检测多位 LED 数码管使用万用表的 R×10kΩ 挡。从如图 4-34 所示的多位数码管内部发光二极管的连接方式可以看出：对于共阳极多位数码管，黑表笔接某一位极、红表笔依次接其他各极时，会出现 8 次阻值小；对于共阴极多位数码管，红表笔接某一位极、黑表笔依次接其他各极时，也会出现 8 次阻值小。

（1）类型与某位的公共极的判别

在检测多位 LED 数码管类型时，万用表拨至 R×10kΩ 挡，测量任意两引脚之间的正、反向电阻，当出现阻值小时，说明黑表笔接的为发光二极管的正极，红表笔接的为负极，然后黑表笔不动，红表笔依次接其他各引脚，若出现阻值小的次数等于 8 次，则黑表笔接的引脚为某位的公共极，被测多位数码管为共阳极；若出现阻值小的次数等于数码管的位数（4 位数码管为 4 次）时，则黑表笔接的引脚为段极，被测多位数码管为共阴极，红表笔接的引脚为某位的公共极。

（2）各段极的判别

在检测多位 LED 数码管各引脚对应的段时，万用表选择 R×10kΩ 挡。对于共阳极数码管,黑表笔接某位的公共极,红表笔接其他引脚,若发现数码管某段有微弱的亮光,如 a 段有亮光,表明红表笔接的引脚与 a 段发光二极管负极连接;对于共阴极数码管,红表笔接某位的公共极,黑表笔接其他引脚,若发现数码管某段有微弱的亮光,则黑表笔接的引脚与该段发光二极管正极连接。

4.3.2 单片机连接 8 位共阴极数码管的电路

如图 4-35 所示是单片机连接 8 位共阴极数码管的电路,它将两个 4 位共阴极数码管的 8 个段极引脚外部并联而拼成一个 8 位共阴极数码管,该 8 位共阴极数码管有 8 个段极引脚和 8 个位极引脚。

图 4-35 单片机连接 8 位共阴极数码管的电路

单片机要采用 P0 端口 8 个引脚来驱动 16 个引脚的 8 位数码管显示字符，P0 端口既要输出位码，又要输出段码，这需要采用分时输出功能，电路中采用了两个 8 路锁存器芯片 74HC573，并配合单片机的 P2.2 引脚（段锁存）和 P2.3 引脚（位锁存）来实现分时输出驱动 8 位数码管。

如表 4-2 所示为 74HC573 的功能表，从表中可以看出，当 $\overline{OE}$（输出使能）端为低电平（L）、LE（锁存使能）端为高电平（H）时，Q 端随 D 端变化而变化；当 $\overline{OE}$ 为低电平、LE 端也为低电平时，Q 端输出不变化（输出状态被锁定）。在图 4-35 中，两个 74HC573 的 $\overline{OE}$ 端都接地固定为低电平（L），当 LE 端为高电平时，Q 端状态与 D 端保持一致（即 Q=D），一旦 LE 端为低电平时，Q 端输出状态马上被锁定，D 端变化时 Q 端保持不变。

表 4-2　8 路锁存芯片 74HC573 的功能表

输　入			输　出
OE（输出使能）	LE（锁存使能）	D	Q
L	H	H	H
L	H	L	L
L	L	X	不变
H	X	X	Z

H—高电平；L—低电平；X—无论何值；
Z—高阻抗（输出端与内部电路之间相当于断开）

4.3.3　8 位数码管显示一个字符的程序及详解

如图 4-36 所示是 8 位数码管显示一个字符的程序。该程序在运行时会使 8 位数码管的最低位显示字符"2"。

```
/*8位数码管显示1个字符的程序*/
#include<reg51.h>      //调用reg51.h文件对单片机各特殊功能寄存器进行地址定义
#define WDM P0          //用define（宏定义）命令将 WDM 代表 P0，程序中 WDM 与 P0 等同，
                       // define 与 include 一样，都是预处理命令，前面需加一个"#"
sbit DuanSuo=P2^2;     //用关键字 sbit 将 DuanSuo 代表 P2.2 端口
sbit WeiSuo=P2^3;      //用关键字 sbit 将 WeiSuo 代表 P2.3 端口
/*以下为主程序部分*/
main()
{
 while(1)
  {
    WDM=0xfe;      //让 P0 端口输出位码 FEH（11111110），选择数码管最低位显示
    WeiSuo=1;      //让 P2.3 端口输出高电平，开通位码锁存器，锁存器输入变化时输出随之变化
    WeiSuo=0;      //让 P2.3 端口输出低电平，位码锁存器被封锁，锁存器的输出值被锁定不变

    WDM=0x5b;      //让 P0 端口输出字符"2"的段码（共阴字符码）5BH（01011011）
    DuanSuo=1;     //让 P2.2 端口输出高电平，开通段码锁存器，锁存器输入变化时输出随之变化
    DuanSuo=0;     //让 P2.2 端口输出低电平，段码锁存器被封锁，锁存器的输出值被锁定不变
  }
}
```

图 4-36　8 位数码管显示 1 个字符的程序

程序在运行时，先让单片机从 P0.7～P0.0 引脚输出位码 11111110（FEH）送到 U2 的 8D～1D 端，然后从 P2.3 引脚输出高电平到 U2 的 LE 端，U2（锁存器 74HC573）开通，输出端状态随输入端变化而变化，接着 P2.3 引脚的高电平变成低电平，U2 的 LE 端也为低电平，U2 被封锁，8Q～1Q 端的值 11111110 被锁定不变（此时 D 端变化，Q 端不变），11111110

送到 8 位共阴极数码管的位极,最低位数码管位极为低电平,等待显示;单片机再从 P0.7～P0.0 引脚输出 "2" 的段码 01011011(5BH)送到 U1 的 8D～1D 端,然后从 P2.2 引脚输出高电平到 U1(锁存器 74HC573)的 LE 端,U1 开通,输出端状态随输入端变化而变化,接着 P2.2 引脚的高电平变成低电平,U1 的 LE 端也为低电平,U1 被封锁,8Q～1Q 端的值 01011011 被锁定不变,01011011 送到 8 位共阴极数码管的各个数码管的段极,由于只有最低位数码管的位极为低电平,故只有最低位数码管显示字符 "2"。

4.3.4 8 位数码管逐位显示 8 个字符的程序及详解

如图 4-37 所示是 8 位数码管逐位显示 8 个字符的程序。该程序在运行时会使 8 位数码管从最低位开始到最高位,逐位显示字符 "0"、"1"、"2"、"3"、"4"、"5"、"6"、"7",并且不断循环显示。

```
/*8位数码管逐位显示8个字符的程序*/
#include<reg51.h>          //调用reg51.h文件对单片机各特殊功能寄存器进行地址定义
#define WDM P0              //用define(宏定义)命令将WDM代表P0,程序中WDM与P0等同,
                            // define与include一样,都是预处理命令,前面需加一个"#"
sbit DuanSuo=P2^2;          //用关键字sbit将DuanSuo代表P2.2端口
sbit WeiSuo=P2^3;           //用关键字sbit将WeiSuo代表P2.3端口
void Delay(unsigned int t); //声明一个Delay(延时)函数,输入参数为无符号整型变量t
unsigned char code DMtable[]={0x3f,0x06,0x5b,0x4f,  //在ROM中定义一个无符号字符型表格DMtable
               0x66,0x6d,0x7d,0x07}; //表格中存放字符0~7的段码
unsigned char code WMtable[]={0xfe,0xfd,0xfb,0xf7,  //在ROM中定义一个无符号字符型表格WMtable
               0xef,0xdf,0xbf,0x7f}; //表格中存放与0~7字符段码一一对应的位码
/*以下为主程序部分*/
main()
{
 unsigned char i=0;         //定义一个无符号(unsigned)字符型(char)变量i,i的初值为0
 while(1)
   {
    WDM=WMtable [i];        //从WMtable表格中取出第i+1个位码,并从P0端口输出
    WeiSuo=1;               //让P2.3端口输出高电平,开通位码锁存器,锁存器输入变化时输出随之变化
    WeiSuo=0;               //让P2.3端口输出低电平,位码锁存器被封锁,锁存器的输出值被锁定不变

    WDM=DMtable [i];        //从DMtable表格中取出第i+1个段码,并从P0端口输出
    DuanSuo=1;              //让P2.2端口输出高电平,开通段码锁存器,锁存器输入变化时输出随之变化
    DuanSuo=0;              //让P2.2端口输出低电平,段码锁存器被封锁,锁存器的输出值被锁定不变
    Delay(60000);           //执行Delay延时函数延时,同时将60000赋给Delay的输入参数t
    i++;                    //将i值加1
    if(i==8)                //如果i值等于8,则执行首尾大括号内的语句,否则执行尾大括号之后的语句
      {
       i=0;                 //将0赋给i,这样显示最后1个字符返回时又能从表格中取出第1个字符的位、段码
      }
   }
}
/*以下为延时函数*/
void Delay(unsigned int t)  //Delay为延时函数,unsigned int t表示输入参数为无符号整型变量t
{
 while(--t);                // while为循环语句,每执行一次while语句,t值就减1,直到t值为0
}
```

图 4-37 8 位数码管逐位显示 8 个字符的程序

程序在运行时,单片机先从 WMtable 表格中选择第 1 个位码(i=0 时),并从 P0.7～P0.0 引脚输出位码去位码锁存器,位码从锁存器输出后到 8 位数码管的位引脚,选中第 1 位(该位引脚为高电平)使之处于待显状态,然后单片机从 P2.3 引脚输出位码锁存信号去位锁存器,锁定其输出端位码不变,接着单片机从 DMtable 表格中选择第 1 个段码(i=0 时),并从 P0.7～P0.0 引脚输出段码去段码锁存器,段码从锁存器输出后到 8 位数码管的段引脚,已被位码选中的数码管第 1 位则显示出与段码相对应的字符,然后单片机从 P2.2 引脚输出段码锁存信号去段锁存器,锁定其输出端段码不变,之后用 i++语句将 i 值加 1,程序再返回让单片机从 WMtable、DMtable 表格中选择第 2 个位码和第 2 个段码(i=1 时),在 8 位数码管的

第2位显示与段码对应的字符。当i增加到8时，8位数码管显示到最后一位，程序用i=0让i由8变为0，程序返回到前面后单片机又重新开始从WMtable、DMtable表格中选择第1个位码和段码，让8位数码管又从最低位开始显示，以后不断重复上述过程，结果可看到8位数码管从最低位到最高位逐位显示0～7，并且不断循环反复。

4.3.5　8位数码管同时显示8个字符的程序及详解

如图4-38所示是8位数码管同时显示8个字符的程序。程序运行时，8位数码管会同时显示字符"01234567"。该程序与图4-37程序基本相同，仅是将Delay延时函数的输入参数t的值由60000改成100，这样显示一个字符后隔很短时间就显示下一个字符，只要显示第一个字符到显示最后一个字符的时间不超过0.04s（人眼视觉暂留时间），人眼就会感觉这几个逐位显示的字符是同时显示出来的。人眼具有视觉暂留特性，当人眼看见一个物体时，如果该物体突然消失，人眼还会觉得该物体仍在，这种物体仍在的感觉可以维持0.04秒，超过该时间物体仍在的感觉会消失。8位数码管是利用人眼视觉暂留特性快速逐位显示多个字符，并且在人眼视觉暂留时间内显示印象还未消失时再次重新显示，这样人眼就会感觉这些逐位显示的字符是同时显示出来的。

```c
/*8位数码管同时显示8个字符的程序*/
#include<reg51.h>
#define WDM P0
sbit DuanSuo=P2^2;
sbit WeiSuo =P2^3;
void Delay(unsigned int t);
unsigned char code DMtable[]={0x3f,0x06,0x5b,0x4f,0x66,0x6d,0x7d,0x07};
unsigned char code WMtable[]={0xfe,0xfd,0xfb,0xf7, 0xef,0xdf,0xbf,0x7f};
/*以下为主程序部分*/
main()
{
 unsigned char i=0;
 while(1)
  {
   WDM=WMtable [i];
   WeiSuo=1;
   WeiSuo=0;

   WDM=DMtable [i];
   DuanSuo=1;
   DuanSuo=0;
   Delay(100);   //将Delay函数的输入参数t的值由60000改成100,可使每个字符显示的时间间隔
                 //大大缩短,这样多个字符实际是逐位显示的,但看起来多个字符像同时显示出来的
                 //如果t值不是很小,如t值为600,多个字符看起来也像同时显示,但字符会闪烁
   i++;
   if(i==8)
    {
      i=0;
    }
  }
}
/*以下为延时函数*/
void Delay(unsigned int t)
{
 while(--t);
}
```

图4-38　8位数码管同时显示8个字符的程序

4.3.6　8位数码管动态显示8个以上字符的程序及详解

如图4-39所示是8位数码管动态显示8个以上字符的程序。程序运行时，8位数码管会动态依次显示"01234567"、"12345678"、"23456789"、……、"89AbCdEF"、"01234567"、……，并且不断循环显示。

程序先定义了两个表格，一个表格按顺序存放 0~F 的段码，另一个表格按低位到高位的顺序存放 8 位数码管的各位位码。程序运行时，先显示第一屏字符"01234567"，第一次显示完后，i=8、j=8，第一个 if 语句执行让 i=0，第二、三个 if 语句都不会执行，因为 j 不等于 600，无法执行第二个 if 语句，又因为第三个 if 语句嵌在第二个 if 语句内，所以第三个 if 语句也不会执行，程序返回前面又执行显示"01234567"程序段，第二次显示完后，i=8、j=16，程序再返回前面执行显示"01234567"程序段，这种不断重复显示相同内容字符的过程称为刷新。当 i=8、j=600 时，第一、二个 if 语句都执行，第一个 if 语句让 i=0，第二个 if 语句让 j=0、num 加 1（由 0 变为 1），第三个 if 语句还不会执行（因为 num 不等于 9），程序返回前面，由于 num+i 变成了 1+i，故从段码表格取第 2 个字符"1"，该字符又与位码表格最低位段码对应，故数码管显示"12345678"程序段，再不断刷新，直到第二次 j=600，第二个 if 语句又执行，让 j=0、num 加 1 变成 2，程序又回到前面显示"23456789"，如此反复工作，当 num 加 1 变成 8 时，8 位数码管显示"89AbCdEF"，当 num 加 1 变成 9 时，第三个 if 语句执行，让 num=0，程序返回到前面又重新开始使数码管显示"01234567"（因为 num+i=i）。以上过程不断重复。

```c
/*8位数码动态显示8个以上字符的程序*/
#include<reg51.h>         //调用 reg51.h 文件对单片机各特殊功能寄存器进行地址定义
#define WDM P0             //用 define（宏定义）命令将 WDM 代表 P0，程序中 WDM 与 P0 等同，
                           // define 与 include 一样，都是预处理命令，前面需加一个"#"
sbit DuanSuo =P2^2;        //用关键字 sbit 将 DuanSuo 代表 P2.2 端口
sbit WeiSuo =P2^3;         //用关键字 sbit 将 WeiSuo 代表 P2.3 端口

unsigned char code DMtable[]={0x3f,0x06,0x5b,0x4f,   //在 ROM 中定义（使用了关键字 code）
                      0x66,0x6d,0x7d,0x07,            //一个无符号字符型表格 DMtable，
                      0x7f,0x6f,0x77,0x7c,            //表格中存放着字符 0~F 的段码
                      0x39,0x5e,0x79,0x71};
unsigned char code WMtable[]={0xfe,0xfd,0xfb,0xf7,   //在 ROM 中定义一个无符号字符型表格 WMtable，
                      0xef,0xdf,0xbf,0x7f};          //表格按低位到高位依次存放8位数码管各位的位码
void Delay(unsigned int t);   //声明一个 Delay（延时）函数
/*以下为主程序部分*/
main()
{                          //main 函数的首大括号
 unsigned char i=0,num;    //定义两个无符号字符型变量 i 和 num，i 赋初值 0，num 初值默认也为 0
 unsigned int j;           //定义一个无符号(unsigned)整数型(int)变量 j，j 初值默认也为 0,
                           //无符号整数型变量和无符号字符型变量取值范围分别为 0~65535 和 0~255
 while(1)
  {                        //whilef 语句的首大括号
   WDM= WMtable [i];       //从 WMtable 表格中取出第 i+1 个位码，并从 P0 端口输出
   WeiSuo=1;               //让 P2.3 端口输出高电平，开通位码锁存器，锁存器输入变化时输出会随之变化
   WeiSuo=0;               //让 P2.3 端口输出低电平，位码锁存器被封锁，锁存器的输出值被锁定不变
   WDM = DMtable [num+i];  //从 DMtable 表格中取出第 num+i+1 个字符的段码，并从 P0 端口输出
   DuanSuo=1;              //让 P2.2 端口输出高电平，开通段码锁存器，锁存器输入变化时输出会随之变化
   DuanSuo=0;              //让 P2.2 端口输出低电平，段码锁存器被封锁，锁存器的输出值被锁定不变
   Delay(100);             //执行 Delay 延时函数延时，同时将 100 赋给 Delay 的输入参数 t
   i++;j++;                // 将变量 i 和 j 的值都加 1
   if(i ==8)               //如果 i 值等于 8，执行第一个 if 首尾大括号内的语句，否则执行其尾大括号之后的语句
     {                     //第一个 if 语句的首大括号
      i=0;                 //将 0 赋给 i（让 i=0）
     }                     //第一个 if 语句的尾大括号
   if(j==600)              //如果 j 值等于 600，执行第二个 if 首尾大括号内的语句，否则执行其尾大括号之后的语句
     {                     //第二个 if 语句的首大括号
      j=0;                 //将 0 赋给 j（让 j=0）
      num++;               //将变量 num 的值加 1
      if(num==9)           //如果 num 值等于 9，执行第三个 if 首尾大括号内的语句，否则执行其尾大括号之后的语句
        {                  //第三个 if 语句的首大括号
         num=0;            //将 0 赋给 num（让 num=0）
        }                  //第三个 if 语句的尾大括号
     }                     //第二个 if 语句的尾大括号
  }                        //while 语句的尾大括号
}                          //main 函数的尾大括号
/*以下为延时函数*/
void Delay(unsigned int t)    //Delay 为延时函数，unsigned int t 表示输入参数为无符号整数型变量 t
{
 while(--t);               // while 为循环语句，每执行一次 while 语句，t 值就减 1，直到 t 值为 0 时
                           //才执行 while 尾大括号之后的语句
}
```

图 4-39 8 位数码管动态显示 8 个以上字符的程序

第 5 章

中断的使用及编程

5.1 中断的基本概念与处理过程

5.1.1 什么是中断

在生活中经常会遇到这样的情况：正在书房看书时，突然客厅的电话响了，人们往往会停止看书，转而去接电话，接完电话后又回书房接着看书。这种停止当前工作，转而去做其他工作，做完后又返回来做先前工作的现象称为中断。

单片机也有类似的中断现象，当单片机正在执行某程序时，如果突然出现意外情况，它就需要停止当前正在执行的程序，转而去执行处理意外情况的程序（又称中断子程序），执行处理完后又接着执行原来的程序。

5.1.2 中断的基本概念

1. 中断源

要让单片机的 CPU 中断当前正在执行的程序转而去执行中断子程序，需要向 CPU 发出中断请求信号。让 CPU 产生中断的信号源称为中断源（又称中断请求源）。

8051 单片机有 5 个中断源，分别是两个外部中断源、两个定时器/计数器中断源和一个串行通信口中断源。如果这些中断源向 CPU 发出中断请求信号，CPU 就会产生中断，停止执行当前的程序，转而去执行相应的中断子程序（又称中断服务程序），执行完后又返回来执行原来的程序。

2. 中断的优先级别

单片机的 CPU 在工作时，如果一个中断源向它发出中断请求信号，它就会产生中断，如果同时有两个或两个以上的中断源同时发出中断请求信号，CPU 会怎么办呢？CPU 会先响应优先级别高的中断源的请求，然后再响应优先级别低的中断源的请求。8051 单片机 5 个中断源的优先级别顺序如表 5-1 所示。

表 5-1 5 个中断源的优先级别顺序及中断入口地址

中断源编号	中 断 源	自然优先级别	中断入口地址（矢量地址）
0	$\overline{INT0}$（外部中断 0）	高	0003H
1	T0（定时器中断 0）		000BH
2	$\overline{INT1}$（外部中断 1）	↓	0013H
3	T1（定时器中断 1）		001BH
4	RI 或 TI（串行通信口中断）	低	0023H

5.1.3 中断的处理过程

在前面的例子中，当正在看书时，电话铃响了，这里的电话就是中断源，它发出的铃声就是中断请求信号。在处理这个中断时，可采取这样的做法：记住书中刚看完的页码（记住某行可能比较困难），然后再去客厅接电话，接完电话后，返回到书房阅读已看完页码的下一页内容。

单片机处理中断的过程与上述情况类似，具体过程如下：

① 响应中断请求。当 CPU 正在执行主程序时，如果接收到中断源发出的中断请求信号，就会响应中断请求，停止主程序，准备执行相应的中断子程序。

② 保护断点。为了在执行完中断子程序后能返回主程序，在准备执行中断子程序前，CPU 会将主程序中已执行的最后一条指令的下一条指令的地址（又称断点地址）保存到 RAM 的堆栈中。

③ 寻找中断入口地址。保护好断点后，CPU 开始寻找中断入口地址（又称矢量地址），中断入口地址存放着相应的中断子程序，不同的中断源对应着不同的中断入口地址。8051 单片机 5 个中断源对应的中断入口地址参见表 5-1。

④ 执行中断子程序。CPU 寻找到中断入口地址后，就开始执行中断入口地址处的中断子程序。由于几个中断入口地址之间只有 8 个单元空间（见表 5-1，如 0003H～000BH 相隔 8 个单元），较小的中断子程序（程序只有一两条指令）可以写在这里，较大的中断子程序无法写入，通常的做法是将中断子程序写在其他位置，而在中断入口地址单元只写一条跳转指令，执行该指令时马上跳转到写在其他位置的中断子程序。

⑤ 中断返回。执行完中断子程序后，就会返回到主程序，返回的方法是从 RAM 的堆栈中取出之前保存的断点地址，然后执行该地址处的主程序，从而返回到主程序。

5.2 8051 单片机的中断系统结构与控制寄存器

5.2.1 中断系统的结构

8051 单片机中断系统的结构如图 5-1 所示。

图 5-1 8051 单片机中断系统的结构

1. 中断系统的组成

8051 单片机中断系统的主要组成部分如下：

① 5 个中断源。其分别为外部中断源 $\overline{INT0}$、外部中断源 $\overline{INT1}$、定时器/计数器中断源 T0、定时器/计数器中断源 T1 和串行通信口中断源（TX 和 RX）。

② 中断源寄存器。其分别为定时器/计数器控制寄存器 TCON 和串行通信口控制寄存器 SCON。

③ 中断允许寄存器 IE。

④ 中断优先级控制寄存器 IP。

2. 中断系统的工作原理

单片机的中断系统默认是关闭的，如果要使用某个中断，需要通过编程的方法设置有关控制寄存器某些位的值将该中断打开，并为该中断编写相应的中断子程序。

以外部中断 $\overline{INT0}$ 为例，如果需要使用该中断，应进行以下设置：

① 将定时器/计数器控制寄存器 TCON 的 IT0 位设为 0（IT0=0），中断请求信号输入方式被设为低电平输入有效。

② 将中断允许寄存器 IE 的 EA 位设为 1（EA=1），允许所有的中断（总中断允许）。

③ 将中断允许寄存器 IE 的 EX0 位设为 1（EX0=1），允许外部中断 0（$\overline{INT0}$）的中断。

工作过程：当单片机的 $\overline{INT0}$ 端（P3.2 引脚）输入一个低电平信号时，由于寄存器 TCON 的 IT0=0，输入开关选择位置 0，低电平信号被认为是 INT0 的中断请求信号，该信号将 TCON 的外部中断 0 的标志位 IE0 置 1（IE0=1），IE0 位的"1"先经过 INT0 允许开关（IE 的 EX0 =1 使 INT0 开关闭合），然后经过中断总开关（IE 的 EA=1 使中断总开关闭合），再经过优先级开关（只使用一个中断时无须设置，寄存器 IP 的 PX0 位默认为 0，开关选择位置 0）进入硬件查询，选中外部中断 0 的入口地址（0003H）并将其送给 CPU 的程序计数器 PC，CPU 开始执行该处的中断子程序。

5.2.2 中断源寄存器

中断源寄存器包括定时器/计数器控制寄存器 TCON 和串行通信口控制寄存器 SCON。

1. 定时器/计数器控制寄存器 TCON

TCON 寄存器的功能主要是接收外部中断源（$\overline{INT0}$、$\overline{INT1}$）和定时器/计数器（T0、T1）送来的中断请求信号。TCON 的字节地址是 88H，它有 8 位，每位均可直接访问（即可位寻址）。TCOM 的字节地址、各位的位地址和名称如图 5-2 所示。

位地址 →	8FH	8EH	8DH	8CH	8BH	8AH	89H	88H
TCON	TF1	TR1	TF0	TR0	IE1	IT1	IE0	IT0
字节地址 → 88H	T1溢出中断请求标志位	T1启停控制位	T0溢出中断请求标志位	T0启停控制位	INT1中断请求标志位	INT1触发方式设定位	INT0中断请求标志位	INT0触发方式设定位

图 5-2 定时器/计数器控制寄存器 TCON 的字节地址、各位的位地址和名称

TCON 寄存器各位的功能说明如下。

① IE0 位和 IE1 位：分别为外部中断 0（$\overline{INT0}$）和外部中断 1（$\overline{INT1}$）的中断请求标志位。当外部有中断请求信号输入单片机的 $\overline{INT0}$ 引脚（即 P3.2 引脚）或 $\overline{INT1}$ 引脚（即 P3.3 引脚）时，TCON 的 IE0 和 IE1 位会被置"1"。

② IT0 位和 IT1 位：分别为外部中断 0 和外部中断 1 的输入方式控制位。当 IT0=0 时，外部中断 0 端输入低电平有效（即 $\overline{INT0}$ 端输入低电平时才表示输入了中断请求信号）；当 IT0=1 时，外部中断 0 端输入下降沿有效。当 IT1=0 时，外部中断 1 端输入低电平有效 1；当 IT1=1 时，外部中断 1 端输入下降沿有效。

③ TF0 位和 TF1 位：分别是定时器/计数器 0 和定时器/计数器 1 的中断请求标志。当定时器/计数器工作产生溢出时，会将 TF0 或 TF1 位置"1"，表示定时器/计数器有中断请求。

④ TR0 和 TR1：分别是定时器/计数器 0 和定时器/计数器 1 的启动/停止位。在编写程序时，若将 TR0 或 TR1 设为"1"，那么相应的定时器/计数器开始工作；若设置为"0"，定时器/计数器则会停止工作。

注意：如果将 IT0 位设为"1"，则把 IE0 设为下降沿置"1"，中断子程序执行完后，IE0 位自动变为"0"（硬件置"0"）；如果将 IT0 位设为"0"，则把 IE0 设为低电平置"1"，中断子程序执行完后，IE0 位仍是"1"，所以在退出中断子程序前，要将 INT0 端的低电平信号撤掉，再用指令将 IE0 置"0"（软件置"0"），若退出中断子程序后，IE0 位仍为"1"，将会产生错误的再次中断。IT1、IE1 位的情况与 IT0、IE0 位一样。在单片机复位时，TCON 寄存器的各位均为"0"。

2. 串行通信口控制寄存器 SCON

SCON 寄存器的功能主要是接收串行通信口送到的中断请求信号。SCON 的字节地址是 98H，它有 8 位，每位均可直接访问（即可位寻址），SCOM 的字节地址、各位的位地址和名称如图 5-3 所示。

位地址→	9FH	9EH	9DH	9CH	9BH	9AH	99H	98H
SCON	SM0	SM1	SM2	REN	TB8	RB8	TI	RI

字节地址→98H

图 5-3　TCOM 的字节地址、各位的位地址和名称

SCON 寄存器的 TI 位和 RI 位与中断有关，其他位用作串行通信控制，将在后面说明。

① TI 位：串行通信口发送中断标志位。在串行通信时，每发送完一帧数据，串行通信口会将 TI 位置"1"，表明数据已发送完成，向 CPU 发送中断请求信号。

② RI 位：串行通信口接收中断标志位。在串行通信时，每接收完一帧数据，串行通信口会将 RI 位置"1"，表明数据已接收完成，向 CPU 发送中断请求信号。

注意：单片机执行中断子程序后，TI 位和 RI 位不能自动变为"0"，需要在退出中断子程序时，用软件指令将它们清 0。

5.2.3　中断允许寄存器 IE

IE 寄存器的功能用来控制各个中断请求信号能否通过。IE 的字节地址是 A8H，它有

8 位，每位均可直接访问（即可位寻址），IE 的字节地址、各位的位地址和名称如图 5-4 所示。

位地址→	AFH	AEH	ADH	ACH	ABH	AAH	A9H	A8H
IE	EA	—	—	PS	ET1	EX1	ET0	EX0
字节地址→A8H	总中断允许位			串行通信口中断允许位	T1中断允许位	INT1中断允许位	T0中断允许位	INT0中断允许位

图 5-4 IE 的字节地址、各位的位地址和名称

IE 寄存器各位（有两位不可用）的功能说明如下。

① EA 位：总中断允许位。当 EA=1 时，总中断开关闭合；当 EA=0 时，总中断开关断开，所有的中断请求信号都不能接收。

② ES 位：串行通信口中断允许位。当 ES=1 时，允许串行通信口的中断请求信号通过；当 ES=0 时，禁止串行通信口的中断请求信号通过。

③ ET1 位：定时器/计数器 1 中断允许位。当 ET1=1 时，允许定时器/计数器 1 的中断请求信号通过；当 ET1=0 时，禁止定时器/计数器 1 的中断请求信号通过。

④ EX1 位：外部中断 1 允许位。当 EX1=1 时，允许外部中断 1 的中断请求信号通过；当 EX1=0 时，禁止外部中断 1 的中断请求信号通过。

⑤ ET0 位：定时器/计数器 0 中断允许位。当 ET0=1 时，允许定时器/计数器 0 的中断请求信号通过；当 ET0=0 时，禁止定时器/计数器 0 的中断请求信号通过。

⑥ EX0 位：外部中断 0 允许位。当 EX0=1 时，允许外部中断 0 的中断请求信号通过；当 EX0=0 时，禁止外部中断 0 的中断请求信号通过。

5.2.4 中断优先级控制寄存器 IP

IP 寄存器的功能是设置每个中断的优先级。其字节地址是 B8H，它有 8 位，每位均可进行位寻址，IP 的字节地址、各位的位地址和名称如图 5-5 所示。

位地址→	BFH	BEH	BDH	BCH	BBH	BAH	B9H	B8H
IP	—	—	—	PS	PT1	PX1	PT0	PX0
字节地址→A8H				串行通信口优先设定位	T1中断优先设定位	INT1中断优先设定位	T0中断优先设定位	INT0中断优先设定位

图 5-5 IP 的字节地址、各位的位地址和名称

IP 寄存器各位（有 3 位不可用）的功能说明如下。

① PS 位：串行通信口优先级设定位。当 PS=1 时，串行通信口为高优先级；当 PS=0 时，串行通信口为低优先级。

② PT1 位：定时器/计数器 1 优先级设定位。当 PT1=1 时，定时器/计数器 1 为高优先级；

当 PT1=0 时，定时器/计数器 1 为低优先级。

③ PX1 位：外部中断 1 优先级设定位。当 PX1=1 时，外部中断 1 为高优先级；当 PX1=0 时，外部中断 1 为低优先级。

④ PT0 位：定时器/计数器 0 优先级设定位。当 PT0=1 时，定时器/计数器 0 为高优先级；当 PT0=0 时，定时器/计数器 0 为低优先级。

⑤ PX0 位：外部中断 0 优先级设定位。当 PX0=1 时，外部中断 0 为高优先级；当 PX0=0 时，外部中断 0 为低优先级。

通过设置 IP 寄存器相应位的值，可以改变 5 个中断源的优先顺序。若优先级一高一低的两个中断源同时发出请求，CPU 会先响应优先级高的中断请求，再响应优先级低的中断请求；若 5 个中断源有多个高优先级或多个低优先级中断源同时发出请求，CPU 会先按自然优先级顺序依次响应高优先级中断源，再按自然优先级顺序依次响应低优先级中断源。

5.3 中断的应用编程举例

5.3.1 中断使用的电路例图

本节以如图 5-6 所示的电路来说明单片机中断的使用，当按键 S3 或 S4 按下时，给单片机的 INT0（P3.2）端或 INT1（P3.3）端输入外部中断请求信号。

图 5-6 中断使用的电路例图

5.3.2 外部中断 0 以低电平方式触发中断的程序

如图 5-7 所示是外部中断 0 以低电平方式触发中断的程序。程序在运行时,在未按下 P3.2 引脚外接的 S3 按键时,P1.0、P1.1 和 P1.4、P1.5 引脚外接 LED 会亮,按下 S3 再松开,这些引脚外接 LED 熄灭,P1.2、P1.3、P1.6、P1.7 引脚外接 LED 则变亮,如果 S3 一直按下不放,P1.0~P1.7 引脚所有外接 LED 均变亮。

```
/*外部中断 0 的低电平触发方式的使用举例*/
#include<reg51.h>      //调用 reg51.h 文件对单片机各特殊功能寄存器进行地址定义
/*以下为主程序部分*/
main()
{
 P1=0x33;           //让 P1 端口输出 00110011,外接 LED 四亮四灭
 IP=0x01;           //让 IP 寄存器的 PX0 位为 1,将 INT0 设为高优先级中断,仅使用一个中断时,
                    //本条语句可不写
 EA=1;              //让 IE 寄存器的 EA 位为 1,开启总中断
 EX0=1;             //让 IE 寄存器的 EX0 位为 1,开启 INT0 中断
 IT0=0;             //让 TCON 寄存器 IT0 位为 1,设 INT0 中断请求为低电平有效
 while(1)           //while 为循环控制语句,当小括号内的条件非 0(即为真)时,反复
                    //执行 while 大括号内的语句
 {
                    //在此处可添加其他程序或为空
 }
}
/*以下为中断函数(中断子程序),用"(返回值) 函数名 (输入参数) interrupt n using m"
格式定义一个函数名为 INT0_L 的中断函数,n 为中断源编号,n=0~4, m 为用作保护
中断断点的寄存器组,可使用 4 组寄存器(0~3),每组有 7 个寄存器(R0~R7),m=0~3,
若只有一个中断,可不写"using m",使用多个中断时,不同中断应使用不同 m*/
void INT0_L(void) interrupt 0 using 1  //INT0_L 为中断函数(用 interrupt 定义),其返回值
                                       //和输入参数均为 void(空),并且为中断源 0 的中断
                                       //函数(编号 n=0),断点保护使用第 1 组寄存器(using 1)
{
 P1=~P1;           //将 P1 端口值各位取反,~表示位取反
                    //此处可写语句 EA=0 关闭中断,让中断只仅行一次
}
```

图 5-7 外部中断 0 以低电平方式触发中断的程序

在程序中,先初始化 P1 端口,然后将 IP 寄存器、IE 寄存器和 TCON 寄存器有关位的值设为 1,让 INT0 为高优先级,打开总中断和 INT0 中断,并将 INT0 中断输入方式设为低电平有效,再用 while(1)语句进入中断等待。一旦 P3.2 引脚外接的 S3 按键按下,P3.2 引脚(即 INT0 端)输入低电平,触发单片机的 INT0 中断,马上执行中断函数(也可称中断子程序),中断函数中只有一条语句 P1=~P1,将 P1 端口各位值变反(P1=0xcc),中断函数执行后,又返回 while (1)语句等待。如果 S3 按键未松开,仍处于按下状态,中断函数又一次执行,P1 端口各位值又变反,由于中断函数两次执行时间间隔短,P1 端口值变化快,其外接 LED 亮灭变化快,由于人眼视觉暂留特性,会觉得所有的 LED 都亮。如果按下 S3 按键后马上松开,中断函数只执行一次,就可以看到 P1 端口不同引脚的 LED 亮灭变化,也可以在中断函数内部最后加一条 EA =0 来关闭总中断,这样中断函数只能执行一次,即使再按压 S3 键也不会引起中断。

用"(返回值)函数名(输入参数)interrupt n using m"语法可定义一个中断函数,interrupt 为定义中断函数的关键字,n 为中断源编号(见表 5-1),n=0~4,m 为用作保护中断断点的寄存器组,可使用 4 组寄存器(0~3),每组有 7 个寄存器(R0~R7),m=0~3,若程序中只使用一个中断,可不写"using m",使用多个中断时,不同中断应使用不同 m。

5.3.3 外部中断 1 以下降沿方式触发中断的程序

如图 5-8 所示是外部中断 1 以下降沿方式触发中断的程序。程序在运行时,在未按下 P3.3

引脚外接的 S4 按键时，P1.0、P1.1 和 P1.4、P1.5 引脚外接 LED 会亮，按下 S4 再松开，这些引脚外接 LED 熄灭，P1.2、P1.3、P1.6、P1.7 引脚外接 LED 则变亮，如果 S4 一直按下不放，P1.0~P1.7 引脚外接 LED 保持 4 亮 4 灭不变。

```c
/*外部中断1的下降沿触发方式的使用举例*/
#include<reg51.h>         //调用 reg51.h 文件对单片机各特殊功能寄存器进行地址定义
void DelayUs(unsigned char tu);  //声明一个 DelayUs（微秒级延时）函数,输入参数为 unsigned
                          //(无符号)char(字符型)变量 tu,tu 为 8 位,取值范围 0~255
void DelayMs(unsigned char tm);  //声明一个 DelayMs（毫秒级延时）函数

/*以下为主程序部分*/
main()
{
 P1=0x33;         //让 P1 端口输出 00110011,外接 LED 两亮两灭
 IP=0x04;         //让 IP 寄存器的 PX1 位为 1,将 INT1 设为高优先级中断,只使用一个中断时,
                  //可不设置 IP 寄存器
 EA=1;            //让 IE 寄存器的 EA 位为 1,开启总中断
 EX1=1;           //让 IE 寄存器的 EX1 位为 1,开启 INT1 中断
 IT1=1;           //让 TCON 寄存器 IT1 位为 1,设 INT1 中断请求为下降沿有效
 while(1)         //while 为循环控制语句,当小括号内的条件非 0（即为真）时,反复
                  //执行 while 大括号内的语句
  {
                  //在此处可添加其他程序或为空
  }
}
/*以下为中断函数（中断子程序）,用"(返回值) 函数名 (输入参数) interrupt n using m"
格式定义一个函数名为 INT1_HL 的中断函数,n 为中断源编号,n=0~4,m 为用作保护
中断断点的寄存器组,可使用 4 组寄存器（0~3）,每组有 7 个寄存器(R0~R7),m=0~3,
若只使用一个中断,可不写"using m",使用多个中断时,不同中断应使用不同 m*/
void INT1_HL(void) interrupt 2 using 1  // INT1_HL 为中断函数(用 interrupt 定义),其返回值
                                        //和输入参数均为 void(空),并且为中断源 1 的中断
                                        //函数(编号 n=2),断点保护使用第 1 组寄存器(using 1)
{
 if(!INT1)         // !INT1 可写成 INT1!=1,if(如果) INT1 端口反位为 1,表示 S4 键按下,
                   //则执行 if 大括号内的语句,若 S4 键未按下,执行 if 尾大括号之后的语句
  {
   DelayMs(10);    //执行 DelayMs 延时函数进行按键防抖,输入参数为 10 时可延时约 10ms
   while(!INT1);   //若未松开 S4 键,!INT1 为 1,反复执行 while 语句,一旦按键释放,往下执行
   P1=~P1;         //将 P1 端口各位值取反
  }
}

/*以下 DelayUs 为微秒级延时函数,其输入参数为 unsigned char tu（无符号字符型变量 tu）,
tu 值为 8 位,取值范围 0~255,如果单片机的晶振频率为 12M,本函数延时时间可用
T=(tu×2+5)us 近似计算,比如 tu=248,T=501 us≈0.5ms */
void DelayUs (unsigned char tu)    //DelayUs 为微秒级延时函数,其输入参数为无符号字符型变量 tu
{
 while(--tu);                      //while 为循环语句,每执行一次 while 语句,tu 值就减 1,
                                   //直到 tu 值为 0 时才执行 while 尾大括号之后的语句
}

/*以下 DelayMs 为毫秒级延时函数,其输入参数为 unsigned char tm（无符号字符型变量 tm）,
该函数内部使用了两个 DelayUs (248)函数,它们共延时 1002us（约 1ms）,
由于 tm 值最大为 255,故本 DelayMs 函数最大延时时间为 255ms,若将输入参数
定义为 unsigned int tm,则最长可获得 65535ms 的延时时间*/
void DelayMs(unsigned char tm)
{
 while(tm--)
  {
   DelayUs (248);
   DelayUs (248);
  }
}
```

图 5-8 外部中断 1 以下降沿方式触发中断的程序

在程序中，与使用外部中断 0 一样，先初始化 P1 端口，然后将 IP 寄存器、IE 寄存器和 TCON 寄存器有关位的值设为"1"，让 INT1 为高优先级，打开总中断和 INT1 中断，并将 INT1 中断输入方式设为下降沿有效，再用 while（1）语句进入中断等待。一旦 P3.3 引脚外接的 S4 按键按下，P3.3 引脚（即 INT1 端）输入下降沿，触发单片机的 INT1 中断，马上执行中断函数（也可称中断子程序）。由于按键按下时的抖动可能会出现多个下降沿，可能会

使中断函数多次执行,故在中断函数中采用了按键防抖程序,当 S4 按键按下产生第一个下降沿后,马上触发中断执行中断函数,在中断函数中检测到 INT1 端为低电平后,执行延时函数延时 10ms,避开按键抖动时间,再检测 INT1 端状态,一旦 INT1 端变为高电平(S4 键松开),马上执行 P1 端口值取反语句(P1=~P1)。

由于本例中采用按键输入模拟中断请求输入,而按键操作时易产生抖动信号,使输入的中断请求信号比较复杂,故在程序中加入了按键防抖语句,有关按键抖动与防抖内容在后面有专门的章节介绍。

第 6 章

定时器/计数器的使用及编程

6.1 定时器/计数器的定时与计数功能

8051 单片机内部有 T0 和 T1 两个定时器/计数器。它们既可以用作定时器,也可以用作计数器,可以通过编程来设置其使用方法。

6.1.1 定时功能

1. 定时功能的用法

当定时器/计数器用作定时器时,可以用来计算时间。如果要求单片机在一定的时间后产生某种控制,可将定时器/计数器设为定时器。单片机定时器/计数器的定时功能用法如图 6-1 所示。

图 6-1 定时器/计数器的定时功能用法

要将定时器/计数器 T0 设为定时器,实际上就是将定时器/计数器与外部输入断开,而与内部信号接通,对内部信号计数来定时。单片机的时钟振荡器可以产生 12MHz 的时钟脉冲信号,经 12 分频后得到 1MHz 的脉冲信号,1MHz 信号每个脉冲的持续时间为 1μs,如果定时器 T0 对 1MHz 的信号进行计数,若从 0 计到 65536,将需要 65536μs,也即 65.536ms。65.536ms 后定时器计数达到最大值,会溢出而输出一个中断请求信号去中断系统,中断系统接收中断请求后,执行中断子程序,子程序的运行结果将 P1.0 端口置 "0",该端口外接的发光二极管点亮。

2. 任意定时的方法

在图 6-1 中,定时器只有在 65.536ms 后计数达到最大值时才会溢出,如果想要不到 65.536ms 定时器就产生溢出,如 1ms 后产生溢出,可以对定时器预先进行置数。将定时器初始值设为 64536，这样定时器就会从 64536 开始计数，当计到 65536 时，定时器定时时间就为 1ms 而产生一个溢出信号。

6.1.2 计数功能

1．计数功能的用法

当定时器/计数器用作计数器时，可以用来计数。如果要求单片机计数达到一定值时产生某种控制，可将定时器/计数器设为计数器。单片机定时器/计数器的计数功能用法如图 6-2 所示。

图 6-2　定时器/计数器的计数功能用法

用编程的方法将定时器/计数器 T0 设为一个 16 位计数器，它的最大计数值为 $2^{16}=65536$。T0 端（即 P3.4 引脚）用来输入脉冲信号。当脉冲信号输入时，计数器对脉冲进行计数，当计到最大值 65536 时，计数器溢出，会输出一个中断请求信号到中断系统，中断系统接收中断请求后，执行中断子程序，子程序的运行结果将 P1.0 端口置"0"，该端口外接的发光二极管点亮。

2．任意计数的方法

在图 6-2 中，只有在 T0 端输入 65536 个脉冲时，计数器计数达到最大值才会溢出，如果希望输入 100 个脉冲时计数器就能溢出，可以在计数前对计数器预先进行置数，将计数器初始值设为 65436，这样计数器就会从 65436 开始计数，当输入 100 个脉冲时，计数器的计数值就达到 65536 而产生一个溢出信号。

6.2　定时器/计数器的结构原理

6.2.1　定时器/计数器的结构

8051 单片机内部定时器/计数器的结构如图 6-3 所示。单片机内部与定时器/计数器有关的部件主要有以下几种：

① 两个定时器/计数器（T0 和 T1）。每个定时器/计数器都是由两个 8 位计数器构成的 16 位计数器。

② TCON 寄存器。TCON 为控制寄存器，用来控制两个定时器/计数器的启动/停止。

③ TMOD 寄存器。TMOD 为工作方式控制寄存器，用来设置定时器/计数器的工作方式。

两个定时器/计数器在内部还通过总线与 CPU 连接，CPU 可以通过总线对它们进行控制。

图 6-3　8051 单片机内部定时器/计数器的结构

6.2.2 定时器/计数器的工作原理

由于定时器/计数器是在寄存器 TCON 和 TMOD 的控制下工作的，要让定时器/计数器工作，必须先设置寄存器 TCON 和 TMOD（可编写程序来设置）。单片机内部有两个定时器/计数器，它们的工作原理是一样的，这里以定时器/计数器 T0 为例进行说明。

1. 定时器/计数器 T0 用作计数器

要将定时器/计数器 T0 当作计数器使用，须设置寄存器 TCON 和 TMOD，让它们对定时器/计数器 T0 进行相应的控制，然后定时器/计数器 T0 才开始以计数器的形式工作。

（1）寄存器 TCON 和 TMOD 的设置

将 T0 用作计数器时 TCON、TMOD 寄存器的设置内容主要如下：

① 将寄存器 TMOD 的 C/$\overline{T}$ 位置"1"，如图 6-3 所示，该位发出控制信号让开关 S0 置"1"，定时器/计数器 T0 与外部输入端 T0（P3.4）接通。

② 设置寄存器 TMOD 的 M0、M1 位，让它控制定时器/计数器 T0 的工作方式，如让 M0=1、M1=0，可以将定时器/计数器 T0 设为 16 位计数器。

③ 将寄存器 TCON 的 TR0 位置"1"，启动定时器/计数器 T0 开始工作。

（2）定时器/计数器 T0 的工作过程

定时器/计数器 T0 用作计数器的工作过程如下：

① 计数。定时器/计数器 T0 启动后，开始对外部 T0 端（P3.4）输入的脉冲进行计数。

② 计数溢出，发出中断请求信号。当定时器/计数器 T0 计数达到最大值 65536 时，会溢出产生一个信号，该信号将寄存器 TCON 的 TF0 位置"1"，寄存器 TCON 立刻向 CPU 发出中断请求信号，CPU 便执行中断子程序。

2. 定时器/计数器 T0 用作定时器

要将定时器/计数器 T0 当作定时器使用，同样也要设置寄存器 TCON 和 TMOD，然后定时器/计数器 T0 才开始以定时器形式工作。

(1) 寄存器 TCON 和 TMOD 的设置

将 T0 用作定时器时 TCON、TMOD 寄存器的设置内容主要如下：

① 将寄存器 TMOD 的 C/$\overline{\text{T}}$ 位置 "0"，如图 6-3 所示，该位发出控制信号让开关 S0 置 "2"，定时器/计数器 T0 与内部振荡器接通。

② 设置寄存器 TMOD 的 M0、M1 位，让它控制定时器/计数器 T0 的工作方式，如让 M0=0、M1=0，可以将定时器/计数器 T0 设为 13 位计数器。

③ 将寄存器 TCON 的 TR0 位置 "1"，启动定时器/计数器 T0 开始工作。

(2) 定时器/计数器 T0 的工作过程

定时器/计数器 T0 用作定时器的工作过程如下：

① 计数。定时器/计数器 T0 启动后，开始对内部振荡器产生的信号（要经 12 分频）输入的脉冲进行计数。

② 计数溢出，发出中断请求信号。定时器/计数器 T0 对内部脉冲进行计数，由 0 计到最大值 8192（2^{13}）时需要 8.192ms 的时间，8.192ms 后定时器/计数器 T0 会溢出而产生一个信号，该信号将 TCON 寄存器的 TF0 位置 "1"，TCON 寄存器马上向 CPU 发出中断请求信号，CPU 便执行中断子程序。

6.3 定时器/计数器的控制寄存器与 4 种工作方式

定时器/计数器是在 TCON 寄存器和 TMOD 寄存器的控制下工作的，设置这两个寄存器相应位的值，可以对定时器/计数器进行各种控制。

6.3.1 定时器/计数器控制寄存器 TCON

TCON 寄存器的功能主要是接收外部中断源（INT0、INT1）和定时器/计数器（T0、T1）送来的中断请求信号，并对定时器/计数器进行启动/停止控制。TCON 的字节地址是 88H，它有 8 位，每位均可直接访问（即可位寻址）。TCON 的字节地址、各位的位地址和名称功能如图 6-4 所示。

	最高位							最低位
位地址 →	8FH	8EH	8DH	8CH	8BH	8AH	89H	88H
TCON	TF1	TR1	TF0	TR0	IE1	IT1	IE0	IT0
字节地址 → 88H	T1溢出中断请求标志位	T1启停控制位	T0溢出中断请求标志位	T0启停控制位				

图 6-4　TCON 寄存器的字节地址、各位的位地址和名称功能

TCON 寄存器的各位功能在前面已经介绍过，这里仅对与定时器/计数器有关的位进行说明。

① TF0 位和 TF1 位：分别为定时器/计数器 0 和定时器/计数器 1 的中断请求标志。当定时器/计数器工作产生溢出时，会将 TF0 或 TF1 位置 "1"，表示定时器/计数器 T0 或 T1 有中断请求。

② TR0 和 TR1：分别为定时器/计数器 0 和定时器/计数器 1 的启动/停止位。在编写程序时，若将 TR0 或 TR1 设为 "1"，那么定时器/计数器 T0 或 T1 开始工作；若设置为 "0"，定时器/计数器 T0 或 T1 则会停止工作。

6.3.2 工作方式控制寄存器 TMOD

TMOD 寄存器的功能是控制定时器/计数器 T0、T1 的功能和工作方式。TMOD 寄存器的字节地址是 89H，不能进行位操作。在上电（给单片机通电）复位时，TMOD 寄存器的初始值为 00H。TMOD 的字节地址和各位名称功能如图 6-5 所示。

TMOD 字节地址→89H	GATE	C/$\overline{T}$	M1	M0	GATE	C/$\overline{T}$	M1	M0
	T1启动模式设置位	T1定时与计数功能设置位	T1工作方式设置位		T0启动模式设置位	T0定时与计数功能设置位	T0工作方式设置位	

图 6-5　TMOD 的字节地址和各位名称功能

在 TMOD 寄存器中，高 4 位用来控制定时器/计数器 T1，低 4 位用来控制定时器/计数器 T0，两者对定时器/计数器的控制功能一样，下面以 TMOD 寄存器高 4 位为例进行说明。

① GATE 位：门控位，用来控制定时器/计数器的启动模式。

当 GATE=0 时，只要 TCON 寄存器的 TR1 位置 "1"，就可启动 T1 开始工作；当 GATE=1 时，除了需要将 TCON 寄存器的 TR1 位置 "1" 外，还要使 $\overline{INT1}$ 引脚为高电平，才能启动 T1 工作。

② C/$\overline{T}$ 位：定时、计数功能设置位。

当 C/$\overline{T}$=0 时，将定时器/计数器设置为定时器工作模式；当 C/$\overline{T}$=1 时，将定时器/计数器设置为计数器工作模式。

③ M1、M0 位：定时器/计数器工作方式设置位。

M1、M0 位取不同值，可以将定时器/计数器设置为不同的工作方式。TMOD 寄存器高 4 位中的 M1、M0 用来控制 T1 的工作方式，低 4 位中的 M1、M0 用来控制 T0 的工作方式。M1、M0 位不同取值与定时器/计数器工作方式的关系如表 6-1 所示。

表 6-1　TMOD 寄存器的 M1、M0 位值与定时器/计数器工作方式

M1	M0	工作方式	功　能
0	0	方式 0	设成 13 位计数器。T0 用 TH0（8 位）和 TL0 的低 5 位，T1 用 TH1（8 位）和 TL1 的低 5 位。最大计数值为 2^{13}=8192

M1	M0	工作方式	功　　能
0	1	方式 1	设成 16 位计数器。T0 由 TH0 和 TL0 构成，T1 由 TH1 和 TL1 构成。最大计数值为 $2^{16}=65536$
1	0	方式 2	设成带自动重装载功能的 8 位计数器。TL0 和 TL1 为 8 位计数器，TH0 和 TH1 存储自动重装载的初值
1	1	方式 3	只用于 T0。把 T0 分为两个独立的 8 位定时器 TH0 和 TL0，TL0 占用 T0 的全部控制位，TH0 占用 T1 的部分控制位，此时 T1 用作波特率发生器

6.3.3 定时器/计数器的工作方式

在 TMOD 寄存器的 M1、M0 位的控制下，定时器/计数器可以工作在 4 种不同的方式下，不同的工作方式适用于不同的场合。

1. 方式 0

当 M1=0、M0=0 时，定时器/计数器工作在方式 0，它被设成 13 位计数器。在方式 0 时，定时器/计数器由 TH、TL 两个 8 位计数器组成，使用 TH 的 8 位和 TL 的低 5 位。

（1）定时器/计数器工作在方式 0 时的电路结构与工作原理

定时器/计数器 T0、T1 工作在方式 0 时的电路结构与工作原理相同。以 T0 为例，将 TMOD 寄存器的低 4 位中的 M1、M0 位均设为"0"，T0 工作在方式 0。定时器/计数器 T0 工作在方式 0 时的电路结构如图 6-6 所示。

图 6-6　定时器/计数器 T0 工作在方式 0 时的电路结构

当 T0 工作在方式 0 时，T0 是一个 13 位计数器（TH0 的 8 位+TL0 的低 5 位）。$C/\overline{T}$ 位通过控制开关 S1 来选择计数器的计数脉冲来源。当 $C/\overline{T}$=0 时，计数脉冲来自单片机内部振荡器（经 12 分频）；当 $C/\overline{T}$=1 时，计数脉冲来自单片机 T0 引脚（P3.4 引脚）。

GATE 位控制 T0 的启动方式。GATE 位与 $\overline{INT0}$ 引脚、TR0 位一起经逻辑电路后形成 CON 电平，再由 CON 电平来控制开关 S2 的通断。当 CON=1 时，S2 闭合，T0 工作；当 CON=0 时，S2 断开，T0 停止工作（S2 断开后无信号送给 T0）。GATE、$\overline{INT0}$ 和 TR0 形成 CON 电平的表达式为

$$CON=TR0 \cdot (\overline{GATE}+\overline{INT0})$$

由上式可知：

若 GATE=0，则（$\overline{GATE}+\overline{INT0}$）=1，CON=TR0，即当 GATE=0 时，CON 的值与 TR0

的值一致，TR0 可直接控制 T0 的启动/停止。

若 GATE=1，则 CON=TR0·($\overline{INT0}$)，即 CON 的值由 TR0、$\overline{INT0}$ 两个值决定，其中 TR0 的值由编程来控制（软件控制），而 $\overline{INT0}$ 的值由外部 $\overline{INT0}$ 引脚的电平控制，只有当它们的值都为"1"时，CON 的值才为"1"，定时器/计数器 T0 才能启动。

（2）定时器/计数器初值的计算

若定时器/计数器工作在方式 0，当其与外部输入端（T0 引脚）连接时，可以用作 13 位计数器；当与内部振荡器连接时，可以用作定时器。

① 计数初值的计算。当定时器/计数器用作 13 位计数器时，它的最大计数值为 8192（2^{13}），当 T0 引脚输入 8192 个脉冲时，计数器就会产生溢出而发出中断请求信号。如果希望不需要输入 8192 个脉冲，计数器就能产生溢出，可以给计数器预先设置数值，这个预先设置的数值称为计数初值。在方式 0 时，定时器/计数器的计数初值可用下式计算：

$$计数初值=2^{13}-计数值$$

例如，希望输入 1000 个脉冲计数器就能产生溢出，计数器的计数初值应设置为 7192（8192-1000）。

② 定时初值的计算。当定时器/计数器用作定时器时，它对内部振荡器产生的脉冲（经 12 分频）进行计数，该脉冲的频率为 $f_{osc}/12$，脉冲周期为 $12/f_{osc}$，定时器的最大定时时间为 $2^{13}\cdot12/f_{osc}$，若振荡器的频率 f_{osc} 为 12MHz，定时器的最大定时时间为 8192μs。如果不希望定时这么长时间定时器就能产生溢出，可以给定时器预先设置数值，这个预先设置的数值称为定时初值。在方式 0 时，定时器/计数器的定时初值可用下式计算：

$$定时初值=2^{13}-定时值=2^{13}-t\cdot f_{osc}/12$$

例如，单片机时钟振荡器的频率为 12MHz（即 12×10^6Hz），现要求定时 1000μs（即 1000×10^{-6}s）就能产生溢出，定时器的定时初值应为

$$定时初值=2^{13}-t\cdot f_{osc}/12=8192-1000\times10^{-6}\times12\times10^6/12=7192$$

2. 方式 1

当 M1=0、M0=1 时，定时器/计数器工作在方式 1，它为 16 位计数器。除了计数位数不同外，定时器/计数器在方式 1 的电路结构与工作原理与方式 0 完全相同。定时器/计数器工作在方式 1 时的电路结构（以定时器/计数器 T0 为例）如图 6-7 所示。

图 6-7 定时器/计数器在方式 1 时的电路结构

定时器/计数器工作在方式 1 时的计数初值和定时初值的计算公式分别如下：

$$计数初值=2^{16}-计数值$$
$$定时初值=2^{16}-定时值=2^{16}-t \cdot f_{osc}/12$$

3. 方式 2

定时器/计数器工作方式 0 和方式 1 时适合进行一次计数或定时，若要进行多次计数或定时，可让定时器/计数器工作在方式 2。当 M1=1、M0=0 时，定时器/计数器工作在方式 2，它为 8 位自动重装计数器。定时器/计数器工作在方式 2 时的电路结构（以定时器/计数器 T0 为例）如图 6-8 所示。

图 6-8 定时器/计数器 T0 在方式 2 时的电路结构

工作在方式 2 时，16 位定时器/计数器 T0 分成 TH0、TL0 两个 8 位计数器，其中 TL0 用来对脉冲计数，TH0 用来存放计数器初值。在计数时，当 TL0 计数溢出时会将 TCON 寄存器的 TF0 位置"1"，同时也控制 TH0 重装开始，将 TH0 中的初值重新装入 TL0 中，然后 TL0 又开始在初值的基础上对输入脉冲进行计数。

定时器/计数器工作在方式 2 时的计数初值和定时初值的计算公式分别如下：

$$计数初值=2^{8}-计数值$$
$$定时初值=2^{8}-定时值=2^{8}-t \cdot f_{osc}/12$$

4. 方式 3

定时器/计数器 T0 有方式 3，而 T1 没有（T1 只有方式 0~2）。当 TMOD 寄存器低 4 位中的 M1=1、M0=1 时，T0 工作在方式 3。在方式 3 时，T0 用作计数器或定时器。

（1）T0 工作在方式 3 时的电路结构与工作原理

在方式 3 时，定时器/计数器 T0 用作计数器或定时器，在该方式下 T0 的电路结构如图 6-9 所示。

在方式 3 时，T0 被分成 TL0、TH0 两个独立的 8 位计数器，其中 TL0 受 T0 的全部控制位控制（即原本控制整个 T0 的各个控制位，在该方式下全部用来控制 T0 的 TL0 计数器），而 TH0 受 T1 的部分控制位（TCON 的 TR1 位和 TF1 位）控制。

在方式 3 时，TL0 既可用作 8 位计数器（对外部信号计数），也可用作 8 位定时器（对内部信号计数）；TH0 只能用作 8 位定时器，它的启动受 TR1 的控制（TCON 的 TR1 位原本用来控制定时器/计数器 T1），当 TR1=1 时，TH0 开始工作，当 TR1=0 时，TH0 停止工作，当 TH0 计数产生溢出时会向 TF1 置位。

图 6-9　T0 工作在方式 3 时的电路结构

（2）T0 工作在方式 3 时 T1 的电路结构与工作原理

当 T0 工作在方式 3 时，它占用了 T1 的一些控制位，此时 T1 还可以工作在方式 0~2（可通过设置 TMOD 寄存器高 4 位中的 M1、M0 的值来设置），T1 在这种情况下一般用作波特率发生器。当 T0 工作在方式 3 时，T1 工作在方式 1 和方式 2 的电路结构分别如图 6-10（a）、（b）所示。

图 6-10　T0 在方式 3 时 T1 工作在方式 1 和方式 2 的电路结构

图 6-10（a）是 T0 在方式 3 时 T1 工作在方式 1（或方式 0）时的电路结构。在该方式下，T1 是一个 16 位计数器，由于 TR1 控制位已经被借用来控制 T0 的高 8 位计数器 TH0，所以 T1 在该方式下无法停止，一直处于工作状态，另外由于 TF1 位也借给了 TH0，所以

T1 溢出后也不能对 TF1 进行置位产生中断请求信号，T1 溢出的信号只能输出到串行通信口，此方式下的 T1 为波特率发生器。

图 6-10（b）是 T0 在方式 3 时 T1 工作在方式 2 时的电路结构。在该方式下，T1 是一个 8 位自动重装计数器，除了具有自动重装载功能外，其他与方式 1 相同。

6.4 定时器/计数器的应用及编程

6.4.1 产生 1kHz 方波信号的程序及详解

1. 确定初值

1kHz 方波信号的周期 $T=1/f=1/1000=1$ms，高、低电平各为 0.5ms（500μs），要产生 1kHz 方波信号，只需让定时器/计数器每隔 0.5ms 产生一次计数溢出中断，中断后改变输出端口的值，并重复进行该过程即可。定时器/计数器 T0 工作在方式 1 时为 16 位计数器，最大计数值为 65536，T0 从 0 计到 65536 需要耗时 65.536ms（单片机时钟频率为 12MHz 时），要 T0 每隔 0.5ms 产生一次计数溢出，必须给 T0 设置定时初值。定时器/计数器工作在方式 1 时的定时初值的计算公式如下：

$$定时初值=2^{16}-定时值=2^{16}-t \cdot f_{osc}/12=65536-500\times 10^{-6}\times 12\times 10^{6}\div 12=65036$$

定时初值放在 TH0 和 TL0 两个 8 位寄存器中，TH0 存放初值的高 8 位，TL0 存放初值的低 8 位，65036 是一个十进制数，存放时需要转换成十六进制数，65036 转换成十六进制数为 0xFE0C，TH0 存放 FE，TL0 存放 0C。由于 65036 数据较大，转换成十六制数运算较麻烦，可采用 65036/256 得到 TH0 值，"/" 为相除取商，结果 TH0=254，软件编译时自动将十进制数 254 转换成十六进制数 FE，TL0 值可采用（65536-500）%256 计算得到，"%" 为相除取余数，结果 TL0=12，十进制数 12 转换成十六进制数为 0C。

2. 程序说明

如图 6-11 所示是一种让定时器/计数器 T0 工作在方式 1 时产生 1kHz 方波信号的程序。在程序中，先声明一个定时器及相关中断设置函数 T0Int_S，在该函数中，设置 T0 的工作方式（方式 1），设置 T0 的计数初值（65036，TH0、TL0 分别存放高、低 8 位），将信号输出端口 P1.0 赋初值 1，再打开总中断和 T0 中断，然后让 TCON 的 TR0 位为 1 启动 T0 开始计数。在图 6-11 所示程序中还编写了一个定时器中断函数（子程序）T0Int_Z，在该函数中先给 T0 赋定时初值，再让输出端口 P1.0 值变反。

main 函数是程序的入口，main 函数之外的函数只能被 main 函数调用。程序运行时进入 main 函数，在 main 函数中先执行中断设置函数 T0Int_S，设置定时器工作方式和定时初值，将输出端口赋值 1，并打开总中断和 T0 中断，并启动 T0 开始计数，然后执行 while（1）语句原地踏步等待，0.5ms（此期间输出端口 P1.0 为高电平）后 T0 计数达到 65536 溢出，产生一个 T0 中断请求信号触发定时器中断函数 T0Int_Z 执行，T0Int_Z 函数重新给 T0 定时器赋定时初值，再将输出端口 P1.0 值取反（T0Int_Z 函数第一次执行后，P1.0 变为低电平），中断函数 T0Int_Z 执行完后又返回到 main 函数的 while（1）语句原地踏步等待，T0 则从中断函数设置的定时初值基础上重新计数，直到计数到 65536 产生中断请求再次执行中断函数，如此反复进行，P1.0 端口的高、低电平不断变化，一个周期内高、低电平持续时间都为 0.5ms，即 P1.0 端口有 1kHz 的方波信号输出。

用频率计（也可以用带频率测量功能的数字万用表）可以在 P1.0 端口测得输出方波信号的频率，用示波器则还能直观查看到输出信号的波形。由于单片机的时钟频率可能会飘移，另外程序语句执行需要一定时间，所以输出端口的实际输出信号频率与理论频率可能不完全一致，适当修改定时初值大小可使输出信号频率尽量接近需要输出的频率，输出信号频率偏低时可适当调大定时初值，这样计数时间更短就能产生溢出，从而使输出频率升高。

```
/*让定时器工作在方式1产生1kHz方波信号的程序*/
#include<reg51.h>        //调用reg51.h文件对单片机各特殊功能寄存器进行地址定义
sbit Xout=P1^0;          //用位定义关键字sbit将Xout代表P1.0端口

/*以下为定时器及相关中断设置函数*/
void T0Int_S (void)      //函数名为T0Int_S，输入和输出参数均为void（空）
{
 TMOD=0x01;              //让TMOD寄存器控制T0的M1M0=01，设T0工作在方式1（16位计数器）
 TH0=(65536-500)/256;    //将定时初值的高8位放入TH0，"/"为除法运算符号
 TL0=(65536-500)%256;    //将定时初值的低8位放入TL0，"%"为相除取余数符号
 Xout=1;                 //赋P1.0端口初值为1
 EA=1;                   //让IE寄存器的EA=1，打开总中断
 ET0=1;                  //让IE寄存器的ET0=1，允许T0的中断请求
 TR0=1;                  //让TCON寄存器的TR0=1，启动T0在TH0、TL0初值基础上开始计数
}

/*以下为主程序部分*/
main()                   //main为主函数，一个程序只允许有一个主函数，其语句要写在main
                         //首尾大括号内，不管程序多复杂，单片机都会从main函数开始执行程序
{
 T0Int_S ();             //执行T0Int_S函数（定时器及相关中断设置函数）
 while(1);               //当while小括号内的条件非0(即为真)时，反复执行while语句，即程序在此处
                         //原地踏步，直到T0计到65536时产生中断请求才去执行T0Int_Z中断函数
}

/*以下T0Int_Z为定时器中断函数，用"(返回值) 函数名 (输入参数) interrupt n using m"格式
定义一个函数名T0Int_Z的中断函数，n为中断源编号，n=0~4，m为用作保护中断点的
寄存器组，可使用4组寄存器（0~3），每组有7个寄存器(R0~R7)，m=0~3，若只有
一个中断，可不写"using m"，使用多个中断时，不同中断应使用不同m*/
void T0Int_Z (void)  interrupt 1 using 1   // T0Int_Z为中断函数(用interrupt定义)，其返回值
                                //和输入参数均为void(空)，并且为T0的中断函数
                                //(中断源编号n=1)，断点保护使用第1组寄存器(using 1)
{
 TH0=(65536-500)/256;    //将定时初值的高8位放入TH0，"/"为除法运算符号
 TL0=(65536-500)%256;    //将定时初值的低8位放入TL0，"%"为相除取余数符号
 Xout =~Xout;            //将P1.0端口值取反
}
```

图 6-11　定时器/计数器 T0 工作在方式 1 时产生 1kHz 方波信号的程序

6.4.2　产生 50kHz 方波信号的程序及详解

定时器/计数器工作在方式 1 时执行程序中的重装定时初值语句需要一定的时间，若让定时器/计数器工作在方式 1 来产生频率高的信号，得到的高频信号频率与理论频率差距很大。定时器/计数器工作在方式 2 时，一旦计数溢出，定时初值会自动重装，无须在程序中编写重新初值语句，故可以产生频率高且频率较准确的信号。

如图 6-12 所示是一种让定时器/计数器 T1 工作在方式 2 时产生 50kHz 方波信号的程序。在程序的中断设置函数 T1Int_S 中，在 TL1 和 TH1 寄存器中分别设置了计数初值和重装初值，由于单片机会自动重装计数初值，故在定时器中断函数 T1Int_Z 中无须再编写重装初值的语句。定时器/计数器从 246 计到 256 需要 10μs，然后执行定时器中断函数 T1Int_Z 使输出端口电平变反，即输出方波信号周期为 20μs，频率为 50kHz。

```
/*让定时器工作在方式 2 产生 50kHz 方波信号的程序*/
#include<reg51.h>        //调用 reg51.h 文件对单片机各特殊功能寄存器进行地址定义
sbit Xout=P1^0;          //用位定义关键字 sbit 将 Xout 代表 P1.0 端口
/*以下为定时器及相关中断设置函数*/
void T1Int_S (void)      //函数名为 T1Int_S，输入和输出参数均为 void（空）
{
  TMOD=0x20;             //让 TMOD 寄存器控制 T1 的 M1M0=10，设 T1 工作在方式 2（8 位重装计数器）
  TH1=246;               //在 TH1 寄存器中设置计数重装值
  TL1=246;               //在 TL1 寄存器装入计数初值
  Xout=1;                //赋 P1.0 端口初值为 1
  EA=1;                  //让 IE 寄存器的 EA=1，打开总中断
  ET1=1;                 //让 IE 寄存器的 ET1=1，允许 T1 的中断请求
  TR1=1;                 //让 TCON 寄存器的 TR1=1，启动 T1 开始计数
}
/*以下为主程序部分*/
main()                   //main 为主函数，一个程序只允许有一个主函数，其语句要写在 main
                         //首尾大括号内，不管程序多复杂，单片机都会从 main 函数开始执行程序
{
  T1Int_S ();            //执行 T1Int_S 函数（定时器及相关中断设置函数）
  while(1);              //当 while 小括号内的条件非 0（即为真）时，反复执行 while 语句，即程序在此处
                         //原地踏步，直到 T1 计到 256 时产生中断请求才去执行 T1Int_Z 中断函数
}
/*以下 T1Int_Z 为定时器中断函数，用"(返回值) 函数名（输入参数）interrupt n using m"格式
定义一个函数名 T1Int_Z 的中断函数，n 为中断源编号，n=0～4，m 为用作保护中断断点的
寄存器组，可使用 4 组寄存器（0～3），每组有 7 个寄存器（R0～R7），m=0～3，若只有
一个中断，可不写"using m"，使用多个中断时，不同中断应使用不同 m*/
void T1Int_Z (void)   interrupt 3  using 1   // T1Int_Z 为中断函数(用 interrupt 定义)，其返回值
                                      //和输入参数均为 void(空)，并且为 T1 的中断函数
                                      //(中断源编号 n=3)，断点保护使用第 1 组寄存器(using 1)
{
  Xout =~Xout;                        //将 P1.0 端口值取反
}
```

图 6-12 定时器/计数器 T1 工作在方式 2 时产生 50kHz 方波信号的程序

6.4.3 产生周期为 1s 方波信号的程序及长延时的方法

定时器/计数器的最大计数值为 65536，当单片机时钟频率为 12MHz 时，定时器/计数器从 0 计到 65536 产生溢出中断需要 65.536ms，若采用每次计数溢出就转换一次信号电平的方法，只能产生周期最长约为 131ms 的方波信号，如果要产生周期更长的信号，可以让定时器/计数器溢出多次后再转换信号电平，这样就可以产生周期为（2×65.536×n）ms 的方波信号，n 为计数溢出的次数。

如图 6-13 所示是一种让定时器/计数器 T0 工作在方式 1 时产生周期为 1s 方波信号的程序。该程序与图 6-11 所示程序的区别主要在于定时器中断函数的内容不同，本程序将定时器的定时初值设为（66536-50000），这样计到 65536 溢出需要 50ms，即每隔 50ms 会执行一次定时器中断函数 T0Int_Z，用 i 值计算 T0Int_Z 的执行次数，当第 11 次执行时 i 值变为 11，if 大括号内的语句执行，将 i 值清 0，同时将输出端口值变反。也就是说，定时器/计数器执行 10 次（每次需要 50ms）时输出端口电平不变，第 11 次执行时输出端口电平变反，i 值变为 0，又开始保持电平不变进行 10 次计数，结果输出端口得到 1s（1000ms）的方波信号。

如果在 T0Int_Z 函数的 "Xout =~Xout;" 语句之后增加一条 "TR0=0" 语句，T0Int_Z 函数仅会执行一次，并且会让定时器/计数器 T0 计数停止，即单片机上电后，P1.0 端口输出低电平，500ms 后，P1.0 端口输出变为高电平，此后该高电平一直保持。若需要获得较长的延时，可以增大程序中的 i 值（最大取值为 65535），如 i=60000，可以得到 50ms×60000＝3000s 的定时，如果要获得更长的延时，可以将 "unsigned int i" 改成 "unsigned long int i"，这样 i 由 16 位整数型变量变成 32 位整数型变量，取值范围由 0～65535 变成 0～4294967295。

```c
/*让定时器工作在方式1产生周期为1s的方波信号的程序*/
#include<reg51.h>           //调用 reg51.h 文件对单片机各特殊功能寄存器进行地址定义
sbit Xout=P1^0;             //用位定义关键字 sbit 将 Xout 代表 P1.0 端口

/*以下为定时器及相关中断设置函数*/
void T0Int_S (void)         //函数名为 T0Int_S，输入和输出参数均为 void（空）
{
 TMOD=0x01;                 //让 TMOD 寄存器的 M1M0=01，设 T0 工作在方式 1（16 位计数器）
 TH0=(65536-50000)/256;     //将定时初值的高 8 位放入 TH0，"/"为除法运算符号
 TL0=(65536-50000)%256;     //将定时初值的低 8 位放入 TL0，"%"为相除取余数符号
 Xout=0;                    //赋 P1.0 端口初值为 1
 EA=1;                      //让 IE 寄存器的 EA=1，打开总中断
 ET0=1;                     //让 IE 寄存器的 ET0=1，允许 T0 的中断请求
 TR0=1;                     //让 TCON 寄存器的 TR0=1，启动 T0 在 TH0、TL0 初值基础上开始计数
}
/*以下为主程序部分*/
main()                      //main 为主函数，一个程序只允许有一个主函数，其语句要写在 main
                            //首尾大括号内，不管程序多复杂，单片机都会从 main 函数开始执行程序
{
 T0Int_S ();                //执行 T0Int_S 函数（定时器及相关中断设置函数）
 while(1);                  //当 while 小括号内的条件非 0（即为真）时，反复执行 while 语句，即程序在此处
                            //原地踏步，直到 T0 计到 65536 时产生中断请求才去执行 T0Int_Z 中断函数
}
/*以下 T0Int_Z 为定时器中断函数，用"(返回值)函数名（输入参数）interrupt n using m"格式
定义一个函数名 T0Int_Z 的中断函数，n 为中断源编号，n=0~4，m 为用作保护中断断点的
寄存器组，可使用 4 组寄存器（0~3），每组有 7 个寄存器（R0~R7），m=0~3，若只有
一个中断，可不写"using m"，使用多个中断时，不同中断应使用不同 m*/
void T0Int_Z (void)  interrupt 1 using 1  // T0Int_Z 为中断函数（用 interrupt 定义），其返回值
                            //和输入参数均为 void(空)，并且为 T0 的中断函数
                            //（中断源编号 n=1），断点保护使用第 1 组寄存器(using 1)
{
 unsigned int i;            //声明一个无符号(unsigned)整数型(int)变量 i,i=0~65535
 TH0=(65536-50000)/256;     //将定时初值的高 8 位放入 TH0，"/"为除法运算符号
 TL0=(65536-50000)%256;     //将定时初值的低 8 位放入 TL0，"%"为相除取余数符号
 i++;                       //将 i 增 1，T0Int_Z 函数需执行 11 次才会使 i=11
 if(i==11)                  //如果 i=11，执行 if 大括号内的语句，否则跳到大括号之后，
                            //T0Int_Z 函数需执行 11 次才会执行 if 大括号内的语句
 {
  i=0;                      //将 i 置 0
  Xout =~Xout;              //将 P1.0 端口值取反
 }
}
```

图 6-13　定时器/计数器 T0 工作在方式 1 时产生周期为 1s 方波信号的程序

第 7 章

独立按键与矩阵键盘输入电路及编程

7.1 独立按键输入电路及编程

7.1.1 开关输入产生的抖动及软、硬件解决方法

1. 开关输入电路与开关的抖动

如图 7-1（a）所示是一种简单的开关输入电路。在理想状态下，当按下开关 S 时，给单片机输入一个 "0"（低电平）；当 S 断开时，则给单片机输入一个 "1"（高电平）。但实际上，当按下开关 S 时，由于手的抖动，S 会断开、闭合几次，然后稳定闭合，所以按下开关时，给单片机输入的低电平不稳定，而是高、低电平变化几次（持续 10～20ms），再保持为低电平，同样在 S 弹起时也有这种情况。开关通断时产生的开关输入信号如图 7-1（b）所示。开关抖动给单片机输入不正常的信号后，可能会使单片机产生误动作，应设法消除开关的抖动。

图 7-1 开关输入电路与开关输入信号

2. 开关输入抖动的解决方法

开关输入抖动的解决方法有硬件防抖法和软件防抖法。

（1）硬件防抖

硬件防抖的方法很多，如图 7-2 所示是两种常见的硬件防抖电路。

图 7-2 两种常见的开关输入硬件防抖电路

在图 7-2（a）中，当开关 S 断开时，+5V 电压经电阻 R 对电容 C 充电，在 C 上充得+5V 电压，当按下开关，S 闭合时，由于开关电阻小，电容 C 通过开关迅速将两端电荷放掉，两端电压迅速降低（接近 0V），单片机输入为低电平，在按下开关时，由于手的抖动导致开关短时断开，+5V 电压经 R 对 C 充电，但由于 R 阻值大，短时间电容 C 充电很少，电容 C 两端电压基本不变，故单片机输入仍为低电平，从而保证在开关抖动时仍可给单片机输入稳定的电平信号。图 7-2（b）所示防抖电路的工作原理可自己分析。

如果采用如图 7-2 所示的防抖电路，选择 RC 的值比较关键，RC 元件的值可以用下式计算：

$$t < 0.357 \cdot RC$$

因为抖动时间一般为 10～20ms，如果 $R=10\text{k}\Omega$，那么 C 可在 2.8～5.6μF 之间选择，通常选择 3.3μF。

（2）软件防抖

用硬件可以消除开关输入的抖动，但会使输入电路变复杂且成本提高，为使硬件输入电路简单和降低成本，也可以通过软件编程的方法来消除开关输入的抖动。

软件防抖的基本思路是在单片机第一次检测到开关按下或断开时，马上执行延时程序（需 10～20ms），在延时期间不接收开关产生的输入信号（此期间可能是抖动信号），经延时时间后开关通断已稳定，单片机再检测开关的状态，这样就可以避开开关产生的抖动信号，而检测到稳定正确的开关输入信号。

7.1.2　8 个独立按键与 8 个 LED 的单片机电路

如图 7-3 所示的单片机连接了 8 个独立按键和 8 个发光二极管（LED），可以选择某个按键来控制 LED 的亮灭，具体由编写的程序来决定。

图 7-3　8 个独立按键与 8 个 LED 的单片机电路

7.1.3　一个按键点动控制一个 LED 亮灭的程序及详解

按键点动控制 LED 亮灭是指当按键按下时 LED 亮，按键松开时 LED 灭。一个按键点动控制一个 LED 亮灭的程序如图 7-4 所示，该程序使用了选择语句"if（表达式）{语句1}else{语句 2}"，在执行该语句时，如果（if）表达式成立，则执行语句 1，否则（else，即表达式不成立）执行语句 2。

图 7-4 所示程序中未使用延时防抖程序，这是因为 LED 的状态直接与按键的状态对应，而 LED 亮灭变化需要较长时间完成，而按键抖动产生的变化很短，对 LED 亮灭影响可忽略不计。

```
/*一个按键点动控制一个LED亮灭的程序*/
#include<reg51.h>     //调用reg51.h文件对单片机各特殊功能寄存器进行地址定义
sbit LED=P1^0;        //用位定义关键字sbit将LED代表P1.0端口，LED是自己任意
                      //定义且容易记忆的符号
sbit S1=P3^0;         //用位定义关键字sbit将S1代表P3.0端口
/*以下为主程序部分*/
void main (void)      //main为主函数，main前面的void表示函数无返回值(输出参数)，
                      //后面小括号内的void(也可不写)表示函数无输入参数，一个程序
                      //只允许有一个主函数，其语句要写在main首尾大括号内，不管
                      //程序多复杂，单片机都会从main函数开始执行程序
{                     //main函数首大括号
  LED=1;              //将P1.0端口赋值1，让P1.0引脚输出高电平
  while (1)           //while为循环控制语句，当小括号内的条件非0(即为真)时，反复
                      //执行while首尾大括号内的语句
  {                   //while语句首大括号
    if(S1!=1)         //if(意为如果)S1的反值为1，则执行LED=0，!表示取非
    {
      LED=0;          //将P1.0端口赋值0，让P1.0引脚输出低电平，点亮LED
    }
    else              //else(意为否则)执行LED=1
    {
      LED=1;          //将P1.0端口赋值1，让P1.0引脚输出高电平，熄灭LED
    }
  }                   //while语句尾大括号
}                     //main函数尾大括号
```

图 7-4　一个按键点动控制一个 LED 亮灭的程序

7.1.4　一个按键锁定控制一个 LED 亮灭的程序及详解

对于图 7-4 所示的程序，按下按键时 LED 点亮，松开按键时 LED 熄灭，如果希望松开按键后 LED 继续亮，可以给单片机编写如图 7-5 所示的一个按键锁定控制一个 LED 亮灭的程序。该程序运行时，按下按键 LED 亮，松开按键后 LED 仍亮，再按下按键 LED 熄灭，松开按键后 LED 仍处于熄灭状态，即松开按键后 LED 状态可以锁定，需要再次操作按键才能切换 LED 的状态。

在图 7-5 所示程序中，使用了 DelalyUs（tu）和 DelalyMs（tm）两个延时函数，DelalyUs（tu）为微秒级延时函数，如果单片机的时钟晶振频率为 12MHz，其延时时间可近似用 T=（tu×2+5）μs 计算，DelalyUs（248）延时时间约为 0.5ms；DelalyMs（tm）为毫秒级延时函数，其内部使用了两次 DelalyUs（248），其总延时时间为（tu×2+5）×2×tm，当 tu=248、tm=10 时，DelalyMs（tm）函数延时时间约为 10ms。在程序中使用了"whle（S1！=1）；"语句，可以使"LED=LED！"语句只有在按键释放断开时才执行，若去掉"whle（S1！=1）；"语句，在按键按下期间，"LED=LED！"语句可能会执行多次，从而引起 P1.0 值不确定，按键操作结果不确定。

```
/*一个按键锁定控制一个LED亮灭的程序*/
#include<reg51.h>      //调用reg51.h文件对单片机各特殊功能寄存器进行地址定义
sbit LED=P1^0;         //用位定义关键字sbit将LED代表P1.0端口，LED是自己任意
                       //定义且容易记忆的符号
sbit S1=P3^0;          //用位定义关键字sbit将S1代表P3.0端口
void DelalyUs(unsigned char tu);  //声明一个DelalyUs(微秒级延时)函数，输入参数为unsigned
                                  //(无符号)char(字符型)变量tu，tu为8位，取值范围 0～255
void DelalyMs(unsigned char tm);  //声明一个DelalyMs(毫秒级延时)函数
```

图 7-5　一个按键锁定控制一个 LED 亮灭的程序

```c
/*以下为主程序部分*/
void main (void)
{
 S1=1;                    //将按键输入端口P3.0赋值1
 while (1)                //while为循环控制语句,当小括号内的条件非0(即为真)时,反复
                          //执行while大括号内的语句
 {                        //第一个while语句首大括号
  if(S1!=1)               //if(如果)S1的反值为1,表示按键按下,则执行本if大括号内的语句
                          //如果S1的反值不为1(按键未按下),则执行本if尾大括号之后的语句
  {                       //第一个if语句首大括号
   DelayMs(10);           //若按下按键,则执行DelayMs函数,DelayMs的输入参数tm被赋值10,
                          //延时约10ms,在此期间内按键产生的抖动信号不影响程序
   if(S1!=1)              //再次检测按键是否按下,按下则执行本if大括号内的语句,未按下
                          //则执行本if尾大括号之后的语句
   {                      //第二个if语句首大括号
    while(S1!=1);         //检测按键的状态,按键处于闭合(S1!=1成立)则反复执行while语句,
                          //按键一旦释放断开马上执行while之后的语句
    LED=!LED;             //将P1.0端口的值取反
   }                      //第二个if语句尾大括号
  }                       //第一个if语句尾大括号
 }                        //第一个while语句尾大括号
}

/*以下DelayUs为微秒级延时函数,其输入参数为unsigned char tu(无符号字符型变量tu),
tu值为8位,取值范围0~255,如果单片机的晶振频率为12M,本函数延时时间可用
T=(tu×2+5)us近似计算,比如tu=248,T=501 us≈0.5ms */
void DelayUs (unsigned char tu)  //DelayUs为微秒级延时函数,其输入参数为无符号字符型变量tu
{
 while(--tu);             //while为循环语句,每执行一次while语句,tu值就减1,
                          //直到tu值为0时才执行while尾大括号之后的语句
}

/*以下DelayMs为毫秒级延时函数,其输入参数为unsigned char tm(无符号字符型变量tm),
该函数内部使用了两个DelayUs(248)函数,它们共延时1002us(约1ms),
由于tm值最大为255,故本DelayMs函数最大延时时间为255ms,若将输入参数
定义为unsigned int tm,则最长可获得65535ms的延时时间*/
void DelayMs(unsigned char tm)
{
 while(tm--)
 {
  DelayUs (248);
  DelayUs (248);
 }
}
```

图 7-5　一个按键锁定控制一个 LED 亮灭的程序（续）

7.1.5　4 路抢答器的程序及详解

4 路抢答器的程序如图 7-6 所示。程序在运行时，如果按下 P3.0~P3.3 引脚外接的 S1~S4 中的某个按键，P1.0~P1.3 引脚外接的对应 LED 会点亮，如果 S1~S4 按键均按下，最先按下的按键操作有效，按下 S5 键可以熄灭所有的 LED，重新开始下一轮抢答。

```c
/*4路抢答器的程序*/
#include<reg51.h>          //调用reg51.h文件对单片机各特殊功能寄存器进行地址定义
sbit S1=P3^0;              //用关键字sbit将S1代表P3.0端口
sbit S2=P3^1;
sbit S3=P3^2;
sbit S4=P3^3;
sbit S5Rst=P3^4;
/*以下为主程序部分*/
main()
{
 bit Flag;                 //用关键字bit将Flag定义为位变量,Flag默认初值为0
 while(!Flag)              //如果Flag的反值为1,则反复执行while大括号内的语句
 {
  if(!S1)                  //如果按下S1键,让P1.0端口输出低电平,并将Flag置1
  {
   P1=0xFE;
   Flag=1;
  }
  else if(!S2)             //否则如果按下S2键,让P1.1端口输出低电平,并将Flag置1
  {
   P1=0xFD;
   Flag=1;
  }
  else if(!S3)             //否则如果按下S3键,让P1.2端口输出低电平,并将Flag置1
  {
   P1=0xFB;
   Flag=1;
  }
```

图 7-6　4 路抢答器的程序

```
        else if(!S4)     //否则如果按下 S4 键,让 P1.3 端口输出低电平,并将 Flag 置 1
        {
          P1=0xF7;
          Flag=1;
        }
      }
    while(Flag)          //检测 Flag 值,为 1 时反复执行 while 大括号内的语句
      {
        Flag=S5Rst;      //将 S5Rst 值(P3.4 端口值)赋给 Flag,按下 S5 键时 Flag=0
      }
    P1=0xFF;             //将 P1 端口置高电平,熄灭 P1 端口所有的外接灯
  }
```

图 7-6 4 路抢答器的程序(续)

7.1.6 独立按键控制 LED 和 LED 数码管的单片机电路

如图 7-7 所示是独立按键控制 LED 和 LED 数码管的单片机电路,S1~S8 按键分别接在 P3.0~P3.7 引脚与地之间,按键按下时,单片机相应的引脚输入低电平,松开按键时,相应引脚输入高电平,另外单片机的 P0 引脚和 P2.2、P2.3 引脚还通过段、位锁存器 74HC573 与 8 位共阴极数码管连接。

图 7-7 独立按键控制 LED 和 LED 数码管的单片机电路

7.1.7 两个按键控制一位数字增、减并用 8 位数码管显示的程序及详解

如图 7-8 所示是两个按键控制一位数字增、减并用 8 位数码管显示的程序。程序在运行时，8 位数码管在最低位显示一个数字"0"，每按一下增键（S1 键），数字就增 1，增到 9 后不再增大；每按一下减键（S2 键），数字就减 1，减到 0 后不再减小。

```c
/*用两个按键分别控制 8 位数码管最低位数字增、减的程序*/
#include<reg51.h>      //调用 reg51.h 文件对单片机各特殊功能寄存器进行地址定义
sbit KeyAdd=P3^0;      //用位定义关键字 sbit 将 KeyAdd(增键)代表 P3.0 端口
sbit KeyDec=P3^1;      //用位定义关键字 sbit 将 KeyDec(减键)代表 P3.1 端口
#define WDM P0         //用 define(宏定义)命令将 WDM 代表 P0，程序中 WDM 与 P0 等同，
                       // define 与 include 一样，都是预处理命令，前面需加一个"#"
sbit DuanSuo=P2^2;     //用关键字 sbit 将 DuanSuo 代表 P2.2 端口
sbit WeiSuo =P2^3;     //用关键字 sbit 将 WeiSuo 代表 P2.3 端口
unsigned char code DMtable[]={0x3f,0x06,0x5b,      //在 ROM 中定义（使用了关键字 code）
               0x4f,0x66,0x6d,                      //一个无符号字符型表格 DMtable，
               0x7d,0x07, 0x7f,0x6f};               //表格中存放字符 0～9 的段码
unsigned char code WMtable[]={0xfe,0xfd,0xfb,0xf7,  //定义一个无符号字符型表格 WMtable，
               0xef,0xdf,0xbf,0x7f};                //表格依次存放 8 位数码管低位到高位的位码
unsigned char TData[8];     //定义一个可存放 8 个元素的无符号字符型一维数组(表格)TData
void DelayUs(unsigned char tu);   //声明一个 DelayUs（微秒级延时）函数，输入参数为 unsigned
                                  //（无符号）char(字符型)变量 tu，tu 为 8 位，取值范围 0～255
void DelayMs(unsigned char tm);   //声明一个 DelayMs（毫秒级延时）函数
void Display(unsigned char ShiWei,unsigned char WeiShu);  //声明一个 Display(显示)函数，它有
                                  //ShiWei 和 WeiShu 两个输入参数，均为
                                  //无符号字符型变量

/*以下为主程序部分*/
void main (void)
{
 unsigned char num=0;   //声明一个无符号字符型变量 num，num 初值赋 0
 KeyAdd=1;              //将增键的输入端口置高电平
 KeyDec=1;              //将减键的输入端口置高电平
 while (1)              //主循环
 {
  if(!KeyAdd)           //!KeyAdd 可写成 KeyAdd!=1，if(如果)KeyAdd 的反值为 1，表示增键按下，
                        //则执行 if 大括号内的语句，否则(增键未按下)执行本 if 尾大括号之后的语句
                        //第一个 if 语句首大括号
  {
   DelayMs(10);         //执行 DelayMs 延时函数进行按键防抖，输入参数为 10 时可延时约 10ms
   if(!KeyAdd)          //再次检测增键是否按下，未按下执行本 if 尾大括号之后的语句
                        //第二个 if 语句首大括号
   {
    while(!KeyAdd);     //检测增键的状态，增键处于闭合（!KeyAdd 为 1）反复执行 while 语句，
                        //增键一旦释放断开马上执行 while 之后的语句
     if(num<9)          //如果 num 值小于 9，则执行本 if 大括号内的语句，否则跳出本 if 语句
                        //第三个 if 语句首大括号
     {
      num++;            //将 num 加 1，每按一次增键，num 值增 1，num 增到 9 时不再增大
     }                  //第三个 if 语句尾大括号
    }                   //第二个 if 语句尾大括号
  }                     //第一个 if 语句尾大括号

  if(!KeyDec)           //检测减键是否按下，如果 KeyDec 反值为 1(减键按下)，执行本 if 大括号内语句
  {
   DelayMs(10);         //执行 DelayMs 延时函数进行按键防抖，输入参数为 10 时可延时约 10ms
   if(!KeyDec)          //再次检测减键是否按下，按下则执行本 if 大括号内语句，否则跳出本 if 语句
   {
    while(!KeyDec);     //检测增键的状态，减键处于闭合(!KeyAdd 为 1)时反复执行 while 语句，
                        //减键一旦释放断开马上执行 while 之后的语句
     if(num>0)          //如果 num 值大于 0，则执行本 if 大括号内的语句，否则跳出本 if 语句
     {
      num--;            //将 num 值减 1，每按一次减键，num 值减 1，num 减到 0 时不再减小
     }
    }
  }
  TData [0]= DMtable [num%10];   //将 DMtable 表格第 num+1 个段码传送到 TData 数组的第一个位置
                        // num%10 意为 num 除 10 取余数，当 num=0～9 时，num%10=num
  Display(0,1);         //执行 Display 函数，同时将 0、1 分别赋给输入参数 ShiWei 和 WeiShu
 }
}

/*以下 DelayUs 为微秒级延时函数，其输入参数为 unsigned char tu（无符号字符型变量 tu），
tu 值为 8 位，取值范围 0～255，如果单片机的晶振频率为 12M，本函数延时时间可用
T = (tu×2+5) us 近似计算，比如 tu=248，T=501 us≈0.5ms */
void DelayUs (unsigned char tu)   //DelayUs 为微秒级延时函数，其输入参数为无符号字符型变量 tu
{
 while(--tu);           //while 为循环语句，每执行一次 while 语句，tu 值就减 1，
                        //直到 tu 值为 0 时才执行 while 尾大括号之后的语句
}

/*以下 DelayMs 为毫秒级延时函数，其输入参数为 unsigned char tm（无符号字符型变量 tm），
该函数内部使用了两个 DelayUs (248)函数，它们共延时 1002us（约 1ms），
由于 tm 值最大为 255，故本 DelayMs 函数最大延时时间可为 255ms，若将输入参数
定义为 unsigned int tm，则最长可获得 65535ms 的延时时间*/
void DelayMs(unsigned char tm)
{
```

图 7-8 两个按键控制一位数字增、减并用 8 位数码管显示的程序

```
         while(tm--)
         {
          DelayUs (248);
          DelayUs (248);
         }
       }

/*以下为 Display 显示函数,用于驱动 8 位数码管动态扫描显示字符,输入参数 ShiWei 表示显示的开始位,
如 ShiWei 为 0 表示从第一个数码管开始显示, WeiShu 表示显示的位数, 如显示 99 两位数应让 WeiShu 为 2 */
      void Display(unsigned char ShiWei,unsigned char WeiShu)  // Display(显示)函数有两个输入参数,
                                                   //分别为无符号字符型变量
                                                   //ShiWei(开始位)和 WeiShu(位数)
       {
        unsigned char i;         //声明一个无符号字符型变量 i
        for(i=0;i<WeiShu;i++)    //for 为循环语句,先让 i=0,再判断 i<WeiShu 是否成立,成立执行 for 首尾
                                 //大括号内的语句,执行完后执行 i++将 i 加 1,然后又判断 i<WeiShu 是否成立,
                                 //如此反复,直到 i<WeiShu 不成立,才跳出 for 语句,若 WeiShu 被赋值 1,
                                 //for 语句大括号内的语句只执行 1 次
        {
        // WDM=0;                //在输出段、位码前将 P0 端口复位清 0
        //DuanSuo=1;              //让 P2.2 端口输出高电平,开通段码锁存器,锁存器输入变化时输出会随之变化
        //DuanSuo=0;              //让 P2.2 端口输出低电平,段码锁存器被封锁,锁存器的输出值被锁定不变

        WDM=WMtable[i+ShiWei];   //将 WMtable 表格中的第 i+ShiWei +1 个位码送给 P0 端口输出
        WeiSuo=1;                 //让 P2.3 端口输出高电平,开通位码锁存器,锁存器输入变化时输出会随之变化
        WeiSuo=0;                 //让 P2.3 端口输出低电平,位码锁存器被封锁,锁存器的输出值被锁定不变

        WDM= TData [i];          //将 TData 表格中的第 i+1 个段码送给 P0 端口输出
        DuanSuo=1;                //让 P2.2 端口输出高电平,开通段码锁存器,锁存器输入变化时输出会随之变化
        DuanSuo=0;                //让 P2.2 端口输出低电平,段码锁存器被封锁,锁存器的输出值被锁定不变

        DelayMs(2);              //执行 DelayMs 延时函数延时约 2ms,时间太长会闪烁,太短会造成重影
        }
       }
```

图 7-8 两个按键控制一位数字增、减并用 8 位数码管显示的程序（续）

在图 7-8 所示的程序中，有一段程序检测增键是否按下，有一段程序检测减键是否按下，每按一下增键，num 就增 1，增到 num=9 后不再增大，每按一下减键，num 值就减 1，减到 num=0 后不再减小，num 值就是要显示的数字。增、减键检测程序执行后，用"TData [0]= DMtable [num%10];"语句将 DMtable 表格第 num+1 个数字的段码传送到 TData 数组的第一个位置（num%10 意为 num 除 10 取余数，当 num=0～9 时，num%10=num），再执行"Display(0,1);"语句将 num 值的数字在 8 位数码管的最低位显示出来。在执行"Display(0,1);"时，先让 P0 端口输出 0，清除上次段码显示输出，然后将 WMtable 表格中的第 1 个位码送给 P0 端口输出（i、ShiWei 均为 0，故 i+ShiWei +1=1），即让 8 位数码管的最低位显示，再将 TData 数组中的第 1 个段码送给 P0 端口输出（i 为 0，故 i+1=1），即将 TData 数组的第一个元素值（来自 DMtable 表格的第 num+1 个元素的段码，也就是 num 值数字的段码）从 P0 端口输出，从而在 8 位数码管最低位将 num 值的数字显示出来。

7.1.8 两个按键控制多位数字增、减并用 8 位数码管显示的程序及详解

两个按键控制多位数字增、减并用 8 位数码管显示的程序如图 7-9 所示。该程序与控制一位数字增、减的程序大部分相同，图中标有下横线的语句为不同部分。当数码管采用静态方式显示一位数字，在操作增键或减键时，即使很长时间执行不到显示函数 Display，位、段码锁存器仍会输出先前的位码和段码，故显示的数字并不会消失，但数码管显示多位数字时采用动态扫描方式，在操作增键或减键时，如果较长时间执行不到显示函数 Display，动态显示的数字就不能及时刷新而消失。为了在操作增键或减键时数码管显示的数字不会消失，图 7-9 所示程序在检测到按键有操作时就会执行 Display 显示函数，该函数执行时会消耗一定的时间，这样一方面可以在按键操作时延时防抖，还会刷新数码管的显示，使操作按键时数码管显示的数字不会消失。

```c
/*用两个按键分别控制8位数码管的多位数字增、减的程序*/
#include<reg51.h>
sbit KeyAdd=P3^0;
sbit KeyDec=P3^1;
#define WDM P0
sbit DuanSuo=P2^2;
sbit WeiSuo =P2^3;
unsigned char code DMtable[]={0x3f,0x06,0x5b, 0x4f, 0x66,0x6d, 0x7d,0x07, 0x7f,0x6f};
unsigned char code WMtable[]={0xfe,0xfd,0xfb,0xf7, 0xef,0xdf,0xbf,0x7f};
unsigned char TData[8];
void DelayUs(unsigned char tu);
void DelayMs(unsigned char tm);
void Display(unsigned char ShiWei,unsigned char WeiShu);
/*以下为主程序部分*/
void main (void)
{
 unsigned char num=0;
 KeyAdd=1;
 KeyDec=1;
 while (1)
 {
  if(!KeyAdd)          //检测增键是否按下
  {
   Display(0,8);       //若增键按下后执行Display函数驱动8位数码管动态显示8位（刷新），执行该函数
                       //耗时约16ms,既可以延时防抖，还能在按下增键时数码管多位仍显示，不至于因
                       //显示间断而闪烁，显示1位时此处用DelayMs(10)延时防抖
   if(!KeyAdd)         //再次检测增键是否按下
   {
    while(!KeyAdd)     //增键按下后反复执行大括号内的Display(0,8)
    {
     Display(0,8);     //执行Display(0,8)来防抖并刷新显示8位,显示1位时此处用DelayMs(10)
    }
     if(num<99)        //两位数增、减时用num<99,一位时用num<9
     {
      num++;
     }
   }
  }

  if(!KeyDec)          //检测减键是否按下
  {
   Display(0,8);       //若减键按下后执行Display函数驱动8位数码管动态显示8位（刷新），执行该函数
                       //耗时约16ms,既可以延时防抖，还能在按下减键时数码管多位仍显示，不至于因
                       //显示间断而闪烁，显示1位时此处用DelayMs(10)延时防抖
   if(!KeyDec)         //再次检测减键是否按下，按下则执行本if大括号内语句，否则跳出本if语句
   {
    while(!KeyDec)     //减键按下后反复执行大括号内的Display(0,8)
    {
     Display(0,8);     //执行Display(0,8)来防抖并显示8位,显示1位时此处用DelayMs(10)
    }
     if(num>0)
     {
      num--;
     }
   }
  }
 TData[0]= DMtable [num/10];  //分解显示的多位数字，显示2位数字，如89,则89/10=8  89%10=9
 TData[1]=DMtable [num%10];   //将2位数字的高、低位数字的段码分别送到TData表格的第一、第二个位置
 Display(0,8);                //执行Display(0,8)显示操作增键或减键之后的8位数字
 }
}
/*以下DelayUs为微秒级延时函数 */
void DelayUs (unsigned char tu)
{
 while(--tu);
}
/*以下DelayMs为毫秒级延时函数 */
void DelayMs(unsigned char tm)
{
 while(tm--)
 {
  DelayUs (248);
  DelayUs (248);
 }
}
/*以下为Display显示函数 */
void Display(unsigned char ShiWei,unsigned char WeiShu)
{
 unsigned char i;
 for(i=0;i<WeiShu;i++)
 {
  //WDM=0;
  //DuanSuo=1;
  //DuanSuo=0;

  WDM=WMtable[i+ShiWei];
  WeiSuo=1;
  WeiSuo=0;

  WDM= TData [i];
  DuanSuo=1;
  DuanSuo=0;
  DelayMs(2);
 }
}
```

图 7-9　两个按键控制多位数字增、减并用 8 位数码管显示的程序

在显示一位数字 num 时，只要采用 num%10（除 10 取余数）语句即可，若要显示多位数字，需要对多位数进行分解。以显示两位数 89 为例，应用 89/10=8 取得十位数 8，用 89%10=9 取得个位数 9，再把这两个数字的段码存到表格不同位置，在执行显示函数时会从表格中读取这两个数字的段码并显示在数码管不同位置上。在操作增键或减键时，num 值发生变化，数码管显示的数字随之发生变化。

7.1.9 按键长按与短按产生不同控制效果的程序及详解

单片机的端口有限且为了简化按键电路，可以对按键的长按与短按赋于不同的控制。如图 7-10 所示是按键长按与短按产生不同控制效果的程序。

```
/*用两个按键以长按和短按方式来控制数字快增减和慢增减的程序*/
#include<reg51.h>    //调用 reg51.h 文件对单片机各特殊功能寄存器进行地址定义
sbit KeyAdd=P3^0;    //用位定义关键字 sbit 将 KeyAdd(增键)代表 P3.0 端口
sbit KeyDec=P3^1;
#define WDM P0       //用 define（宏定义）命令将 WDM 代表 P0，程序中 WDM 与 P0 等同，
sbit DuanSuo=P2^2;
sbit WeiSuo=P2^3;

unsigned char code DMtable[10]={0x3f,0x06,0x5b,0x4f,0x66,0x6d,0x7d,0x07,0x7f,0x6f};  //定义一个 DMtable 表格，
                                                                                     //存放数字 0~9 的段码
unsigned char code WMtable[]={0xfe,0xfd,0xfb,0xf7,0xef,0xdf,0xbf,0x7f};   //定义一个 WMtable 表格，
                                                                          //存放 8 位数码管低位到高位的位码
unsigned char TData[8];   //定义一个可存放 8 个元素的一维数组(表格)TData

void DelayUs(unsigned char tu);   //声明一个 DelayUs（微秒级延时）函数，输入参数 tu 取值范围 0~255
void DelayMs(unsigned char tm);   //声明一个 DelayMs（毫秒级延时）函数，输入参数 tm 取值范围 0~255
void Display(unsigned char ShiWei,unsigned char WeiShu);  //声明一个 Display（显示）函数，两个输入参数
                                                          //ShiWei 和 WeiShu 分别为显示的起始位和显示的位数
void T0Int_S(void);   //声明一个 T0Int_S 函数，用来设置定时器及相关中断

/*以下为主程序部分*/
void main (void)
{
 unsigned char num=0,keytime;   //定义两个变量 num(显示的数字)和 keytime(按键按压计时)
 KeyAdd=1;                      //将增键的输入端口置高电平
 KeyDec=1;                      //将减键的输入端口置高电平
 T0Int_S();                     //执行 T0Int_S 函数，对定时器 T0 及相关中断进行设置，启动 T0 开始计时
 while (1)                      // while 小括号为 1（真）时，反复执行 while 首尾大括号内的语句
   {
   /*以下为增键长按和短按检测部分*/
   if(KeyAdd==0)    //检测增键是否按下，KeyAdd==0 表示按下，执行本 if 大括号内的语句，否则执行本 if 尾大括号之后的语句
    {
      DelayMs(10);   //延时 10ms 以避过按键抖动
    if(KeyAdd==0)   //再次检测增键是否按下，按下则往下执行，否则执行本 if 大括号之后的语句
       {
        while(KeyAdd==0)   //当增键仍处于按下(KeyAdd==0 成立)时反复执行 while 大括号内的语句，每执行一次约需 10ms
         {
          keytime++;       //将变量 keytime 值增 1
          DelayMs(10);     //延时 10ms
          if(keytime==200)  //如果 keytime=200（keytime++执行了 200 次，用时 2s），执行本 if 大括号的语句（长按执行的语句）
            {
             keytime=0;    //将 keytime 清 0
             while(KeyAdd==0)   //若增键处于还处于按下(KeyAdd==0 成立)，反复执行本 while 大括号内的语句
              {
               if(num<99)    //如果 num<99，执行本 if 大括号内的语句
                {
                 num++;      //将 num 值增 1
                 TData[0]=DMtable [num/10];   //分解显示的多位数字，/表示相除，%表示相除取余，比如 num=89，则 num/10=8，
                 TData[1]=DMtable [num%10];   //num%10=9，将 num 高、低位数字的段码分别送到 TData 表格的第一、第二个位置
                 DelayMs(50);                 //长按时 num 值变化的间隔时间为 50ms，长按后 5s 可让 num 值从 00 变到 99
                }
              }
            }
         }
        keytime=0;   //若未达到长按时间(keytime 未到 200)则认为是短按，将 keytime 值清 0，防止多次短按累加计时
         if(num<99)   //如果 num<99，执行本 if 大括号内的语句
           {
            num++;    //将 num 值增 1
           }
       }
    }
   /*以下为减键长按和短按检测部分*/
   if(KeyDec==0)   //检测减键是否按下，KeyDec==0 表示按下，执行本 if 大括号内的语句，否则执行本 if 尾大括号之后的语句
    {
      DelayMs(10);   //延时 10ms 以避过按键抖动
    if(KeyDec==0)   //再次检测减键是否按下，按下则往下执行，否则执行本 if 大括号之后的语句
       {
        while(KeyDec==0)   //当减键仍处于按下时反复执行本 while 大括号内的语句，每执行一次约需 10ms
         {
```

图 7-10 按键长按与短按产生不同控制效果的程序

```c
                    keytime++;              //将变量 keytime 值增 1
            DelayMs(10);    //延时 10ms
                  if(keytime==200)  //如果 keytime=200（keytime++执行了 200 次，用时 2s），执行本 if 大括号的语句（长按执行的语句）
                    {
                    keytime=0;              //将 keytime 清 0
                    while(KeyDec==0)        //若减键处于仍处于按下（KeyDec=0 成立），反复执行本 while 大括号内的语句
                      {
                      if(num>0)             //如果 num>0，执行本 if 大括号内的语句
                        {
                        num--;              //将 num 值减 1
                        TData[0]=DMtable [num/10];    //分解显示的多位数字，/表示相除，%表示相除取余，比如 num=89，则 num/10=8、
                        TData[1]=DMtable [num%10];    //num%10=9，将 num 高、低位数字的段码分别送到 TData 表格的第一、第二个位置
                        DelayMs(50);        //长按时 num 值变化的间隔时间为 50ms，长按后 5s 可让 num 值从 99 变到 00
                        }
                      }
                    }
              keytime=0;    //若未达到长按时间则认为是短按，将 keytime 值清 0，防止多次短按累加计时
                if(num>0)   //如果 num>0，执行本 if 大括号内的语句
                  {
                  num--;    //将 num 值减 1
                  }
                }
        /*以下语句将数字 num 分解，并从 DMtable 将分解的数字对应段码送给 TData，Display 函数从 TData 读取段码将数字显示出来*/
        TData[0]=DMtable [num/10];    //分解显示的多位数字，/表示相除，%表示相除取余，比如 num=89，则 num/10=8、num%10=9
        TData[1]=DMtable [num%10];    //将 num 高、低位数字的段码分别送到 TData 表格（数组）的第一、第二个位置
                        //在此处可添加主循环中其他需要一直工作的程序
        }
  }

/*以下 DelayUs 为微秒级延时函数，其输入参数为 unsigned char tu（无符号字符型变量 tu），tu 值为 8 位，取值范围 0～255，
如果单片机的晶振频率为 12M，本函数延时时间可用 T=（tu×2+5）us 近似计算，比如 tu=248，T=501 us≈0.5ms */
void DelayUs (unsigned char tu)     //DelayUs 为微秒级延时函数，其输入参数为无符号字符型变量 tu
{
  while(--tu);      //while 为循环语句，每执行一次 while 语句，tu 值就减 1，直到 tu 值为 0 时才执行 while 尾大括号之后的语句
}

/*以下 DelayMs 为毫秒级延时函数，该函数内部使用了两个 DelayUs (248) 函数，它们共延时 1002us（约 1ms），由于 tm 值最大为 255，
故本 DelayMs 函数最大延时时间为 255ms，若将输入参数定义为 unsigned int tm，则最长可获得 65535ms 的延时时间*/
void DelayMs(unsigned char tm)
{
  while(tm--)
    {
    DelayUs (248);
    DelayUs (248);
    }
}

/*以下为 Display 显示函数，用于驱动 8 位数码管动态扫描显示字符，输入参数 ShiWei 表示显示的开始位，如 ShiWei 为 0 表示
从第一个数码管开始显示，WeiShu 表示显示的位数，如显示 99 两位数应让 WeiShu 为 2 */
void Display(unsigned char ShiWei,unsigned char WeiShu)  // Display（显示）函数有两个输入参数，
                                                         //分别为 ShiWei（开始位）和 WeiShu（位数）
{
  static unsigned char i;   //声明一个静态（static）无符号字符型变量 i（表示显示位，0 表示第 1 位），静态变量占用的
                            //存储单元在程序退出前不会释放给变量使用
  WDM=WMtable[i+ShiWei];    //将 WMtable 表格中的第 i+ShiWei +1 个位码送给 P0 端口输出
  WeiSuo=1;                 //让 P2.3 端口输出高电平，开通位码锁存器，锁存器输入变化时输出也会随之变化
  WeiSuo=0;                 //让 P2.3 端口输出低电平，位码锁存器被封锁，锁存器的输出值被锁定不变

  WDM=TData[i];             //将 TData 表格中的第 i+1 个段码送到 P0 端口输出
  DuanSuo=1;                //让 P2.2 端口输出高电平，开通段码锁存器，锁存器输入变化时输出会随之变化
  DuanSuo=0;                //让 P2.2 端口输出低电平，段码锁存器被封锁，锁存器的输出值被锁定不变

  i++;                      //将 i 值加 1，准备显示下一位数字
  if(i==WeiShu)             //如果 i==WeiShu 表示显示到最后一位，执行 i=0
    {
    i=0;                    //将 i 值清 0，以便从数码管的第 1 位开始再次显示
    }
}

/*以下为定时器及相关中断设置函数*/
void T0Int_S (void)         //函数名为 T0Int_S，输入和输出参数均为 void（空）
{
  TMOD=0x01;                //让 TMOD 寄存器的 M1M0=01，设 T0 工作在方式 1（16 位计数器）
  TH0=(65536-2000)/256;     //将定时初值的高 8 位放入 TH0，"/"为除法运算符号
  TL0=(65536-2000)%256;     //将定时初值的低 8 位放入 TL0，"%"为相除取余数符号
  EA=1;                     //让 IE 寄存器的 EA=1，打开总中断
  ET0=1;                    //让 IE 寄存器的 ET0=1，允许 T0 的中断请求
  TR0=1;                    //让 TCON 寄存器的 TR0=1，启动 T0 在 TH0、TL0 初值基础上开始计数
}

/*以下 T0Int_Z 为定时器中断函数，用"(返回值) 函数名 (输入参数) interrupt n using m"格式定义一函数名 T0Int_Z 的
中断函数，n 为中断源编号，n=0～4，m 为用作保护中断点的寄存器组，可使用 4 组寄存器（0～3），每组有 7 个寄存器（R0～R7），
m=0～3，若只有一个中断，可不写"using m"，使用多个中断时，不同中断应使用不同 m*/
void T0Int_Z (void) interrupt 1   //T0Int_Z 为中断函数（用 interrupt 定义），并且为 T0 的中断函数（中断源编号 n=1）
{
  TH0=(65536-2000)/256;     //将定时初值的高 8 位放入 TH0，"/"为除法运算符号
  TL0=(65536-2000)%256;     //将定时初值的低 8 位放入 TL0，"%"为相除取余数符号
  Display(0,8);             //执行 Display 显示函数，从第 1 位（0）开始显示，共显示 8 位（8）
}
```

图 7-10 按键长按与短按产生不同控制效果的程序（续）

（1）运行现象

程序在运行时，每短按一次增键（P3.0 端口外接的 S1 键），8 位数码管显示的两位数字增 1，增到 99 不再增大；每短按一次减键（P3.1 端口外接的 S2 键），8 位数码管显示的两位数字减 1，减到 00 不再减小；如果长按增键（超过 2s），数码管显示的两位数快速增大，从 00 增大到 99 约需 5s（每增一次 1 需时间 0.05s）；长按减键，可使数码管显示的两位数快速减小。

（2）程序工作过程

程序在运行时首先进入 main 函数→在 main 函数中执行并进入 T0Int_S() 函数→在 T0Int_S() 函数中对定时器 T0 及有关中断进行设置，并启动 T0 开始 2ms 计时→从 T0Int_S() 函数返回到 main 函数，先检测增键，若增键长按则将 num 值（要显示的数字）快速连续增 1，若增键短按则每按一次将 num 值增 1，如果增键未按下则检测减键，减键长按将 num 值快速连续减 1，减键短按则每按一次将 num 值减 1，num 值的段码送入 TData 表格。

T0 定时器每计时 2ms 就会溢出一次，触发 T0Int_Z 定时中断函数执行→T0Int_Z 每次执行时会执行一次 Display 显示函数→Display 函数每执行一次会从 TData 表格中读取 num 数字的一位段码，并让数码管显示出来→Display 函数执行 8 次，就完成一次数码管由低到高的 8 位数字显示（本例只显示两位）。

总之，main 主函数进行增、减键长按和短按的检测和改变 num 值（要显示的数字），并将 num 值按位分解，将分解各位数的段码存入 TData 表格，与此同时，T0Int_Z 定时中断函数则每隔 2ms 就会执行一次，每次执行时就会执行一次 Display 函数，Display 函数会按顺序读取 TData 表格段码，将 num 值从低到高位在 8 位数码管上显示。

7.1.10　8 个独立按键控制 LED 和 LED 数码管显示的程序及详解

（1）现象

如图 7-11 所示是 8 个独立按键控制 LED 和 LED 数码管显示的程序。程序在运行时，按下 P3.0 端口的按键 S1 时，在 8 位数码管的第 1 位显示数字 1，以此类推，按下 P3.5 端口的按键 S6 时，在 8 位数码管的第 6 位显示 6，按下 P3.6 端口的按键 S7 时，P1.0 端口外接的 LED1 点亮，2s 后，P1.1 端口外接的 LED2 点亮，按下 P3.7 端口的按键 S8 时，数码管显示的数字全部熄灭（清屏），LED1、LED2 也熄灭。

```
/*8 个按键独立输入控制数码管显示和 LED 亮灭的程序*/
#include<reg51.h>       //调用 reg51.h 文件对单片机各特殊功能寄存器进行地址定义
sbit DuanSuo=P2^2;      //用位定义关键字 sbit 将 DuanSuo 代表 P2.2 端口
sbit WeiSuo=P2^3;
sbit LED1=P1^0;
sbit LED2=P1^1;
#define WDM P0          //用 define（宏定义）命令将 WDM 代表 P0，程序中 WDM 与 P0 等同
#define KeyP3 P3

unsigned char code DMtable[10]={0x06,0x5b,0x4f,0x66,0x6d,0x7d,0x07,0x7f,0x6f};  //定义一个 DMtable 表格，
                                                                                 //存放数字 1～9 的段码
unsigned char code WMtable[]={0xfe,0xfd,0xfb,0xf7,0xef,0xdf,0xbf,0x7f};  //定义一个 WMtable 表格，
                                                                          //存放 8 位数码管低位到高位的位码
unsigned char TData[8];    //定义一个可存放 8 个元素的一维数组(表格)TData

void DelayUs(unsigned char tu);      //声明一个 DelayUs（微秒级延时）函数，输入参数 tu 取值范围 0～255
void DelayMs(unsigned char tm);      //声明一个 DelayMs（毫秒级延时）函数，输入参数 tm 取值范围 0～65535
void Display(unsigned char ShiWei,unsigned char WeiShu);  //声明一个 Display（显示）函数，两个输入参数
                                                           //ShiWei 和 WeiShu 分别为显示的起始位和显示的位数
void T0Int_S(void);        //声明一个 T0Int_S 函数，用来设置定时器及相关中断
unsigned char KeyS (void); //声明一个 KeyS（键盘检测）函数，用来检测 8 个按键的状态，并返回相应的键值
                           //或执行相应语句

/*以下为主程序部分-*/
void main (void)
{
```

图 7-11　8 个独立按键控制 LED 和 LED 数码管显示的程序

```c
  unsigned char num,j;      //声明两个变量：num(显示的数字)和j(表格存储单元的序号)
  T0Int_S ();               //执行T0Int_S函数，对定时器T0及相关中断进行设置，启动T0计时
  while (1)                 //while 小括号为1(真)时，反复执行while首尾大括号内的语句
  {
    num=KeyS();             //将KeyS()函数的输出参数(返回值)赋给num
    if(num)                 //如果num值不是0(为真)，执行本if大括号内的语句
    {
      if(num<7)             //如果n<8成立，执行本if大括号内的语句
      {
        TData[num-1]=DMtable[num-1]; //将DMtable表格第num个数据(num数字的段码)存到TData表格的第num个位置，
                            //DMtable按顺序存放1～9的段码，DMtable[0]表示该表格的第1个位置
      }
      if(num==8)            //如果num=8成立，执行本if大括号内的语句，熄灭LED和数码管清屏
      {
        LED1=1;             //将P1.0端口置高电平，熄灭LED1
        LED2=1;             //将P1.1端口置高电平，熄灭LED2
        for(j=0;j<8;j++)    //for为循环语句，大括号内的语句执行8次，依次将TData表格第1～8个位置的数据清0，
                            //Display显示函数无从读取数字段码，数码管显示数字全部消失
        {
          TData[j]=0;       //将TData表格的第j+1个位置的数据清0
        }
      }
    }
                            //在此处可添加主循环中其他需要一直工作的程序
  }
}
/*以下DelayUs为微秒级延时函数，其输入参数为unsigned char tu(无符号字符型变量tu)，tu值为8位，取值范围0～255，
如果单片机的晶振频率为12M，本函数延时时间可用T=(tu×2+5)us近似计算，比如tu=248，T=501 us≈0.5ms */
void DelayUs (unsigned char tu)   //DelayUs为微秒级延时函数，其输入参数为无符号字符型变量tu
{
  while(--tu);  //while为循环语句，每执行一次while语句，tu值递减1，直到tu值为0时才执行while尾大括号之后的语句
}
/*以下DelayMs为毫秒级延时函数，该函数内部使用了两个DelayUs (248)函数，它们共延时1002us(约1ms)，由于tm值最大
为255，故本DelayMs函数最大延时时间为255ms，若将输入参数定义为unsigned int tm，则最长可获得65535ms的延时时间*/
void DelayMs(unsigned char tm)
{
  while(tm--)
  {
    DelayUs (248);
    DelayUs (248);
  }
}
/*以下为Display显示函数，用于驱动8位数码管动态扫描显示字符，输入参数ShiWei表示显示的开始位，
如ShiWei为0表示从第一个数码管开始显示，WeiShu表示显示的位数，如显示99两位数应让WeiShu为2 */
void Display(unsigned char ShiWei,unsigned char WeiShu)  // Display(显示)函数有两个输入参数，
                            //分别为ShiWei(开始位)和WeiShu(位数)
{
  static unsigned char i;   //声明一个静态(static)无符号字符型变量i(表示显示位，0表示第1位)，
                            //静态变量占用的存储单元在程序退出前不会释放给变量使用
  WDM=WMtable[i+ShiWei];    //将WMtable表格中的第i+ShiWei +1个码送给P0端口输出
  WeiSuo=1;                 //让P2.3端口输出高电平，开通位码锁存器，锁存器输入变化时输出会随之变化
  WeiSuo=0;                 //让P2.3端口输出低电平，位码锁存器被封锁，锁存器的输出值被锁定不变

  WDM=TData [i];            //将TData表格中的第i+1个段码送给P0端口输出
  DuanSuo=1;                //让P2.2端口输出高电平，开通段码锁存器，锁存器输入变化时输出会随之变化
  DuanSuo=0;                //让P2.2端口输出低电平，段码锁存器被封锁，锁存器的输出值被锁定不变

  i++;                      //将i值加1，准备显示下一位数字
  if(i==WeiShu)             //如果i=WeiShu 表示显示到最后一位，执行i=0
  {
    i=0;                    //将i值清0，以便从数码管的第1位开始再次显示
  }
}

/*以下为定时器及相关中断设置函数*/
void T0Int_S (void)         //函数名为T0Int_S，输入和输出参数均为void(空)
{
  TMOD=0x01;                //让TMOD寄存器的M1M0=01，设T0工作在方式1(16位计数器)
  TH0=0;                    //将TH0寄存器清0
  TL0=0;                    //将TL0寄存器清0
  EA=1;                     //让IE寄存器的EA=1，打开总中断
  ET0=1;                    //让IE寄存器的ET0=1，允许T0的中断请求
  TR0=1;                    //让TCON寄存器的TR0=1，启动T0在TH0、TL0初值基础上开始计数
}

/*以下T0Int_Z为定时器中断函数，用"(返回值)函数名(输入参数) interrupt n using m"格式定义一个函数名T0Int_Z的
中断函数，n为中断源编号，n=0～4，m为中断保护中断前的寄存器，可使用4组寄存器(0～3)，每组有7个寄存器
(R0～R7)，m=0～3，若只有一个中断，可不写"using m"，使用多个中断时，不同中断应使用不同m*/
void T0Int_Z (void) interrupt 1    // T0Int_Z为中断函数(用interrupt 定义)，并且为T0的中断函数(中断源编号n=1)
{
  TH0=(65536-2000)/256;     //将定时初值的高8位放入TH0，"/"为除法运算符号
  TL0=(65536-2000)%256;     //将定时初值的低8位放入TL0，"%"为相除取余数符号
  Display(0,8);             //执行Display显示函数，从第1位(0)开始显示，共显示8位(8)
}

/*以下KeyS函数用作8个按键的键盘检测*/
unsigned char KeyS(void)    //KeyS函数的输入参数类型为空(void)，输出参数类型为无符号字符型
{
  unsigned char keyZ;       //声明一个无符号字符型变量keyZ(表示按键值)
  if(KeyP3!=0xff)           //如果P3≠FFH成立，表示有按键按下，执行本if大括号内的语句
  {
    DelayMs(10);            //执行DelayMs函数，延时10s去抖
    if(KeyP3!=0xff)         //又一次检测P3端口是否有按键按下，有则P3≠FFH成立，执行本if大括号内的语句
    {
```

图7-11 8个独立按键控制LED和LED数码管显示的程序(续)

```
            keyZ=KeyP3;            //将 P3 端口值赋给变量 keyZ
            while(KeyP3!=0xff);    //再次检测 P3 端口的按键是否处于按下，处于按下(表达式成立)反复执行本条语句，
                                   //一旦按键释放松开，马上往下执行
            switch(keyZ)           //switch 为多分支选择语句，后面小括号内 keyZ 为表达式
            {
             case 0xfe:return 1;break;   //如果 keyZ 值与常量 0xfe 相等("1"键按下)，将 1 送给 KeyS 函数的输出参数，
                                         //然后跳出 switch 语句，否则往下执行
             case 0xfd:return 2;break;   //如果 keyZ 值与常量 0xfd 相等("2"键按下)，将 2 送给 KeyS 函数的输出参数，
                                         //然后跳出 switch 语句，否则往下执行
             case 0xfb:return 3;break;
             case 0xf7:return 4;break;
             case 0xef:return 5;break;
             case 0xdf:return 6;break;
             case 0xbf:LED1=0;
                   DelayMs(2000) ;
                   LED2=0;
                   break;            //如果 keyZ 值与常量 0xbf 相等("7"键按下)，将 P1.0 端口置低电平，2s 后将 P1.1 端口
                                     //置低电平，然后跳出 switch 语句，否则往下执行
             case 0x7f:return 8;break;
             default:return 0;break; //如果 keyZ 值与所有 case 后面的常量均不相等，执行 default 之后的语句组，将 0 送给
                                     //KeyS 函数的输出参数，然后跳出 switch 语句
            }
          }
     return 0;   // 将 0 送给 KeyS 函数的输出参数
  }
```

图 7-11　8 个独立按键控制 LED 和 LED 数码管显示的程序（续）

（2）程序工作过程

程序运行时首先进入 main 函数→在 main 函数中执行并进入 T0Int_S()函数→在 T0Int_S()函数中对定时器 T0 及有关中断进行设置，并启动 T0 开始 2ms 计时→从 T0Int_S()函数返回到 main 函数，再执行 KeyS 键盘函数→在 KeyS 函数中，用 switch 多分支选择语句检测按下哪个键，如按下 S1 键，P3=KeyP3=keyZ=0xfe，会将 1 送给 KeyS 函数输出参数，如果按下 S7 键，则先将 P1.0 端口置低电平，点亮 LED1，2s 后将 P1.1 端口置低电平，点亮 LED2→返回 main 函数，将 KeyS 函数输出参数赋给 num→按下 S1 键时，num＝1<7，将 DMtable 表格中的第 1 个位置（即 DMtable[0]）的 1 的段码送到 TData 表格的第 1 个位置，如果按下 S8 键，会先熄灭 LED1、LED2，再按顺序依次将 TData 表格中的第 1～8 个位置的 1～6、8 的段码清 0，这样 Display 显示函数无法从 TData 表格中读到数字的段码，8 位数码管显示的数字消失。

T0 定时器每计时 2ms 就会溢出一次，触发 T0Int_Z 定时中断函数每隔 2ms 执行一次→T0Int_Z 每次执行时会执行一次 Display 显示函数→Display 函数每执行一次会从 TData 表格中读取 num 数字的段码（来自 DMtable），并让数码管显示对应位置上，如按下 S2 键，num 值为 2，DMtable 表格的第 2 个位置的 2 的段码送到 TData 表格的第 2 个位置，Display 函数第 1 次执行时，i 值为 0，TData [0]（TData 的第 1 个位置）无 1 的段码，故数码管第 1 位不显示，Display 函数第 2 次执行时，i 值为 1，TData [1]有 2 的段码，此时位码表格 WMtable 的[i+ShiWei]＝[2+0] =[2]，其送出选中数码管第 2 位的位码，故数码管第 2 位显示 2。

7.2　矩阵键盘输入电路及编程

7.2.1　16 键矩阵键盘输入与 8 位数码管显示的单片机电路

采用独立按键输入方式时，每个按键要占用一个端口，若按键数量很多时会占用大量端口，即独立按键输入方式不适合用在按键数量很多的场合，如果确实需要用到大量的按键输入，可用扫描检测方式的矩阵键盘输入电路。如图 7-12 所示是一种 16 键矩阵键盘输入与 8 位数码管显示的单片机电路，能在占用了 8 个端口的情况下实现 16 键输入。

矩阵键盘扫描输入原理：单片机首先让 P1.7～P1.4 为高电平，P1.3～P1.0 为低电平，即 P1＝11110000（0xf0），一旦有键按下，就会出现 P1≠11110000，单片机开始逐行检测按键，

第 7 章 独立按键与矩阵键盘输入电路及编程

图 7-12　16 键矩阵键盘输入与 8 位数码管显示的单片机电路

先检测第一行，让 P1.0 端口为低电平，P1 其他端口为高电平，即让 P1＝11111110（0xfe），再读取 P1 的值，如果 S1 键按下，P1.7 端口的高电平被 P1.0 端口的低电平拉低，读取的 P1 值为 01111110（0x7e），单片机查询该值对应着数字"0"（即该值为 0 的键码），将数字 0 的段码送给数码管显示出 0，S1 键的键值为 0（S1 键代表 0），如果第一行无任何键按下，读取的 P1＝11111110（0xfe），再用同样的方法检测第二行（让 P1＝11111101）、第三行（让 P1＝11111011）和第四行（让 P1＝11111000）。

7.2.2 矩阵键盘行列扫描方式输入及显示的程序及详解

（1）现象

如图 7-13 所示是 16 键矩阵键盘行列扫描方式输入及显示程序。程序运行时，按下某键（如按键 S1）时，在 8 位数码管的第 1 位显示该键的键值（0），再按其他按键（如按键 S11）时，在数码管的第 2 位显示该键的键值（A），以此类推，当按下第 8 个按键时数码管 8 位全部显示，按第 9 个任意键时，数码管显示的 8 位字符全部消失，按第 10 个按键时数码管又从第 1 位开始显示该键键值。

```
/*16键矩阵键盘行列扫描的输入及显示程序*/
#include<reg51.h>    //调用 reg51.h 文件对单片机各特殊功能寄存器进行地址定义
sbit DuanSuo =P2^2;  //用位定义关键字 sbit 将 DuanSuo 代表 P2.2 端口
sbit WeiSuo =P2^3;
#define WDM P0       //用 define（宏定义）命令将 WDM 代表 P0，程序中 WDM 与 P0 等同
#define KeyP1 P1

unsigned char code DMtable[]={0x3f,0x06,0x5b,0x4f,0x66,0x6d,0x7d,0x07,  //定义一个 DMtable 表格，依次
              0x7f,0x6f,0x77,0x7c,0x39,0x5e,0x79,0x71}; //存放字符 0~F 的段码
unsigned char code WMtable[]={0xfe,0xfd,0xfb,0xf7,0xef,0xdf,0xbf,0x7f}; //定义一个 WMtable 表格，依次存放
              //8 位数码管低位到高位的位码
unsigned char TData[8]; //定义一个可存放 8 个元素的一维数组（表格）TData

void DelayUs(unsigned char tu); //声明一个 DelayUs（微秒级延时）函数，输入参数 tu 取值范围 0~255
void DelayMs(unsigned char tm); //声明一个 DelayMs（毫秒级延时）函数，输入参数 tm 取值范围 0~255
void Display(unsigned char ShiWei,unsigned char WeiShu); //声明一个 Display（显示）函数，两个输入参数
              //ShiWei 和 WeiShu 分别为显示的起始位和显示的位数
void T0Int_S(void);     //声明一个 T0Int_S 函数，用来设置定时器及相关中断
unsigned char KeyS (void); //声明一个 KeyS（键盘扫描）函数，用来检测矩阵按键各按键的状态，并返回相应的键码
unsigned char KeyZ(void);  //声明一个 KeyZ（键码转键值）函数，用来将键码转换成相应的键值，并返回相应的键值

/*以下为主程序部分*/
void main (void)
{
 unsigned char num,i,j;  //声明 3 个变量 num（显示的字符）、i、j，三个变量的初值均为 0
 T0Int_S();              //执行 T0Int_S 函数，对定时器 T0 及相关中断进行设置，启动 T0 计时
 while (1)               //主循环
   {
  num=KeyZ();            //将 KeyZ（）函数的输出参数（返回值）赋给 num，执行该语句时会进入并执行 KeyZ 和 KeyS 函数
  if(num!=0xff)          //如果 num≠0xff 成立（即有键按下），执行本 if 大括号内的语句
    {
   if(i<8)               //如果 i<8 成立，执行本 if 大括号内的语句，将按键字符的段码在 TData 表格中依次存放
    {
     TData[i]=DMtable[num];  //将 DMtable 表格第 num+1 个数据(num 字符的段码)存到 Temp 表格的第 i+1 个位置
    }
   i++;                 //将 i 增 1
   if(i==9)             //如果 i=9 成立，执行本 if 大括号内的语句，清除 8 位数码管所有位的显示
    {
     for(j=0;j<8;j++)   //for 为循环语句，大括号内的语句执行 8 次，依次将 TData 表格第 1~8 个位置的数据清 0，
                       //Display 显示函数无从读取字符的段码，数码管显示字符全部消失
     {
      TData[j]=0;       //将 TData 表格的第 j+1 个位置的数据清 0
     }
     i=0;              //将 i 置 0
    }
    }
     //在此处可添加主循环中其他需要一直工作的程序
  }
}
```

图 7-13 16 键矩阵键盘行列扫描方式输入及显示程序

```c
/*以下 DelayUs 为微秒级延时函数,其输入参数为 unsigned char tu(无符号字符型变量 tu),tu 值为 8 位,取值范围 0~255,
如果单片机的晶振频率为 12M,本函数延时时间可用 T=(tu×2+5)us 近似计算,比如 tu=248,T=501 us≈0.5ms */
void DelayUs (unsigned char tu)    //DelayUs 为微秒级延时函数,其输入参数为无符号字符型变量 tu
{
 while(--tu);                      //while 为循环语句,每执行一次 while 语句,tu 值就减 1,
                                   //直到 tu 值为 0 时才执行 while 尾大括号之后的语句
}

/*以下 DelayMs 为毫秒级延时函数,其输入参数为 unsigned char tm(无符号字符型变量 tm),该函数内部使用了两个
DelayUs (248)函数,它们共延时 1002us(约 1ms),由于 tm 值最大为 255,故本 DelayMs 函数最大延时时间为 255ms,
若将输入参数定义为 unsigned int tm,则最长可获得 65535ms 的延时时间*/
void DelayMs(unsigned char tm)
{
 while(tm--)
  {
   DelayUs (248);
   DelayUs (248);
  }
}

/*以下为 Display 显示函数,用于驱动 8 位数码管动态扫描显示字符,输入参数 ShiWei 表示显示的开始位,如 ShiWei
为 0 表示从第一个数码管开始显示,WeiShu 表示显示的位数,如显示 99 两位应让 WeiShu 为 2 */
void Display(unsigned char ShiWei,unsigned char WeiShu)  // Display(显示)函数有两个输入参数,
                                   //分别为 ShiWei(开始位)和 WeiShu(位数)
 {
  static  unsigned char i;         //声明一个静态(static)无符号字符型变量 i(表示显示位,0 表示第 1 位),
                                   //静态变量占用的存储单元在程序退出前不会释放给变量使用
   WDM=WMtable[i+ShiWei];          //将 WMtable 表格中的第 i+ShiWei +1 个位码送给 P0 端口输出
   WeiSuo=1;                       //让 P2.3 端口输出高电平,开通位码锁存器,锁存器输入变化时输出会随之变化
   WeiSuo=0;                       //让 P2.3 端口输出低电平,位码锁存器被封锁,锁存器的输出值被锁定不变

   WDM=TData[i];                   //将 TData 表格中的第 i+1 个段码送给 P0 端口输出
   DuanSuo=1;                      //让 P2.2 端口输出高电平,开通段码锁存器,锁存器输入变化时输出会随之变化
   DuanSuo=0;                      //让 P2.2 端口输出低电平,段码锁存器被封锁,锁存器的输出值被锁定不变

   i++;                //将 i 值加 1,准备显示下一位数字
   if(i==WeiShu)       //如果 i= WeiShu 表示显示到最后一位,执行 i=0
    {
     i=0;              //将 i 值清 0,以便从数码管的第 1 位开始再次显示
    }
 }

/*以下为定时器及相关中断设置函数*/
void T0Int_S (void)    //函数名为 T0Int_S,输入和输出参数均为 void(空)
{
 TMOD=0x01;            //让 TMOD 寄存器的 M1M0=01,设 T0 工作在方式 1(16 位计数器)
 TH0=0;                //将 TH0 寄存器清 0
 TL0=0;                //让 TL0 寄存器清 0
 EA=1;                 //让 IE 寄存器的 EA=1,打开总中断
 ET0=1;                //让 IE 寄存器的 ET0=1,允许 T0 的中断请求
 TR0=1;                //让 TCON 寄存器的 TR0=1,启动 T0 在 TH0、TL0 初值基础上开始计数
}

/*以下 T0Int_Z 为定时器中断函数,用"(返回值) 函数名 (输入参数) interrupt n using m"格式定义一个函数名为
T0Int_Z 的中断函数,n 为中断源编号,n=0~4,m 为用作保护中断断点的寄存器组,可使用 4 组寄存器(0~3),每组
有 7 个寄存器(R0~R7),m=0~3,若只有一个中断,可不写"using m",使用多个中断时,不同中断应使用同一个 m*/
void T0Int_Z (void)   interrupt 1    // T0Int_Z 为中断函数(用 interrupt 定义),并且为 T0 的中断函数
                            //(中断源编号 n=1)
{
 TH0=(65536-2000)/256;             //将定时初值的高 8 位放入 TH0,"/"为除法运算符号
 TL0=(65536-2000)%256;             //将定时初值的低 8 位放入 TL0,"%"为相除取余数符号
 Display(0,8);                     //执行 Display 显示函数,从第 1 位(0)开始显示,共显示 8 位(8)
}

/*以下 KeyS 函数用来检测矩阵键盘的 16 个按键,其输出参数得到按下的按键的编码值*/
unsigned char KeyS(void)           //KeyS 函数的输入参数为空,输出参数为无符号字符型变量
{
 unsigned char KeyM;               //声明一个变量 KeyM,用于存放按键的编码值
 KeyP1=0xf0;                       //将 P1 端口的高 4 位置高电平,低 4 位拉低电平
 if(KeyP1!=0xf0)                   //如果 P1≠0xf0 成立,表示有按键按下,执行本 if 大括号内的语句
  {
   DelayMs(10);                    //延时 10ms 去抖
   if(KeyP1!=0xf0)                 //再次检测按键是否按下,按下则执行本 if 大括号内的语句
    {
     KeyP1=0xfe;         //让 P1=0xfe,即 P1.0 端口为低电平(P1 其它端口为高电平),检测第一行按键
        if(KeyP1!=0xfe)  //如果 P1≠0xfe 成立(比如 P1.7 与 P1.0 之间的按键 S1 按下时,P1.7 被 P1.0 拉低,KeyP1=0x7e)
                        //表示第一行按键按下,执行本 if 大括号内的语句
          {
           KeyM=KeyP1;           //将 P1 端口值赋给变量 KeyM
           DelayMs(10);          //延时 10ms 去抖
           while(KeyP1!=0xfe);   //若 P1≠0xfe 成立则反复执行本条语句,一旦按键释放,P1=0xfe(P1≠0xfe 不成立
                                 //则往下执行
           return KeyM;          //将变量 KeyM 的值送给 KeyS 函数的输出参数,如按下 P1.6 与 P1.0 之间的按键时,
                                 //KeyM=KeyP1=0xbe
          }
     KeyP1=0xfd;         //让 P1=0xfd,即让 P1.1 端口为低电平(P1 其它端口为高电平),检测第二行按键
        if(KeyP1!=0xfd)
          {
           KeyM=KeyP1;
           DelayMs(10);
           while(KeyP1!=0xfd);
           return KeyM;
          }
     KeyP1=0xfb;         //让 P1=0xfb,即让 P1.2 端口为低电平(P1 其它端口为高电平),检测第三行按键
        if(KeyP1!=0xfb)
          {
```

图 7-13 16 键矩阵键盘行列扫描方式输入及显示程序(续)

```c
                KeyM=KeyP1;
                DelayMs(10);
                while(KeyP1!=0xfb);
                return KeyM;
            }
        KeyP1=0xf7;            //让 P1=0xf7,即让 P1.3 端口为低电平（P1 其它端口为高电平），检测第四行按键
            if(KeyP1!=0xf7)
            {
                KeyM=KeyP1; ;
                DelayMs(10);
                while(KeyP1!=0xf7);
                return KeyM;
            }
        }
    return 0xff;    //如果无任何键按下，将 0xff 送给 KeyS 函数的输出参数
}
/* 以下 KeyZ 函数用于将键码转换成相应的键值，其输出参数得到按下的按键键值*/
unsigned char KeyZ(void)    //KeyS 函数的输入参数为空，输出参数为无符号字符型变量
{
    switch(KeyS())   // switch 为多分支选择语句，以 KeyS()函数的输出参数(按下的按键的编码值)作为选择依据
    {
        case 0x7e:return 0;break;    //如果 KeyS()函数的输出参数与常量 0x7e(0 的键码)相等，将 0 送给 KeyZ 函数的输出参数，
                                     //然后跳出 switch 语句，否则往下执行
        case 0x7d:return 1;break;    //如果 KeyS()函数的输出参数与常量 0x7d(1 的键码)相等，将 1 送给 KeyZ 函数的输出参数，
                                     //然后跳出 switch 语句，否则往下执行
        case 0x7b:return 2;break;
        case 0x77:return 3;break;
        case 0xbe:return 4;break;
        case 0xbd:return 5;break;
        case 0xbb:return 6;break;
        case 0xb7:return 7;break;
        case 0xde:return 8;break;
        case 0xdd:return 9;break;
        case 0xdb:return 10;break;
        case 0xd7:return 11;break;
        case 0xee:return 12;break;
        case 0xed:return 13;break;
        case 0xeb:return 14;break;
        case 0xe7:return 15;break;
        default:return 0xff;break;   //如果 KeyS()函数的输出参数与所有 case 后面的常量均不相等，执行 default
                                     //之后的语句组，将 0xff 送给 KeyS 函数的输出参数，然后跳出 switch 语句
    }
}
```

图 7-13 16 键矩阵键盘行列扫描方式输入及显示程序（续）

（2）程序工作过程

程序运行时首先进入 main 函数→在 main 函数中执行并进入 T0Int_S()函数→在 T0Int_S() 函数中对定时器 T0 及有关中断进行设置，并启动 T0 开始 2ms 计时→从 T0Int_S()函数返回到 main 函数，执行 while 循环语句（while 首尾大括号内的语句会反复循环执行）。

在 while 主循环语句中，先执行并进入 KeyZ 函数→在 KeyZ 函数（键码转键值函数）中，switch 语句需要读取 KeyS 函数的输出参数（键码），故需执行并进入 KeyS 函数→在 KeyS 函数中，检测矩阵键盘按下的按键，得到该键的键码→返回到 KeyZ 函数→在 KeyZ 函数中，switch 语句以从 KeyS 函数的输出参数读取的键码作为依据，找到其对应的键值赋给 KeyZ 函数的输出参数→程序返回到主程序的 while 语句→将 KeyZ 函数的输出参数（按键的键值）赋给变量 num→如果未按下任何键，num 值将为 0xff，第一个 if 语句不会执行，其内嵌的两个 if 语句和 for 语句也不会执行→若按下某键，如按下 S7 键（键值为 6），num 值为 6，num≠0xff 成立→第一个 if 语句执行，由于 i 的初始值为 0，i<8 成立，第二个 if 语句也执行，先将 DMtable 表格第 7 个位置的段码（DMtable[6]，该位置存放着 6 的段码）存到 TData 表格的第 1 个位置（TData [0]）→执行 i++，i 由 0 变成 1→如果按下第 2 个按键 S11（键值为 A），num 值为 A，num≠0xff 和 i<8 成立，第一个 if 语句及内嵌的第二个 if 语句先后执行→在第二个 if 语句中，先将 DMtable 表格第 11 个位置的段码（DMtable[10]，该位置存放着 A 的段码）存到 TData 表格的第 2 个位置（TData [1]）→执行 i++，i 由 1 变成 2，以后过程相同→当按下第 8 个按键，该键的字符段码存放到第 8 个位置（TData [7]），再执行 i++，i

由 7 变成 8→如果按下第 9 个按键，i<8 不成立，第二个 if 语句不会执行，i++ 又执行一次，i 由 8 变成 9→i=9 成立，第三个 if 语句和内嵌的 for 语句先后执行→for 语句会执行 8 次，从低到高将 TData 表格的第 1~8 个位置的数据（按键字符的段码）清 0，数码管显示的 8 个字符会消失（数码管清屏）→再执行 i=0，将 i 值清 0，这样按第 10 个按键时，又从数码管的第 1 位开始显示。

在主程序中执行 T0Int_S() 函数对定时器 T0 及有关中断进行设置，并启动 T0 开始 2ms 计时后，T0 定时器每计时 2ms 就会溢出一次，触发 T0Int_Z 定时中断函数每隔 2ms 执行一次→T0Int_Z 每次执行时会执行一次 Display 显示函数→Display 函数第一次执行时，其静态变量 i=0（与主程序中变量 i 不是同一个变量），Display 函数从 WMtable 表格读取第 1 位位码（WMtable[i+ShiWei]=WMtable[0]），从 TData 表格读取第 1 个位置的段码（TData[i]=TData[0]），并通过 P0 端口先后发送到位码和段码锁存器，驱动 8 位数码管第 1 位显示字符→Display 函数第二次执行时，其静态变量 i=1，Display 函数从 WMtable 表格读取第 2 位位码，从 TData 表格读取第 2 个位置的段码，再通过 P0 端口先后发送到位码和段码锁存器，驱动 8 位数码管第 2 位显示字符，后面 6 位显示过程与此相同。

T0Int_S() 中断设置函数、T0Int_Z 中断函数和 Display 显示函数用于将按键字符显示出来，Display 函数是由定时器中断触发运行的，每隔一定的时间（2ms）执行一次（执行一次显示 1 位），由低到高逐个读取 TData 表格中的字符段码并驱动数码管显示出来。主程序、KeyS 键盘检测函数和 KeyZ 键码转键值函数负责检测按键、获得键值，再将按键键值（按键代表的字符）的段码送入 TData 表格，Display 函数每隔 2ms 从 TData 表格读取字符段码并显示出来。主程序与 Display 函数是并列关系，两者都独立运行，TData 表格是两者的关联点，前者根据按键改变 TData 表格中的数据，Display 函数则每隔一定时间从 TData 表格读取数据并显示出来。

7.2.3　中断触发键盘行列扫描的矩阵键盘输入显示电路及程序

对于图 7-13 所示的普通矩阵键盘行列扫描输入方式，在主程序的 while 主循环中，每循环一次都需要进入并执行 KeyS 键盘检测函数和 KeyZ 键码转键值函数，这样会浪费 CPU 的时间，降低其工作效率。采用中断方式的矩阵键盘行列扫描输入，可以在未按下按键时让 CPU 不执行 KeyS 和 KeyZ 函数，全力去执行主程序其他语句，一旦按下按键触发中断，CPU 才去执行 KeyS 和 KeyZ 函数检测按键。

1. 电路

如图 7-14 所示为中断方式的矩阵键盘行列扫描的输入及显示电路（显示电路部分与图 7-12 电路相同，本图略），它在图 7-12 的基础上增加了 4 个二极管，并与单片机的 INT0（外部中断 0）端连接。在工作时，单片机让 P1.7~P1.4 为高电平，P1.3~P1.0 为低电平，即 P1=11110000（0xf0），当按下 S1~S16 中任何一个按键时，VD1~VD4 中有一个二极管会导通，使 INT0 端由高电平变为低电平（下降沿），从而触发 INT0 中断函数，该中断函数则让主程序进入并执行键盘检测函数（未按按键时主程序不会执行键盘检测函数）。

图 7-14 中断触发键盘行列扫描的矩阵键盘输入及显示电路

2. 程序

（1）现象

如图 7-15 所示为中断触发键盘行列扫描的矩阵键盘输入及显示程序，该程序运行的表现与图 7-13 所示程序是一样的。

```
/*中断触发键盘行列扫描的矩阵键盘输入及显示程序*/
#include<reg51.h>   //调用 reg51.h 文件对单片机各特殊功能寄存器进行地址定义
sbit DuanSuo=P2^2;  //用位定义关键字 sbit 将 DuanSuo 代表 P2.2 端口
sbit WeiSuo=P2^3;
bit KeyFlag;        //用关键字 bit 将 KeyFlag 定义为位变量，KeyFlag 默认初值为 0
#define WDM P0      //用 define（宏定义）命令将 WDM 代表 P0，程序中 WDM 与 P0 等同
#define KeyP1 P1

unsigned char code DMtable[]={0x3f,0x06,0x5b,0x4f,0x66,0x6d,0x7d,0x07,  //定义一个 DMtable 表格，依次
                0x7f,0x6f,0x77,0x7c,0x39,0x5e,0x79,0x71}; //存放字符 0~F 的段码
unsigned char code WMtable[]={0xfe,0xfd,0xfb,0xf7,0xef,0xdf,0xbf,0x7f}; //定义一个 WMtable 表格，依次存放
                                                        //8 位数码管低位到高位的位码
unsigned char TData[8]; //定义一个可存放 8 个元素的一维数组(表格)TData

void DelayUs(unsigned char tu);  //声明一个 DelayUs（微秒级延时）函数，输入参数 tu 取值范围 0~255
void DelayMs(unsigned char tm);  //声明一个 DelayMs（毫秒级延时）函数，输入参数 tm 取值范围 0~255
void Display(unsigned char ShiWei,unsigned char WeiShu); //声明一个 Display(显示)函数，两个输入参数
                                         //ShiWei 和 WeiShu 分别为显示的起始位和显示的位数
void T0Int_S(void);           //声明一个 T0Int_S 函数，用来设置定时器及相关中断
unsigned char KeyS (void);    //声明一个 KeyS（键盘扫描）函数，用来检测矩阵按键各按键的状态，并返回相应的键码
unsigned char KeyZ(void);     //声明一个 KeyZ 函数，用来将键码转换成相应的键值，并返回相应的键值
void INT0_S(void);            //声明一个 INT0_S 函数，用来设置外部中断 0（INT0）
```

图 7-15 中断触发键盘行列扫描的矩阵键盘输入及显示程序

```c
/*以下为主程序部分*/
void main (void)
{
 unsigned char num,i,j;      //声明 3 个变量 num(显示的字符)、i、j
 T0Int_S();                   //执行 T0Int_S 函数,对定时器 T0 及相关中断进行设置,启动 T0 计时
 INT0_S();                    //执行 INT0_S 函数,设置外部中断 0 的请求方式并打开该中断
 while (1)                    //主循环
  {
   KeyP1=0xf0;                //将 P1 端口的高 4 位置高电平,低 4 位拉低电平
   if(KeyFlag==1)             //如果 KeyFlag=1 成立(KeyFlag 由 INT0_Z 中断函数置 1),执行本 if 大括号内的语句
    {
     KeyFlag=0;               //将 KeyFlag (按键按下标志) 置 0
     num=KeyZ();              //将 KeyZ 函数的输出参数值赋给 num
     if(num!=0xff)            //如果 num≠0xff 成立(即有键按下),执行本 if 大括号内的语句
      {
       if(i<8)                //如果 i<8 成立,执行本 if 大括号内的语句
        {
         TData[i]=DMtable[num];   //将 DMtable 表格第 num+1 个数据(num 字符的段码)存到 Temp 表格的第 i+1 个位置
        }
       i++;                   //将 i 增 1
       if(i==9)               //如果 i=9 成立,执行本 if 大括号内的语句,清除 8 位数码管所有位的显示
        {
         i=0;                 //将 i 置 0
         for(j=0;j<8;j++)     //for 为循环语句,大括号内的语句执行 8 次,依次将 TData 表格第 1~8 个位置的数据清 0,
                              //Display 显示函数无从读取字符的段码,数码管显示字符全部消失
          {
           TData[j]=0;        //将 TData 表格的第 j+1 个位置的数据清 0
          }
        }
      }
    }
                              //在此处可添加主循环中其他需要一直工作的程序
  }
}

/*以下 DelayUs 为微秒级延时函数,其输入参数为 unsigned char tu(无符号字符型变量 tu),tu 值为 8 位,取值范围 0~255,
如果单片机的晶振频率为 12M,本函数延时时间可用 T=(tu×2+5) us 近似计算,比如 tu=248,T=501 us≈0.5ms */
void DelayUs (unsigned char tu)    //DelayUs 为微秒级延时函数,其输入参数为无符号字符型变量 tu
{
 while(--tu);                 //while 为循环语句,每执行一次 while 语句,tu 值就减 1,
                              //直到 tu 值为 0 时才执行 while 尾大括号之后的语句
}

/*以下 DelayMs 为毫秒级延时函数,其输入参数为 unsigned char tm (无符号字符型变量 tm),该函数内部使用了两个
DelayUs (248)函数,它们共延时 1002us (约 1ms),由于 tm 值最大为 255,故本 DelayMs 函数最大延时时间为 255ms,
若将输入参数定义为 unsigned int tm,则最长可获得 65535ms 的延时时间*/
void DelayMs(unsigned char tm)
{
 while(tm--)
  {
   DelayUs (248);
   DelayUs (248);
  }
}

/*以下为 Display 显示函数,用于驱动 8 位数码管动态扫描显示字符,输入参数 ShiWei 表示显示的开始位,如 ShiWei
为 0 表示从第一个数码管开始显示,WeiShu 表示显示的位数,如显示 99 两位数应让 WeiShu 为 2 */
void Display(unsigned char ShiWei,unsigned char WeiShu)  //Display (显示)函数有两个输入参数,
                                                         //分别为 ShiWei (开始位)和 WeiShu (位数)
{
 static  unsigned char i;    //声明一个静态(static)无符号字符型变量 i(表示显示位,0 表示第 1 位),
                             //静态变量占用的存储单元在程序退出前不会释放给变量使用
 WDM=WMtable[i+ShiWei];      //将 WMtable 表格中的第 i+ShiWei +1 个位码送给 P0 端口输出
 WeiSuo=1;                   //让 P2.3 端口输出高电平,开通位码锁存器,锁存器输入变化时输出会随之变化
 WeiSuo=0;                   //让 P2.3 端口输出低电平,位码锁存器被封锁,锁存器的输出值被锁定不变

 WDM=TData [i];              //将 TData 表格中的第 i+1 个段码送给 P0 端口输出
 DuanSuo=1;                  //让 P2.2 端口输出高电平,开通段码锁存器,锁存器输入变化时输出会随之变化
 DuanSuo=0;                  //让 P2.2 端口输出低电平,段码锁存器被封锁,锁存器的输出值被锁定不变

 i++;                        //将 i 值加 1,准备显示下一位数字
 if(i==WeiShu)               //如果 i= WeiShu 表示显示到最后一位,执行 i=0
  {
   i=0;                      //将 i 值清 0,以便从数码管的第 1 位开始再次显示
  }
}

/*以下 T0Int_S 为定时器及相关中断设置函数*/
void T0Int_S (void)          //函数名为 T0Int_S,输入和输出参数均为 void (空)
{
 TMOD=0x01;                  //让 TMOD 寄存器的 M1M0=01,设 T0 工作在方式 1 (16 位计数器)
 TH0=0;                      //将 TH0 寄存器清 0
 TL0=0;                      //将 TL0 寄存器清 0
 EA=1;                       //让 IE 寄存器的 EA=1,打开总中断
 ET0=1;                      //让 IE 寄存器的 ET0=1,允许 T0 的中断请求
 TR0=1;                      //让 TCON 寄存器的 TR0=1,启动 T0 在 TH0、TL0 初值基础上开始计数
}

/*以下 T0Int_Z 为定时器中断函数,用"(返回值) 函数名 (输入参数) interrupt n using m"格式定义一个函数名为
T0Int_Z 的中断函数, n 为中断源编号,n=0~4,m 为用作保护中断断点的寄存器组,可使用 4 组寄存器 (0~3),每组
有 7 个寄存器 (R0~R7),m=0~3,若只有一个中断,也可不写"using m",使用多个中断时,不同中断应使用不同 m*/
void T0Int_Z (void)  interrupt 1   // T0Int_Z 为中断函数(用 interrupt 定义),并且为 T0 的中断函数
                                   //(中断源编号 n=1)
{
 TH0=(65536-2000)/256;       //将定时初值的高 8 位放入 TH0,"/"为除法运算符号
 TL0=(65536-2000)%256;       //将定时初值的低 8 位放入 TL0,"%"为相除取余数符号
```

图 7-15 中断触发键盘行列扫描的矩阵键盘输入及显示程序(续)

```c
        Display(0,8);              //执行Display显示函数,从第1位(0)开始显示,共显示8位(8)
    }
/*以下KeyS函数用来检测矩阵键盘的16个按键,其输出参数得到按下的按键的编码值*/
unsigned char KeyS(void)     //KeyS函数的输入参数为空,输出参数为无符号字符型变量
{
    unsigned char KeyM;        //声明一个变量KeyM,用于存放按键的编码值
    KeyP1=0xf0;                //将P1端口的高4位置高电平,低4位拉低电平
    if(KeyP1!=0xf0)            //如果P1≠0xf0成立,表示有按键按下,执行本if大括号内的语句
    {
        DelayMs(10);           //延时10ms去抖
        if(KeyP1!=0xf0)        //再次检测按键是否按下,按下则执行本if大括号内的语句
        {
            KeyP1=0xfe;        //让P1=0xfe,即让P1.0端口为低电平(P1其它端口为高电平),检测第一行按键
                if(KeyP1!=0xfe)   //如果P1≠0xfe成立(比如P1.7与P1.0之间的按键S1按下时,P1.7被P1.0拉低,KeyP1=0x7e)
                                  //表示第一行有按键按下,执行本if大括号内的语句
                {
                    KeyM=KeyP1;     //将P1端口值赋给变量KeyM
                    DelayMs(10);    //延时10ms去抖
                    while(KeyP1!=0xfe); //若P1=0xfe成立则反复执行本条语句,一旦按键释放,P1=0xfe(P1≠0xfe不成立
                                        //则往下执行
                    return KeyM;    //将变量KeyM的值送给KeyS函数的输出参数,如按下P1.6与P1.0之间的按键时,
                                    //KeyM=KeyP1=0xbe
                }
            KeyP1=0xfd;            //让P1=0xfd,即让P1.1端口为低电平(P1其它端口为高电平),检测第二行按键
                if(KeyP1!=0xfd)
                {
                    KeyM=KeyP1;
                    DelayMs(10);
                    while(KeyP1!=0xfd);
                    return KeyM;
                }
            KeyP1=0xfb;            //让P1=0xfb,即让P1.2端口为低电平(P1其它端口为高电平),检测第三行按键
                if(KeyP1!=0xfb)
                {
                    KeyM=KeyP1;
                    DelayMs(10);
                    while(KeyP1!=0xfb);
                    return KeyM;
                }
            KeyP1=0xf7;            //让P1=0xf7,即让P1.3端口为低电平(P1其它端口为高电平),检测第四行按键
                if(KeyP1!=0xf7)
                {
                    KeyM=KeyP1; ;
                    DelayMs(10);
                    while(KeyP1!=0xf7);
                    return KeyM;
                }
        }
    }
    return 0xff;    //如果无任何键按下,将0xff送给KeyS函数的输出参数
}
/* 以下KeyZ函数用于将键码转换成相应的键值,其输出参数得到按下的按键键值*/
unsigned char KeyZ(void)     //KeyS函数的输入参数为空,输出参数为无符号字符型变量
{
    switch(KeyS())        //switch为多分支选择语句,以KeyS()函数的输出参数(按下的按键的编码值)作为选择依据
    {
        case 0x7e:return 0;break;  //如果KeyS()函数的输出参数与常量0x7e(0的键码)相等,将0送给KeyZ函数的输出参数,
                                   //然后跳出switch语句,否则往下执行
        case 0x7d:return 1;break;  //如果KeyS()函数的输出参数与常量0x7d(1的键码)相等,将1送给KeyZ函数的输出参数,
                                   //然后跳出switch语句,否则往下执行
        case 0x7b:return 2;break;
        case 0x77:return 3;break;
        case 0xbe:return 4;break;
        case 0xbd:return 5;break;
        case 0xbb:return 6;break;
        case 0xb7:return 7;break;
        case 0xde:return 8;break;
        case 0xdd:return 9;break;
        case 0xdb:return 10;break;
        case 0xd7:return 11;break;
        case 0xee:return 12;break;
        case 0xed:return 13;break;
        case 0xeb:return 14;break;
        case 0xe7:return 15;break;
        default:return 0xff;break;  //如果KeyS()函数的输出参数与所有case后面的常量均不相等,执行default
                                    //之后的语句组,将0xff送给KeyS函数的输出参数,然后跳出switch语句
    }
}
/* 以下INT0_S为中断设置函数,用来对外部中断0(INT0)进行设置*/
void INT0_S(void)
{
    EA=1;         //让IE寄存器的EA位为1,开启总中断
    EX0=1;        //让IE寄存器的EX0位为1,开启INT0中断
    IT0=1;        //让TCON寄存器IT0位为1,设INT0中断请求为下降沿触发有效
}
/* 以下INT0_Z为中断函数(中断子程序),当INT0端(P3.2脚)有下降沿输入时,触发INT0_Z中断数执行,
将有键按下标志位KeyFlag变量置1 */
void INT0_Z(void) interrupt 0  //用关键字interrupt将INT0_Z为中断函数,并且为外部中断0的函数
                               //(中断源编号n=0)
{
    KeyFlag=1;    //将有键按下标志位KeyFlag变量置1
}
```

图7-15 中断触发键盘行列扫描的矩阵键盘输入及显示程序(续)

（2）程序工作过程

程序运行时首先进入 main 函数→在 main 函数中执行并进入 T0Int_S()函数→在 T0Int_S()函数中对定时器 T0 及有关中断进行设置，并启动 T0 开始 2ms 计时→从 T0Int_S()函数返回到 main 函数→执行并进入 INT0_S 函数→在 INT0_S 函数中设置外部中断 0（INT0）的请求方式并打开 INT0 中断→从 INT0_S 函数返回到 main 函数→执行 while 循环语句（while 首尾大括号内的语句会反复循环执行）→在 while 主循环语句中，先让 P1=11110000（0xf0）→再执行第一个 if 语句，检查位变量 KeyFlag 是否为 1，如果未按下任何键，KeyFlag=1 不成立，跳出第一个 if 语句（其首尾大括号内部的三个 if 语句和一个 for 语句都不会执行），去执行该 if 语句尾大括号之后的内容（本程序未写）→返回前面执行 while 语句的首条语句（KeyP1=0xf0），如此反复循环。

如果按下某个按键，如按下 S3 键，单片机 INT0 端（P3.2 引脚）由高电平变成低电平，即 INT0 端输入一个下降沿，触发 INT0 中断→INT0_Z 中断函数（中断子程序）执行，将 KeyFlag 置 1→主程序中的第一个 if 语句的条件 KeyFlag=1 成立，该 if 语句首尾大括号内的内容执行→先将 KeyFlag 复位清 0→再执行并进入 KeyZ 函数→在 KeyZ 函数（键码转键值函数）中，switch 语句需要读取 KeyS 函数的输出参数（键码），故需执行并进入 KeyS 函数→在 KeyS 函数中，检测矩阵键盘按下的按键，得到该键的键码→返回到 KeyZ 函数→在 KeyZ 函数中，switch 语句以从 KeyS 函数的输出参数读取的键码作为依据，找到与其对应的键码赋给 KeyZ 函数的输出参数→程序返回到主程序的 while 语句→将 KeyZ 函数的输出参数（按键的键值）赋给变量 num→如果未按下任何键，num 值将为 0xff，第二个 if 语句不会执行，其内嵌的两个 if 语句和 for 语句也不会执行→若按下某键，如按下 S3 键（键值为 2），num 值为 2，num≠0xff 成立→第二个 if 语句执行，由于 i 的初始值为 0，i<8 成立，第三个 if 语句也执行，将 DMtable 表格第 3 个位置的段码（DMtable[2]，该位置存放着"2"的段码）存到 TData 表格的第 1 个位置（TData [0]）→执行 i++，i 由 0 变成 1。

如果按下第 2 个按键，会再次触发 INT0 中断，INT0_Z 中断函数（中断子程序）又执行，将 KeyFlag 置 1→主程序中的第一个 if 语句执行→KeyZ 函数和 KeyS 函数先后执行，如第二个按下的是 S11（键值为 A），num 值为 A，num≠0xff 和 i<8 成立，第二个 if 语句及第三个 if 语句先后执行→在第三个 if 语句中，将 DMtable 表格第 11 个位置的段码（DMtable[10]，该位置存放着"A"的段码）存到 TData 表格的第 2 个位置（TData [1]）→执行 i++，i 由 1 变成 2，以后过程相同→当按下第 8 个按键，该键的字符段码存放到第 8 个位置（TData [7]），再执行 i++，i 由 7 变成 8→如果按下第 9 个按键，i<8 不成立，第三个 if 语句不会执行，i++又执行一次，i 由 8 变成 9→i=9 成立，第四个 if 语句和内嵌的 for 语句先后执行→for 语句会执行 8 次，从低到高将 TData 表格的第 1~8 个位置的数据（按键字符的段码）清 0，数码管显示的 8 个字符会消失（数码管清屏）→再执行 i=0，将 i 值清 0，这样按第 10 个按键时，又从数码管的第 1 位开始显示。

在主程序中执行 T0Int_S()函数对定时器 T0 及有关中断进行设置，并启动 T0 开始 2ms 计时后，T0 定时器每计时 2ms 就会溢出一次，触发 T0Int_Z 定时中断函数（中断子程序）每隔 2ms 执行一次→Display 显示函数每隔 2ms 执行一次，第 1 次执行时读取 TData 表格读取第 1 个位置数据（字符的段码），再从 P1 端口先后发出数码管第 1 位的位码和第 1 位要显示字符的段码，让数码管第 1 位显示出字符→2ms 后 Display 显示函数再次执行，用同样方法让数码管第2位显示TData表格第2个位置的段码代表的字符,后续位工作原理与此相同。

7.2.4 矩阵键盘密码锁程序及详解

(1) 现象

如图7-16所示是矩阵键盘密码锁程序。程序运行时,用矩阵键盘输入8位密码,8位数码管会由低到高显示8位密码字符,按下第9个任意键时,数码管显示的密码字符消失,如果输入的8位密码正确(本程序的密码为12345678,可在程序的Password表格中更改密码),数码管显示"OPEN",若输入的密码错误,数码管显示"Err"。密码可重复输入,无次数限制。

```
/*矩阵键盘密码锁程序*/
#include<reg51.h>        //调用reg51.h文件对单片机各特殊功能寄存器进行地址定义
sbit DuanSuo=P2^2;       //用位定义关键字sbit将DuanSuo代表P2.2端口
sbit WeiSuo=P2^3;
#define WDM P0           //用define(宏定义)命令将WDM代表P0,程序中WDM与P0等同
#define KeyP1 P1

unsigned char code DMtable[]={0x3f,0x06,0x5b,0x4f,0x66,0x6d,0x7d,0x07,  //定义一个DMtable表格,依次
                              0x7f,0x6f,0x77,0x7c,0x39,0x5e,0x79,0x71}; //存放字符0~F的段码
unsigned char code WMtable[]={0xfe,0xfd,0xfb,0xf7,0xef,0xdf,0xbf,0x7f}; //定义一个WMtable表格,依次存放
                                                                        //8位数码管低位到高位的位码
unsigned char TData[8];    //定义一个可存放8个元素的一维数组(表格)TData
unsigned char code Password[8]={1,2,3,4,5,6,7,8};//定义一个存放8个密码字符的表格Password,在此可更改密码

void DelayUs(unsigned char tu);  //声明一个DelayUs(微秒级延时)函数,输入参数tu取值范围 0~255
void DelayMs(unsigned char tm);  //声明一个DelayMs(毫秒级延时)函数,输入参数tm取值范围 0~255
void Display(unsigned char ShiWei,unsigned char WeiShu);  //声明一个Display(显示)函数,两个输入参数
                                                  //ShiWei和WeiShu分别为显示的起始位和显示的位数
void T0Int_S(void);           //声明一个T0Int_S函数,用来设置定时器及相关中断
unsigned char KeyS (void);    //声明一个KeyS(键盘扫描)函数,用来检测矩阵按键各按键的状态,并返回相应的键码
unsigned char KeyZ(void);     //声明一个KeyZ(键码转键值)函数,用来将键码转换成相应的键值,并返回相应的键值

/*以下为主程序部分*/
void main (void)
{
 unsigned char num,i,j;   //声明3个变量num(显示的字符)、i、j
  bit Flag;               //用关键字bit将Flag g定义为位变量,Flag默认初值为0
  T0Int_S();              //执行T0Int_S函数,对定时器T0及相关中断进行设置,启动T0计时
  while (1)               //主循环
  {
   num=KeyZ();            //将KeyZ函数的输出参数值赋给num,执行该语句时会进入并执行KeyZ和KeyS函数
   if(num!=0xff)          //如果num≠0xff成立(即有键按下),执行本if大括号内的语
    {
    if(i==0)              //如果i=0成立,执行本if大括号内的语句,对8位数码管清屏
     {
      for(j=0;j<8;j++)    //for为循环语句,大括号内的语句执行8次,依次将TData表格第1~8个位置的数据清0,
      {
       TData[j]=0;        //将TData表格第j+1个位置的数据清0
      }
     }
    if(i<8)               //如果i<8成立,执行本if大括号内的语句
     {
      TData[i]=DMtable[num];  //将DMtable表格第num+1个数据(num字符的段码)存到TData表格的第i+1个位置
     }
    i++;                  //将i增1
    if(i==9)              //如果i=9成立,执行本if大括号内的语句,清除8位数码管所有位的显示
     {
      i=0;                //将i置0
      Flag=1;             //先把比较位置1
      for(j=0;j<8;j++)    //for循环语句,大括号内的语句执行8次,逐位比较TData表格中的输入值与
      {                   //Password表格中的各个密码是否相同,8个全部相同Flag才为1
       Flag=Flag&&(TData[j]==DMtable[Password[j]]); //将DMtable表格中Password表格第1~8个字符(密码)
                                                   //对应的段码与TData表格第1~8个字符的段码逐个进
                                                   //行比较,全部相同结果为1,再将结果与Flag值进行
                                                   //相与运算,运算结果存入Flag
      }
      for(j=0;j<8;j++)    //for为循环语句,大括号内的语句执行8次,依次将TData表格第1~8个位置的数据清0,
      {                   //Display显示函数无从读取字符的段码,数码管显字符全部消失
       TData[j]=0;        //将TData表格的第j+1个位置的数据清0
      }
      if(Flag)            //如果Flag为1(输入值与密码一致),执行大括号内的语句,让数码管显示"OPEN"
      {
       TData[0]=0x3f;     //将"O"的段码送到TData表格的第1个位置
       TData[1]=0x73;     //将"P"的段码送到TData表格的第2个位置
       TData[2]=0x79;     //将"E"的段码送到TData表格的第3个位置
       TData[3]=0x37;     //将"N"的段码送到TData表格的第4个位置
      }
```

图7-16 矩阵键盘密码锁程序

```c
            else                //否则（即输入值与密码不一致，Flag 为 0），执行大括号内的语句，让数码管显示"Err"
              {
                TData[0]=0x79;  //将"E"的段码送到 TData 表格的第 1 个位置
                TData[1]=0x50;  //将"r"的段码送到 TData 表格的第 2 个位置
                TData[2]=0x50;  //将"r"的段码送到 TData 表格的第 3 个位置
              }
        }
    }
         //此处可编写一直需要执行的程序
     }
}
/*以下 DelayUs 为微秒级延时函数，其输入参数为 unsigned char tu(无符号字符型变量 tu)，tu 值为 8 位，取值范围为
0～255，若单片机的晶振频率为 12M，本函数延时时间可用 T=（tu×2+5）us 近似计算，比如 tu=248，T=501 us≈0.5ms */
void DelayUs (unsigned char tu)   //DelayUs 为微秒级延时函数，其输入参数为无符号字符型变量 tu
{
 while(--tu);                 //while 为循环语句，每执行一次 while 语句，tu 值就减 1，
                              //直到 tu 值为 0 时才执行 while 尾大括号之后的语句
}
/*以下 DelayMs 为毫秒级延时函数，其输入参数为 unsigned char tm（无符号字符型变量 tm），该函数内部使用了两个
DelayUs (248) 函数，它们共延时 1002us（约 1ms），由于 tm 值最大为 255，故本 DelayMs 函数最大延时时间为 255ms，
若将输入参数定为 unsigned int tm，则最长可获得 65535ms 的延时时间*/
void DelayMs(unsigned char tm)
{
 while(tm--)
   {
    DelayUs (248);
    DelayUs (248);
   }
}
/*以下为 Display 显示函数，用于驱动 8 位数码管动态扫描显示字符，输入参数 ShiWei 表示显示的开始位，如 ShiWei
为 0 表示从第一个数码管开始显示，WeiShu 表示显示的位数，如显示 99 两位数应让 WeiShu 为 2 */
void Display(unsigned char ShiWei,unsigned char WeiShu)  //Display(显示)函数有两个输入参数，
                                                          //分别为 ShiWei(开始位)和 WeiShu(位数)
{
 static  unsigned char i;     //声明一个静态(static)无符号字符型变量 i(表示显示位，0 表示第 1 位)，
                              //静态变量占用的存储单元在程序运行之前不会释放给变量使用
 WDM=WMtable[i+ShiWei];       //将 WMtable 表格中的第 i+ShiWei 个码字送给 P0 端口输出
 WeiSuo=1;                    //让 P2.3 端口输出高电平，开通位码锁存器，锁存器输入变化时输出会随之变化
 WeiSuo=0;                    //让 P2.3 端口输出低电平，位码锁存器被封锁，锁存器的输出值被锁定不变

 WDM=TData [i];               //将 TData 表格中的第 i+1 个段码送到 P0 端口输出
 DuanSuo=1;                   //让 P2.2 端口输出高电平，开通段码锁存器，锁存器输入变化时输出会随之变化
 DuanSuo=0;                   //让 P2.2 端口输出低电平，段码锁存器被封锁，锁存器的输出值被锁定不变

 i++;           //将 i 值加 1，准备显示下一位数字
 if(i==WeiShu)  //如果 i= WeiShu 表示显示到最后一位，执行 i=0
   {
    i=0;       //将 i 值清 0，以便从数码管的第 1 位开始再次显示
   }
}

/*以下 T0Int_S 为定时器及相关中断设置函数*/
void T0Int_S (void)       //函数名为 T0Int_S，输入和输出参数均为 void（空）
{
 TMOD=0x01;               //让 TMOD 寄存器的 M1M0=01，设 T0 工作在方式 1（16 位计数器）
 TH0=0;                   //将 TH0 寄存器清 0
 TL0=0;                   //将 TL0 寄存器清 0
 EA=1;                    //让 IE 寄存器的 EA=1，打开总中断
 ET0=1;                   //让 IE 寄存器的 ET0=1，允许 T0 的中断请求
 TR0=1;                   //让 TCON 寄存器的 TR0=1，启动 T0 在 TH0、TL0 初值基础上开始计数
}

/*以下 T0Int_Z 为定时器中断函数，用"(返回值) 函数名 (输入参数) interrupt n using m"格式定义一个函数名为
T0Int_Z 的中断函数，n 为中断源编号，n=0～4，m 为用作保护中断断点的寄存器组，可使用 4 组寄存器（0～3），每组
有 7 个寄存器（R0～R7），m=0～3，若只有一个中断，可不写"using m"，使用多个中断，不同中断应使用不同 m*/
void T0Int_Z (void)   interrupt 1   // T0Int_Z 为中断函数(用 interrupt 定义)，并且为 T0 的中断函数
                                    //(中断源编号 n=1)
{
 TH0=(65536-2000)/256;        //将定时初值的高 8 位放入 TH0，"/"为除法运算符号
 TL0=(65536-2000)%256;        //将定时初值的低 8 位放入 TL0，"%"为相除取余数符号
 Display(0,8);                //执行 Display 显示函数，从第 1 位(0)开始显示，共显示 8 位(8)
}
/*以下 KeyS 函数用来检测矩阵键盘的 16 个按键，其输出参数得到按下的按键的编码值*/
unsigned char KeyS(void)   //KeyS 函数的输入参数为空，输出参数为无符号字符型变量
{
 unsigned char KeyM;         //声明一个变量 KeyM，用于存放按键的编码值
 KeyP1=0xf0;                 //让 P1 端口的高 4 位高电平，低 4 位拉低电平
 if(KeyP1!=0xf0)             //如果 P1≠0xf0 成立，表示有按键按下，执行本 if 大括号内的语句
   {
    DelayMs(10);             //延时 10ms 去抖
    if(KeyP1!=0xf0)          //再次检测按键是否按下，按下则执行本 if 大括号内的语句
      {
       KeyP1=0xfe;           //让 P1=0xfe，即让 P1.0 端口为低电平（P1 其它端口为高电平），检测第一行按键
         if(KeyP1!=0xfe)     //如果 P1≠0xfe 成立（如果 P1.7 与 P1.0 之间的按键 S1 按下时，P1.7 被 P1.0 拉低，KeyP1=0x7e）
                             //表示第一行有按键按下，执行本 if 大括号内的语句
           {
            KeyM=KeyP1;      //将 P1 端口值赋给变量 KeyM
            DelayMs(10);     //延时 10ms 去抖
```

图 7-16 矩阵键盘密码锁程序（续）

```
                    while(KeyP1!=0xfe);   //若 P1≠0xfe 成立则反复执行本条语句，一旦按键释放，P1=0xfe(P1≠0xfe 不成立
                                          //则往下执行
                    return KeyM;          //将变量 KeyM 的值送给 KeyS 函数的输出参数，如按下 P1.6 与 P1.0 之间的按键时，
                                          //KeyM=KeyP1=0xbe
                  }
              KeyP1=0xfd;                 //让 P1=0xfd，即让 P1.1 端口为低电平（P1 其它端口为高电平），检测第二行按键
                if(KeyP1!=0xfd)
                  {
                    KeyM=KeyP1;
                    DelayMs(10);
                    while(KeyP1!=0xfd);
                    return KeyM;
                  }
              KeyP1=0xfb;                 //让 P1=0xfb，即让 P1.2 端口为低电平（P1 其它端口为高电平），检测第三行按键
                if(KeyP1!=0xfb)
                  {
                    KeyM=KeyP1;
                    DelayMs(10);
                    while(KeyP1!=0xfb);
                    return KeyM;
                  }
              KeyP1=0xf7;                 //让 P1=0xf7，即让 P1.3 端口为低电平（P1 其它端口为高电平），检测第四行按键
                if(KeyP1!=0xf7)
                  {
                    KeyM=KeyP1; ;
                    DelayMs(10);
                    while(KeyP1!=0xf7);
                    return KeyM;
                  }
                }
              }
          return 0xff;        //如果无任何键按下，将 0xff 送给 KeyS 函数的输出参数
        }
/* 以下 KeyZ 函数用于将键码转换成相应的键值，其输出参数得到按下的按键键值*/
  unsigned char KeyZ(void)    //KeyS 函数的输入参数为空，输出参数为无符号字符型变量
   {
      switch(KeyS())          //switch 为多分支选择语句，以 KeyS()函数的输出参数(按下的按键的编码值)作为选择依据
        {
          case 0x7e:return 0;break;    //如果 KeyS()函数的输出参数与常量 0x7e(0 的键码)相等，将 0 送给 KeyZ 函数的输出参数，
                                       //然后跳出 switch 语句，否则往下执行
          case 0x7d:return 1;break;    //如果 KeyS()函数的输出参数与常量 0x7d(1 的键码)相等，将 1 送给 KeyZ 函数的输出参数，
                                       //然后跳出 switch 语句，否则往下执行
          case 0x7b:return 2;break;
          case 0x77:return 3;break;
          case 0xbe:return 4;break;
          case 0xbd:return 5;break;
          case 0xbb:return 6;break;
          case 0xb7:return 7;break;
          case 0xde:return 8;break;
          case 0xdd:return 9;break;
          case 0xdb:return 10;break;
          case 0xd7:return 11;break;
          case 0xee:return 12;break;
          case 0xed:return 13;break;
          case 0xeb:return 14;break;
          case 0xe7:return 15;break;
          default:return 0xff;break;   //如果 KeyS()函数的输出参数与所有 case 后面的常量均不相等，执行 default
                                       //之后的语句组，将 0xff 送给 KeyS 函数的输出参数，然后跳出 switch 语句
        }
   }
```

图 7-16 矩阵键盘密码锁程序（续）

（2）程序工作过程

程序运行时首先进入 main 函数→在 main 函数中执行并进入 T0Int_S()函数→在 T0Int_S()函数中对定时器 T0 及有关中断进行设置，并启动 T0 开始 2ms 计时→从 T0Int_S()函数返回到 main 函数，执行 while 循环语句（while 首尾大括号内的语句会反复循环执行）。

在 while 主循环语句中，将 KeyZ 函数的输出参数（按键的键值字符）赋给变量 num→如果未按下任何键，num 值将为 0xff，第一个 if 语句不会执行，其首尾大括号内的语句也不会执行→若按下 S2 键（键值为 1）输入第 1 位密码值"1"，num 值为 1，num≠0xff 成立→第一个 if 语句执行，由于 i 的初始值为 0，i=0 成立，第二个 if 语句也执行，其内部的 for 语句执行 8 次，将 TData 表格的第 1~8 位的数据清 0→又因为 i<8 成立，第三个 if 语句也执行，将 DMtable 表格第 2 个位置的段码（DMtable[1]，该位置存放着"1"的段码）存到 TData 表格的第 1 个位置（TData[0]）→执行 i++，i 由 0 变成 1→若按下 S3 键（键值为 2）输入第 2 位密码"2"，num 值为 2，num≠0xff 和 i<8 成立，第一、第三个 if 语句先后执行→

在第三个 if 语句中，将 DMtable 表格第 3 个位置的段码（DMtable[2]，该位置存放着 "2" 的段码）存到 TData 表格的第 2 个位置（TData[1]）→执行 i++，i 由 1 变成 2，以后过程相同→当按下第 8 个按键，该键的字符段码存放到 TData 表格第 8 个位置（TData[7]），再执行 i++，i 由 7 变成 8→如果按下第 9 个按键，i<8 不成立，第三个 if 语句不会执行，但 i++ 会执行一次，i 由 8 变成 9→i＝9 成立，第四个 if 语句执行，将 i 清 0，将位变量 Flag 置 1→第二个 for 语句执行，且执行 8 次，将 DMtable 表格中 Password 表格第 1～8 个字符(密码)对应的段码与 TData 表格第 1～8 个字符的段码逐个进行比较，全部相同结果为 1，再将结果与 Flag 值进行与运算，运算结果存入 Flag，如果 DMtable 表格与 TData 表格的第 1～8 个字符段码都相同，Flag＝1，否则 Flag＝0→第三个 for 语句执行，且执行 8 次，将 TData 表格第 1～8 个字符的段码逐个清 0，使数码管显示的 8 个字符消失→执行 if…else 语句，如果 Flag＝1，将 "O"、"P"、"E"、"N" 字符的段码分别送到 TData 表格的第 1～4 个位置，让数码管显示 "OPEN"；否则（即 Flag＝0），将 "E"、"r"、"r" 字符的段码分别送到 TData 表格的第 1～3 个位置，让数码管显示 "Err"。

在主程序执行的同时，T0 定时器每计时 2ms 就会溢出一次，触发 T0Int_Z 定时中断函数（中断子程序）每隔 2ms 执行一次→Display 显示函数每隔 2ms 执行一次→Display 函数每执行一次就会从 TData 表格读取 1 个字符的段码，再从 P1 端口送出位码和字符的段码，在数码管显示出该字符→Display 函数不断重复执行，不断由低位到高位从 TData 表格读出字符段码（读完最高位后又从最低位开始读），驱动数码管将这些字符显示出来。

第8章

点阵和液晶显示屏的使用及编程

8.1 双色 LED 点阵的使用及编程

8.1.1 双色 LED 点阵的外形、结构原理与检测

1. 外形

LED 点阵是一种将大量 LED（发光二极管）按行列规律排列在一起的显示部件，每个 LED 代表一个点，通过控制不同的 LED 发光就能显示出各种各样的文字、图案和动画等内容。LED 点阵外形如图 8-1 所示。

LED 点阵可分为单色点阵、双色点阵和全彩点阵。单色点阵的 LED 只能发出一种颜色的光；双色点阵的单个 LED 实际由两个不同颜色的 LED 组成，可以发出两种本色光和一种混色光；全彩点阵的单个 LED 由三个不同颜色（红、绿、蓝）的 LED 组成，可以发出三种本色光和很多种类的混色光。

图 8-1 LED 点阵外形

2. 共阳型和共阴型点阵的电路结构

双色点阵有共阳极和共阴极两种类型。如图 8-2 所示是 8×8 双色点阵的电路结构，图 8-2（a）为共阳型点阵，有 8 行 16 列，每行的 16 个 LED（两个 LED 组成一个发光点）的正极接在一根行公共线上，共有 8 根行公共线，每列的 8 个 LED 的负极接在一根列公共线上，共有 16 根列公共线，共阳型点阵也称为行共阳列共阴型点阵；图 8-2（b）为共阴型

点阵,有 8 行 16 列,每行的 16 个 LED 的负极接在一根行公共线上,有 8 根行公共线,每列的 8 个 LED 的正极接在一根列公共线上,共有 16 根列公共线,共阴型点阵也称为行共阴列共阳型点阵。

图 8-2 8×8 双色点阵的电路结构

3. 混色规律

双色点阵可以发出三种颜色的光,以红绿点阵为例,红色 LED 点亮时发出红光、绿色 LED 点亮时发出绿光,红色和绿色 LED 都点亮时发出红、绿光的混合光——黄光,如果是全彩点阵(红、绿、蓝三色点阵)则可以发出 7 种颜色的光。红、绿、蓝是三种最基本的颜色,故称为三基色(或称三原色),其混色规律如图 8-3 所示,圆重叠的部分表示颜色混合。双色点阵和全彩点阵就是利用混色规律显示多种颜色的。

图 8-3 三基色混色规律

4. 点阵的静态字符或图形显示原理

LED 点阵与多位 LED 数码管一样,都是由很多 LED 组成,且均采用扫描显示方式。以 8×8 LED 点阵和 8 位数码管为例,8 位数码管由 8 位字符组成,每位字符由 8 个构成段码的 LED 组成,共有 8×8 个 LED,在显示时,让第 1~8 位字符逐个显示,由于人眼具有视觉暂留特性,如果第 1 位到最后一位显示的时间不超过 0.04s,在显示最后一位时人眼会觉得第 1~7 位还在显示,故会产生 8 位字符同时显示出来的感觉;8×8 LED 点阵由 8 行 8 列共 64 个 LED 组成,如果将每行点阵看作一个字符,那么该行的 8 个 LED 则可当成是 8 个段

LED,如果将每列点阵看作一个字符,那么该列的 8 个 LED 则为 8 个段 LED。

LED 点阵显示有逐行扫描显示(行扫描列驱动显示)和逐列扫描显示(列扫描行驱动显示)两种方式,下面以图 8-4 所示的共阳型红绿双色点阵显示字符"1"为例来说明这两种显示方式的工作原理。

(a) 外形

(b) 结构

图 8-4 8×8 共阳型红绿双色点阵

(1)逐行扫描显示(行扫描列驱动显示)原理

若双色点阵采用逐行扫描显示(行扫描列驱动显示)方式显示红色字符"1",首先让第 1 行(24 脚)为高电平,其他行为低电平,即让第 1~8 行为 10000000,同时给红第 1~8 列送数据 11111111,第 1 行的 8 个 LED 都不显示;然后让第 2 行(23 脚)为高电平,其他行为低电平,即让第 1~8 行为 01000000,同时给红第 1~8 列送数据 11110111,第 2 行第 5 个红 LED 显示,其他行、列数据及显示说明如表 8-1 所示。

表 8-1 采用逐行扫描方式显示红色字符"1"的行、列数据及显示说明

行引脚数据 (㉔㉓㉒㉑④③②①)	红列引脚数据 (⑳⑲⑱⑰⑯⑮⑭⑬)	显 示 说 明
10000000	11111111	第 1 行无 LED 显示
01000000	11110111	第 2 行第 5 个红 LED 显示
00100000	11100111	第 3 行第 4、5 个红 LED 显示
00010000	11110111	第 4 行第 5 个红 LED 显示
00001000	11110111	第 5 行第 5 个红 LED 显示
00000100	11110111	第 6 行第 5 个红 LED 显示
00000010	11100011	第 7 行第 4、5、6 个红 LED 显示
00000001	11111111	第 8 行无 LED 显示

点阵第 8 行显示后就完成了一屏内容的显示,点阵上显示出字符"1",为了保证点阵显示的字符看起来是完整的,要求从第 1 行显示开始到最后一行显示结束的时间不能超过

0.04s,若希望相同的字符一直显示,显示完一屏后需要后续反复显示相同的内容(称为刷新),并且每屏显示的间隔时间不能超过 0.04s(即相邻屏的同行显示时间间隔不超过 0.04s),否则显示的字符会闪烁。

如果要让红绿双色点阵显示绿色字符"1",只需将送给红列引脚的数据送给绿列引脚,送给行引脚数据与显示红色字符"1"一样,具体如表 8-2 所示。

表 8-2 采用逐行扫描方式显示绿色字符"1"的行、列数据及显示说明

行引脚数据 (㉔㉓㉒㉑④③②①)	绿列引脚数据 (⑤⑥⑦⑧⑨⑩⑪⑫)	显 示 说 明
10000000	11111111	第 1 行无 LED 显示
01000000	11110111	第 2 行第 5 个绿 LED 显示
00100000	11100111	第 3 行第 4、5 个绿 LED 显示
00010000	11110111	第 4 行第 5 个绿 LED 显示
00001000	11110111	第 5 行第 5 个绿 LED 显示
00000100	11110111	第 6 行第 5 个绿 LED 显示
00000010	11100011	第 7 行第 4、5、6 个绿 LED 显示
00000001	11111111	第 8 行无 LED 显示

如果要让红绿双色点阵显示黄色字符"1",则应将送给红列引脚的数据同时也送给绿列引脚,送给行引脚数据与显示红色字符"1"一样,具体如表 8-3 所示。

表 8-3 采用逐行扫描方式显示黄色字符"1"的行、列数据及显示说明

行引脚数据 (㉔㉓㉒㉑④③②①)	红列引脚数据 (⑳⑲⑱⑰⑯⑮⑭⑬)	绿列引脚数据 (⑤⑥⑦⑧⑨⑩⑪⑫)	显 示 说 明
10000000	11111111	11111111	第 1 行无 LED 显示
01000000	11110111	11110111	第 2 行第 5 个红绿双 LED 显示
00100000	11100111	11100111	第 3 行第 4、5 个红绿双 LED 显示
00010000	11110111	11110111	第 4 行第 5 个红绿双 LED 显示
00001000	11110111	11110111	第 5 行第 5 个红绿双 LED 显示
00000100	11110111	11110111	第 6 行第 5 个红绿双 LED 显示
00000010	11100011	11100011	第 7 行第 4、5、6 个红绿双 LED 显示
00000001	11111111	11111111	第 8 行无 LED 显示

(2) 逐列扫描显示(列扫描行驱动显示)原理

如果双色点阵要采用逐列扫描显示(列扫描行驱动显示)方式显示红色字符"1",先让红第 1 列(20 脚)为低电平,其他红列为高电平,即让红第 1~8 列为 01111111,同时给第 1~8 行送数据 0000000,第 1 列的 8 个 LED 都不显示,第 2、3 列与第 1 列一样,LED 都不显示;显示第 4 列时,让红第 4 列(17 脚)为低电平,其他红列为高电平,即让红第 1~8 列为 11101111,同时给第 1~8 行送数据 0010010,红第 4 列的第 3、7 个 LED 显示,其他列、行数据及显示说明如表 8-4 所示。

表 8-4 采用逐列扫描方式显示红色字符"1"的行、列数据及显示说明

红列引脚数据 (⑳⑲⑱⑰⑯⑮⑭⑬)	行引脚数据 (㉔㉓㉒㉑④③②①)	显 示 说 明
01111111	00000000	第 1 列无 LED 显示
10111111	00000000	第 2 列无 LED 显示
11011111	00000000	第 3 列无 LED 显示
11101111	00100010	第 4 列第 3、7 个 LED 显示
11110111	01111110	第 5 列第 2、3、4、5、6、7 个 LED 显示
11111011	00000010	第 6 列第 7 个 LED 显示
11111101	00000000	第 7 列无 LED 显示
11111110	00000000	第 8 列无 LED 显示

5. 点阵的动态字符或图形显示原理

(1) 字符的闪烁

要让点阵显示的字符闪烁，先显示字符，0.04s 之后该字符消失，再在相同位置显示该字符，这个过程反复进行，显示的字符就会闪烁，相邻显示的间隔时间越短，闪烁越快，间隔时间小于 0.04s 时，就难于察觉字符的闪烁，会觉得字符一直在亮。

如果希望字符变换颜色式的闪烁，应先让双色点阵显示一种颜色的字符，0.04s 之后该颜色的字符消失，再在相同位置显示另一种颜色的该字符，相邻显示的间隔时间越短，颜色变换闪烁越快，间隔时间小于 0.04s 时，就感觉不到字符颜色变换闪烁，而会看到静止发出双色的混合色光的字符。

(2) 字符的移动

若点阵以逐行扫描方式显示，要让字符往右移动，先让点阵显示一屏字符，在显示第二屏时，将所有的列数据都右移一位再送到点阵的列引脚，点阵第二屏显示的字符就会右移一列（一个点的距离），如表 8-5 所示为点阵显示的红色字符"1"（采用逐行扫描方式）右移一列的行、列数据及显示说明，字符右移效果如图 8-5 所示。

表 8-5 点阵显示的红色字符"1"（采用逐行扫描方式）右移一列的行、列数据及显示说明

行引脚数据 (㉔㉓㉒㉑④③②①)	列引脚数据 (⑤⑥⑦⑧⑨⑩⑪⑫)		显 示 说 明
	右移前	右移一列	
10000000	11111111	11111111	第 1 行无 LED 显示
01000000	11110111	11111011	第 2 行第 5 个点右移一列
00100000	11100111	11110011	第 3 行第 4、5 个点右移一列
00010000	11110111	11111011	第 4 行第 5 个点右移一列
00001000	11110111	11111011	第 5 行第 5 个点右移一列
00000100	11110111	11111011	第 6 行第 5 个点右移一列
00000010	11100011	11110001	第 7 行第 4、5、6 个点右移一列
00000001	11111111	11111111	第 8 行无 LED 显示

图 8-5 红色字符"1"右移一列

点阵显示的字符在右移时，如果列数据最右端的位移出，最左端空位用 1（或 0）填补，点阵显示的字符会往右移出消失，如果列数据最右端的位移出后又移到该列的最左端（循环右移），点阵显示的字符会往右移，往右移出的部分又会从点阵的左端移入。

6. 双色点阵的识别与检测

（1）引脚号的识别

8×8 双色点阵有 24 个引脚，8 个行引脚，8 个红列引却，8 个绿列引脚，24 个引脚一般分成两排，引脚号识别与集成电路相似。若从侧面识别引脚号，应正对着点阵有字符且有引脚的一侧，左边第一个引脚为 1 脚，然后按逆时针依次是 2、3、…、24 脚，如图 8-6（a）所示；若从反面识别引脚号，应正对着点阵底面的字符，右下角第一个引脚为 1 脚，然后按顺时针依次是 2、3、…、24 脚，如图 8-6（b）所示，有些点阵还会在第一个和最后一个引脚旁标注引脚号。

(a) 从侧面识别引脚号　　　　(b) 从反面识别引脚号

图 8-6　点阵引脚号的识别

（2）行、列引脚的识别与检测

在购买点阵时，可以向商家了解点阵的类型和行列引脚号，最好让商家提供像如图 8-2 所示一样的点阵电路结构引脚图，如果无法了解点阵的类型及行列引脚号，可以使用万用表检测判别，既可使用指针万用表，也可使用数字万用表。

点阵由很多 LED 组成，这些 LED 的导通电压一般在 1.5～2.5V 之间。若使用数字万用表测量点阵，应选择二极管测量挡，数字万用表的红表笔接表内电源正极，黑表笔接表内电源负极，当红、黑表笔分别接 LED 的正、负极，LED 会导通发光，万用表会显示 LED 的导通电压，一般显示1500～2500（mV），反之LED不会导通发光，万用表显示溢出符号"1"（或"OL"）。如果使用指针万用表测量点阵，应选择R×10kΩ挡（其他电阻挡提供的电压只有1.5V，无法使LED导通），指针万用表的红表笔接表内电源负极，黑表笔接表内电源正极，这一点与数字万用表正好相反，当黑、红表笔分别接LED的正、负极，LED会导通发光，万用表指示的阻值很小，反之LED不会导通发光，万用表指示的阻值无穷大（或接近无穷大）。

以数字万用表检测红绿双色点阵为例，数字万用表选择二极管测量挡，红表笔接点阵的1脚不动，黑表笔依次测量其余23个引脚，会出现以下情况：

① 23次测量万用表均显示溢出符号"1"（或"OL"），应将红、黑表笔调换，即黑表笔接点阵的1脚不动，红表笔依次测量其余23个引脚。

② 万用表16次显示"1500～2500"范围的数字且点阵LED出现16次发光，即有16个LED导通发光，如图8-7（a）所示，表明点阵为共阳型，红表笔接的1脚为行引脚，16个发光的LED所在的行，1脚就是该行的行引脚，测量时LED发光的16个引脚为16个列引脚，根据发光LED所在的列和发光颜色，区分出各个引脚是哪列的何种颜色的列引脚。测量时万用表显示溢出符号"1"（或"OL"）的其他7个引脚均为行引脚，再将接1脚的红表笔接到其中一个引脚，黑表笔接已识别出来的8个红列引脚或8个绿列引脚，同时查看发光的8个LED为哪行则红表笔所接引脚为该行的行引脚，其余6个行引脚识别与之相同。

③ 万用表8次显示"1500～2500"范围的数字且点阵LED出现8次发光（有8个LED导通发光），如图8-7（b）所示，表明点阵为共阴型，红表笔接的1脚为列引脚，测量时黑表笔所接的LED会发光的8个引脚均为行引脚，发光LED处于哪行相应引脚则为该行的行引脚。在识别16个列引脚时，黑表笔接某个行引脚，红表笔依次测量16个列引脚，根据发光LED所在的列和发光颜色区分出各个引脚是哪列的何种颜色的列引脚。

(a) 双色点阵一　　　　　　　　　(b) 双色点阵二

图8-7　双色点阵行、列引脚检测说明图

8.1.2 单片机配合 74HC595 芯片驱动双色 LED 点阵的电路

1. 74HC595 芯片介绍

74HC595 芯片是一种串入并出（串行输入转并行输出）的芯片，内部由 8 位移位寄存器、8 位数据锁存器和 8 位三态门组成，其内部结构如图 8-8 所示。

图 8-8　74HC595（8 位串并转换芯片）内部结构及引脚功能

8 位串行数据从 74HC595 芯片的 14 脚由低位到高位输入，同时从 11 脚输入移位脉冲，该脚每输入一个移位脉冲（脉冲上升沿有效），14 脚的串行数据就移入 1 位，第 1 个移位脉冲输入时，8 位串行数据（10101011）的第 1 位（最低位）数据"1"被移到内部 8 位移位寄存器的 Y0 端，第 2 个移位脉冲输入时，移位寄存器 Y0 端的"1"移到 Y1 端，8 位串行数据的第 2 位数据"1"被移到移位寄存器的 Y0 端，……第 8 个移位脉冲输入时，8 位串行数据全部移入移位寄存器，Y7～Y0 端的数据为 10101011，这些数据（8 位并行数据）送到 8 位数据锁存器的输入端，如果芯片的锁存控制端（12 脚）输入一个锁存脉冲（一个脉冲上升沿），锁存器马上将这些数据保存在输出端，如果芯片的输出控制端（13 脚）为低电平，8 位并行数据马上从 Q7～Q0 端输出，从而实现了串行输入并行输出转换。

8 位串行数据全部移入移位寄存器后，如果移位脉冲输入端（11 脚）再输入 8 个脉冲，移位寄存器的 8 位数据将会全部从串行数据输出端（9 脚）移出。给 74HC595 的主复位端（10 脚）加低电平，移位寄存器输出端（Y7～Y0 端）的 8 位数据全部变成 0。

2. 单片机配合 74HC595 芯片驱动双色 LED 点阵的电路

单片机配合 74HC595 芯片驱动双色 LED 点阵的电路如图 8-9 所示，该电路采用了三个 74HC595 芯片，U1 用作行驱动，U2 用作绿列驱动，U3 用作红列驱动，该电路的工作原理在后面的程序中进行说明。

图 8-9 单片机配合 74HC595 芯片驱动双色 LED 点阵的电路

8.1.3 双色点阵显示一种颜色字符的程序及详解

如图 8-10 所示是一种让红绿双色点阵显示红色字符"1"的程序,它采用行扫描列驱动的显示方式,与该程序对应的电路如图 8-9 所示。

程序在运行时首先进入主程序的 main 函数→在 main 函数中,先执行 while 语句,再执行 while 语句中的 for 语句→在 for 语句中,先执行并进入 SendHM 函数,同时将行码表格 HMtable 的第 1 个行码(0x01,即 00000001)赋给 SendHM 函数的 dat 变量→在 SendHM 函数中执行 for 语句中的内容,将 dat 变量的 8 位数(即 HMtable 表格第 1 个行码 0x01)由高

```c
/*让红绿双色点阵显示一种颜色(红色)字符"1"的程序*/
#include<reg51.h>        //调用 reg51.h 文件对单片机各特殊功能寄存器进行地址定义
#include<intrins.h>      //调用 intrins.h 文件对本程序用到的"_nop_()"函数进行声明
unsigned char HMtable[8]={0x01,0x02,0x04,0x08,0x10,0x20,0x40,0x80};  //定义一个 HMtable 表格,依次
                                                   //存放扫描点阵的 8 行行码
unsigned char code LMtable[]={0xff,0xf7,0xe7,0xf7,0xf7,0xf7,0xe3,0xff };  //定义一个 LMtable 表格,依次
                                                   //存放着字符"1"的 8 列列码
sbit LieSuo=P1^0;     //用位定义关键字 sbit 将 LieSuo(列锁存)代表 P1.0 端口
sbit LieYi=P1^1;      //用位定义关键字 sbit 将 LieYi(列移位)代表 P1.1 端口
sbit LieMa=P1^2;      //用位定义关键字 sbit 将 LieMa(列码)代表 P1.2 端口
sbit HangSuo=P2^2;
sbit HangYi=P2^1;
sbit HangMa=P2^0;

/*以下 DelayUs 为微秒级延时函数,其输入参数为 unsigned char tu(无符号字符型变量 tu), tu 值为 8 位,取值范围为
0~255,若单片机的晶振频率为 12M,本函数延时时间可用 T=(tu×2+5)us 近似计算,比如 tu=248, T=501 us≈0.5ms */
void DelayUs (unsigned char tu)    //DelayUs 为微秒级延时函数,其输入参数为无符号字符型变量 tu
{
  while(--tu);                     //while 为循环语句,每执行一次 while 语句, tu 值就减 1,
                                   //直到 tu 值为 0 才执行 while 尾大括号之后的语句
}

/*以下 DelayMs 为毫秒级延时函数,其输入参数为 unsigned char tm(无符号字符型变量 tm),该函数内部使用了两个
DelayUs (248)函数,它们共延时 1002us(约 1ms),由于 tm 值最大为 255,故本 DelayMs 函数最大延时时间为 255ms,
若将输入参数定义为 unsigned int tm,则最长可获得 65535ms 的延时时间*/
void DelayMs(unsigned char tm)
{
 while(tm--)
   {
    DelayUs (248);
    DelayUs (248);
   }
}

/*以下 SendByte 为发送单字节(8 位)函数,其输入参数为无符号字符型变量 dat,输出参数为空(void),
其功能是将变量 dat 的 8 位数据由高到低逐位从 P1.2 端口移出*/
void SendByte(unsigned char dat)
{
 unsigned char i;       //声明一个无符号字符型变量 i
 for(i=0;i<8;i++)       //for 为循环语句,大括号内的语句执行 8 次,将变量 dat 的 8 位数据由高到低逐位从 P1.2 端口移出
   {
    LieYi=0;            //让 P1.1 端口输出低电平
    LieMa=dat&0x80;     //将变量 dat 的 8 位数据和 0x80(10000000)逐位相与(即保留 dat 数据的最高位,其它位全部清 0),
                        //再将 dat 数据的最高位送到 P1.2 端口
    LieYi=1;            //让 P1.1 端口输出高电平, P1.1 端口由低电平变为高电平,即输出一个上升沿
                        //去 74HC595 的移位端, P1.2 端口的值被移入 74HC595
    dat<<=1;            //将变量 dat 的 8 位数左移一位
   }
}

/*以下 Send2Byte 为发送双字节(16 位)函数,有两个输入参数 dat1 和 dat2,均为无符号字符型变量*/
void Send2Byte(unsigned char dat1,unsigned char dat2)
{
 SendByte(dat1);        //执行 SendByte 函数,将变量 dat1 的 8 位数据从 P1.2 端口移出
 SendByte(dat2);        //执行 SendByte 函数,将变量 dat2 的 8 位数据从 P1.2 端口移出
}

/*以下 Out595 为输出锁存函数,其输入、输出参数均为空,该函数的功能是让单片机 P1.0 端口发出一个
锁存脉冲(上升沿)去 74HC595 芯片的锁存端,使之将已经移入的列码保存下来并输出给点阵的列引脚*/
void Out595(void)
{
 LieSuo=0;              //让 P1.0 端口输出低电平
 _nop_();               //_nop_()为空操作函数,不进行任何操作,用作短时间延时,单片机时钟频率为 12MHz 时延时 1μs
 LieSuo=1;              //让 P1.0 端口输出高电平, P1.0 端口由低电平变为高电平,即输出一个上升沿去 74HC595 的锁存端,
                        //使 74HC595 将已经移入的列码(8 位)保存下来并输出给点阵
}

/*以下 SendHM 为发送行码函数,其输入参数为无符号字符型变量 dat,其功能是将变量 dat 的 8 位数由高到低逐位
从 P2.0 端口移出,再让 74HC595 将移入的 8 位数(行码)保存下来并输出给点阵的行引脚*/
void SendHM(unsigned char dat)
{
 unsigned char i;       //声明一个无符号字符型变量 i
 for(i=0;i<8;i++)       //for 为循环语句,大括号内的语句执行 8 次,将变量 dat 的 8 位数由高到低逐位从 P2.0 端口移出
   {
    HangYi=0;           //让 P2.1 端口输出低电平
    HangMa=dat&0x80;    //将变量 dat 的 8 位数据和 0x80(10000000)逐位相与(即保留 dat 数据的最高位,其它位全部清 0),
                        //再将 dat 数据的最高位送到 P2.0 端口
    HangYi=1;           //让 P2.1 端口输出高电平, P2.1 端口由低电平变为高电平,即输出一个上升沿
                        //去 74HC595 的移位端, P2.0 端口的值被移入 74HC595
    dat<<=1;            //将变量 dat 的 8 位数左移一位
   }
 HangSuo=0;             //让 P2.2 端口输出低电平
 _nop_();               //_nop_()为空操作函数,不进行任何操作,用作短时间延时,单片机晶振频率为 12MHz 时延时 1μs
 HangSuo=1;             //让 P2.2 端口输出高电平, P1.2 端口由低电平变为高电平,即输出一个上升沿
                        //去 74HC595 的锁存端,使 74HC595 将已经移入的行码保存下来并送给点阵的行引脚
}

/*以下为主程序部分*/
void main()
{
 unsigned char i;       //声明一个无符号字符型变量 i, i 的初值为 0
 while(1)               //主循环, while 小括号内为 1(真)时,大括号内的语句反复执行
   {
```

图 8-10　红绿双色点阵显示红色字符"1"的程序

```
        for(i=0;i<8;i++)    //for 为循环语句,大括号内的语句执行 8 次,依次将 HMtable 表格的第 1~8 个行码
                            //和 LMtable 表格的第 1~8 个列码发送给点阵
        {
          SendHM(HMtable[i]);   //执行 SendHM(发送行码)函数,将 HMtable 表格的第 i+1 个行码
                                //赋给 SendHM 函数的输入参数(dat),使之将该行码发送出去
          Send2Byte(LMtable[i],0xff);  //执行 Send2Byte(发送双字节)函数,将 LMtable 表格的第 i+1 个列码和
                                //数据 0xff 分别赋给 SendLM 函数的两个输入参数(dat1、dat2),使之将
                                //该列码和数据发送出去,发送数据 0xff 可以让双色点阵中的一种颜色不显示
          Out595();     //执行 Out595(输出锁存)函数,将已经分别移入两个 74HC595 的列码和数据 0xff
                        //保存下来,同时发送点阵的双色列引脚
          DelayMs(1);   //执行 DelayMs (毫秒级延时)函数,延时 1ms,让点阵每行显示持续 1ms
          Send2Byte(0xff,0xff);  //执行 Send2Byte 函数,将数据 0xff 分别赋给 SendLM 函数的两个输入参数(dat1、dat2),
                                //使之将 0xff 当作两种颜色的列码发送出去
          Out595();     //执行 Out595(输出锁存)函数,将移入两个 74HC595 的数据 0xff 保存下来并发送给
                        //点阵的双色列引脚,以清除列码停止当前行的显示,否则在发送下一行行码(下一行
                        //列码要在行码之后发送)时,未清除的上一行列码会使下一行短时显示与上一行
                        //相同的内容,从而产生重影
        }
    }
```

图 8-10 红绿双色点阵显示红色字符"1"的程序(续)

到低逐位从单片机 P2.0 端口输出送入 74HC595(U1),再执行 for 语句尾括号之后的内容,让 P2.2 端口输出一个上升沿(即让 P2.2 端口先低电平再变为高电平)给 74HC595 锁存控制端(12 脚),使 74HC595 将第 1 行行码(0x01)从 Q7~Q0 端输出到双色点阵的 8 个行引脚,点阵的第 1 行行引脚为高电平,该行处于待显示状态→返回主程序,执行并进入 Send2Byte 函数→在 Send2Byte 函数中,执行两个 SendByte 函数,执行第一个时,将 LMtable 表格的第 1 个列码从单片机的 P1.2 端口输出送入 74HC595(U2),执行第二个 SendByte 函数时,将 0xff 从单片机的 P1.2 端口输出送入 74HC595(U2),先前送入 U2 的列码(8 位)从 9 脚输出进入 74HC595(U3)→返回主程序,执行并进入 Out595 函数→在 Out595 函数中,执行语句让单片机从 P1.0 端口输出一个上升沿,同时送给 U2、U3 的锁存控制端(STCP)→U2 从 Q7~Q0 端输出 11111111(0xff)到双色点阵的绿列引脚,绿列 LED 不发光,U3 从 Q7~Q0 端输出列码到双色点阵的红列引脚,由于 U1 已将第 1 行行码(0x01,即 00000001)送到点阵的 8 个行引脚,第 1 行行引脚为高电平,该行处于待显示状态,U3 从 Q7~Q0 端输出的列码决定该行哪些红 LED 发光,即让点阵显示第一行内容→返回主程序,延时 1ms 让点阵第一行内容显示持续 1ms,然后再次执行 Send2Byte 函数,让单片机往 U2、U3 都送入 0xff(11111111)→执行 Out595 函数,U2、U3 的 Q7~Q0 端都输出 11111111,点阵的第 1 行 LED 全部熄灭,这样做的目的是在发送第 2 行行码(第 2 行列码要在第 2 行行码之后发送)时,清除第 1 行列码,否则会使第 2 行短时显示与第 1 行相同的内容,从而产生重影。

主程序 for 语句第 1 次执行结束后,i 值由 0 变成 1→for 语句的内容从头开始第 2 次执行,发送第 2 行行码和第 2 行列码,驱动点阵显示第 2 行内容→for 语句第 3 次执行,发送第 3 行行码和第 3 行列码,驱动点阵显示第 3 行内容,……for 语句第 8 次执行,驱动点阵显示第 8 行内容,点阵在显示第 8 行时,第 1~7 行的 LED 虽然熄灭了,但人眼仍保留着这些行先前的显示印象(第 1 行到最后一行显示的时间不能超过 0.04s),故会感觉点阵上的字符是整体显示出来的。

8.1.4 双色点阵交替显示两种颜色字符的程序及详解

如图 8-11 所示是一种让红绿双色点阵正反交替显示红、绿字符"1"的程序。程序运行时,红绿双色点阵先正向显示红色字符"1"约 0.5s,然后反向显示绿色字符"1"约 0.5s,之后正反显示重复进行。该程序与图 8-10 所示程序大部分相同,区别主要在主程序的后半部分。

```c
/*红绿双色点阵正反交替显示红、绿字符"1"的程序*/
#include<reg51.h>      //调用reg51.h文件对单片机各特殊功能寄存器进行地址定义
#include <intrins.h>   //调用intrins.h文件对本程序用到的"_nop_()"函数进行声明
unsigned char HMtable[8]={0x01,0x02,0x04,0x08,0x10,0x20,0x40,0x80};  //定义一个HMtable表格,依次
                                                                     //存放扫描点阵的8行行码
unsigned char code LMtable[]={0xff,0xf7,0xe7,0xf7,0xf7,0xf7,0xe3,0xff};  //定义一个LMtable表格,依次
                                                                         //存放着字符"1"的8列列码
sbit LieSuo=P1^0;  //用位定义关键字sbit将LieSuo(列锁存)代表P1.0端口
sbit LieYi=P1^1;   //用位定义关键字sbit将LieYi(列移位)代表P1.1端口
sbit LieMa=P1^2;   //用位定义关键字sbit将LieMa(列码)代表P1.2端口
sbit HangSuo=P2^2;
sbit HangYi=P2^1;
sbit HangMa=P2^0;

/*以下DelayUs为微秒级延时函数,其输入参数为unsigned char tu(无符号字符型变量tu),tu值为8位,取值范围为
0~255,若单片机的晶振频率为12M,本函数延时时间可用T=(tu×2+5)us近似计算,比如tu=248,T=501 us≈0.5ms */
void DelayUs (unsigned char tu)  //DelayUs为微秒级延时函数,其输入参数为无符号字符型变量tu
{
  while(--tu);                    //while为循环语句,每执行一次while语句,tu值就减1,
                                  //直到tu值为0时才执行while尾大括号之后的语句
}

/*以下DelayMs为毫秒级延时函数,其输入参数为unsigned char tm(无符号字符型变量tm),该函数内部使用了两个
DelayUs(248)函数,它们共延时1002us(约1ms),由于tm值最大为255,故本DelayMs函数最大延时时间为255ms,
若将输入参数定义为unsigned int tm,则最长可获得65535ms的延时时间*/
void DelayMs(unsigned char tm)
{
  while(tm--)
    {
     DelayUs (248);
     DelayUs (248);
    }
}

/*以下SendByte为发送单字节(8位)函数,其输入参数为无符号字符型变量dat,输出参数为空(void),
其功能是将变量dat的8位数据由高到低逐位从P1.2端口移出*/
void SendByte(unsigned char dat)
{
 unsigned char i;    //声明一个无符号字符型变量i
 for(i=0;i<8;i++)    //for为循环语句,大括号内的语句执行8次,将变量dat的8位数据由高到低逐位从P1.2端口移出
   {
    LieYi=0;          //让P1.1端口输出低电平
    LieMa=dat&0x80;   //将变量dat的8位数据和0x80(10000000)逐位相与(即保留dat数据的最高位,其它位全部清0),
                      //再将dat数据的最高位送到P1.2端口
    LieYi=1;          //让P1.1端口输出高电平,P1.1端口由低电平变为高电平,即输出一个上升沿
                      //去74HC595的移位端,P1.2端口的值被移入74HC595
    dat<<=1;          //将变量dat的8位数左移一位
   }
}

/*以下Send2Byte为发送双字节(16位)函数,有两个输入参数dat1和dat2,均为无符号字符型变量*/
void Send2Byte(unsigned char dat1,unsigned char dat2)
{
 SendByte(dat1);    //执行SendByte函数,将变量dat1的8位数据从P1.2端口移出
 SendByte(dat2);    //执行SendByte函数,将变量dat2的8位数据从P1.2端口移出
}

/*以下Out595为输出锁存函数,其输入、输出参数均为空,该函数的功能是让单片机P1.0端口发出一个
锁存脉冲(上升沿)去74HC595芯片的锁存端,使之将已经移入的列码保存下来并输出给点阵的列引脚*/
void Out595(void)
{
 LieSuo=0;   //让P1.0端口输出低电平
 _nop_();    //_nop_()为空操作函数,不进行任何操作,用作短时间延时,单片机时钟频率为12MHz时延时1μs
 LieSuo=1;   //让P1.0端口输出高电平,P1.0端口由低电平变为高电平,即输出一个上升沿去74HC595的锁存端,
             //使74HC595将已经移入的列码保存下来并输出给点阵
}

/*以下SendHM为发送行码函数,其输入参数为无符号字符型变量dat,其功能是将变量dat的8位数由高到低逐位
从P2.0端口移出,再让74HC595将移入的8位数(行码)保存下来并输出给点阵的行引脚*/
void SendHM(unsigned char dat)
{
 unsigned char i;    //声明一个无符号字符型变量i
 for(i=0;i<8;i++)    //for为循环语句,大括号内的语句执行8次,将变量dat的8位数由高到低逐位从P2.0端口移出
   {
    HangYi=0;         //让P2.1端口输出低电平
    HangMa=dat&0x80;  //将变量dat的8位数据和0x80(10000000)逐位相与(即保留dat数据的最高位,其它位全部清0),
                      //再将dat数据的最高位送到P2.0端口
    HangYi=1;         //让P2.1端口输出高电平,P2.1端口由低电平变为高电平,即输出一个上升沿
                      //去74HC595的移位端,P2.0端口的值被移入74HC595
    dat<<=1;          //将变量dat的8位数左移一位
   }
 HangSuo=0;  //让P2.2端口输出低电平
 _nop_();    //_nop_()为空操作函数,不进行任何操作,用作短时间延时,单片机晶振频率为12MHz时延时1μs
 HangSuo=1;  //让P2.2端口输出高电平,P1.2端口由低电平变为高电平,即输出一个上升沿
             //去74HC595的锁存端,使74HC595将已经移入的行码保存下来并送给点阵的行引脚
}

/*以下为主程序部分*/
void main()
{
```

图 8-11 红绿双色点阵正反交替显示红、绿字符"1"的程序

```c
    unsigned char i,j;      //声明两个无符号字符型变量i和j,i、j的初值均为0
    while(1)                //主循环,while大括号内的语句反复执行,让两种颜色字符不断交替显示
    {
      for(j=0;j<60;j++)     //for为循环语句,大括号内的语句执行60次,让一种颜色的整屏字符显示(刷新)60次,
                            //该颜色的字符显示时间约为0.5s(显示一次整屏字符约需8ms)
       for(i=0;i<8;i++)     //for为循环语句,大括号内的语句执行8次,依次将HMtable表格的第1~8个行码和
                            //LMtable表格的第1~8个列码发送给点阵,使之显示出一整屏字符(约需8ms)
       {
        SendHM(HMtable[i]); //执行SendHM(发送行码)函数,同时将HMtable表格的第i+1个行码
                            //赋给SendHM函数的输入参数(dat),使之将行码发送出去
        Send2Byte(LMtable[i],0xff); //执行Send2Byte(发送双字节)函数,同时将LMtable表格的第i+1个列码和
                            //数据0xff分别赋给SendLM函数的两个输入参数(dat1、dat2),使之将
                            //该列码和数据发送出去,发送数据0xff可以让双色点阵中的一种颜色不显示
        Out595();           //执行Out595(输出锁存)函数,将已经分别移入两个74HC595的列码和数据0xff
                            //保存下来,同时发送给点阵的双色列引脚
        DelayMs(1);         //执行DelayMs(毫秒级延时)函数,延时1ms,让点阵每行显示持续1ms
        Send2Byte(0xff,0xff); //执行Send2Byte函数,将数据0xff分别赋给SendLM函数的两个输入参数(dat1、dat2),
                            //使之将0xff当作两种颜色的列码发送出去
        Out595();           //执行Out595(输出锁存)函数,将移入两个74HC595的数据0xff保存下来并发送给
                            //点阵的双色列引脚,以清除列码停止当前行的显示,否则在发送下一行行码(下一行
                            //列码要在行码之后发送)时,未清除的上一行列码会使下一行短时显示与上一行
                            //相同的内容,从而产生重影
       }

      for(j=0;j<60;j++)     //for为循环语句,大括号内的语句执行60次,让另一种颜色的整屏字符显示(刷新)60次,
                            //该颜色的字符显示时间约为0.5s(显示一次整屏字符约需8ms)
       for(i=0;i<8;i++)     //for为循环语句,大括号内的语句执行8次,依次将HMtable表格的第1~8个行码和
                            //LMtable表格的第1~8个列码发送给点阵,使之显示出一整屏字符(约需8ms)
       {
        SendHM(HMtable[7-i]); //执行SendHM(发送行码)函数,同时将HMtable表格的第(7-i+1)个行码(即先送
                            //第8行行码)赋给SendHM函数的输入参数(dat),使之将行码发送出去
        Send2Byte(0xff, LMtable[i]); //执行Send2Byte(发送双字节)函数,同时将数据0xff和LMtable表格的第i+1个
                            //列码和分别赋给SendLM函数的两个输入参数(dat1、dat2),使之将该列码
                            //和数据发送出去,发送数据0xff可以让双色点阵中的一种颜色不显示
        Out595();           //执行Out595(输出锁存)函数,将已经分别移入两个74HC595的列码和数据0xff
                            //保存下来,同时发送给点阵的双色列引脚
        DelayMs(1);         //执行DelayMs(毫秒级延时)函数,延时1ms,让点阵每行显示持续1ms
        Send2Byte(0xff,0xff); //执行Send2Byte函数,将数据0xff分别赋给SendLM函数的两个输入参数(dat1、dat2),
                            //使之将0xff当作两种颜色的列码发送出去
        Out595();           //执行Out595(输出锁存)函数,将移入两个74HC595的数据0xff保存下来并发送给
                            //点阵的双色列引脚,以清除列码停止当前行的显示,否则在发送下一行行码(下一行
                            //列码要在行码之后发送)时,未清除的上一行列码会使下一行短时显示与上一行
                            //相同的内容,从而产生重影
       }
    }
   }
```

图 8-11 红绿双色点阵正反交替显示红、绿字符"1"的程序(续)

程序运行时首先进入主程序的 main 函数,在 main 函数中,有 4 个 for 语句,第 1 个 for 语句内嵌第 2 个 for 语句,第 3 个 for 语句内嵌第 4 个 for 语句。第 2 个 for 语句内的语句是让单片机驱动双色点阵以逐行扫描的方式正向显示红色字符"1",显示完一屏内容约需 8ms,第 2 个 for 语句嵌在第 1 个 for 语句内,第 1 个 for 语句使第 2 个 for 语句执行 60 次,让红色字符"1"刷新 60 次,红色字符"1"显示时间约为 0.5s。在第 2 个 for 语句中,使用"SendHM(HMtable[i])"语句取 HMtable 表格的第 1 个行码选中点阵的第 1 行引脚,点阵的第 1 行先显示,而在第 4 个 for 语句中,使用"SendHM(HMtable[7-i])"语句取 HMtable 表格的第 8 个行码选中点阵的第 8 行引脚,点阵的第 8 行先显示,在第 8 行显示时送给点阵列引脚的是 LMtable 表格的第 1 个列码,故字符反向显示。第 2 个 for 语句内的"Send2Byte(LMtable[i],0xff)"语句是将列码送到红列引脚,绿列引脚送 11111111,显示红色字符"1",第 4 个 for 语句内的"Send2Byte(0xff, LMtable[i])"语句则是将列码送到绿列引脚,红列引脚送 11111111,显示绿色字符"1"。

8.1.5 字符移入和移出点阵的程序及详解

如图 8-12 所示为字符 0~9 移入和移出双色点阵的程序。程序运行时,红色字符 0~9

由右往左逐个移入点阵，后一个字符移入点阵时，前一个字符从点阵中移出，如图 8-13（a）所示，最后一个字符 9 移出后，点阵清屏（空字符），接着翻转 180°的绿色字符 0～9 由左往右逐个移入点阵（掉转方向可以看到正向的绿色字符由右往左移入、移出点阵），如图 8-13（b）所示，字符 9 移出后，点阵清屏，然后重复上述过程。

```c
/*字符 0～9 按顺序从点阵移进移出的程序*/
#include<reg51.h>        //调用 reg51.h 文件对单片机各特殊功能寄存器进行地址定义
#include <intrins.h>     //调用 intrins.h 文件对本程序用来的"_nop_()"函数进行声明
unsigned char HMtable[8]={0x01,0x02,0x04,0x08,0x10,0x20,0x40,0x80};  //定义一个 HMtable 表格，依次
                                                                    //存放扫描点阵的 8 行行码
unsigned char code LMtable[96]={0x00,0x00,0x3e,0x41,0x41,0x41,0x3e,0x00,  //字符 0 的 8 行列码
                         0x00,0x00,0x00,0x00,0x21,0x7f,0x01,0x00,  //字符 1 的 8 行列码
                         0x00,0x00,0x00,0x27,0x45,0x45,0x45,0x39,0x00,  //字符 2 的 8 行列码
                         0x00,0x00,0x22,0x49,0x49,0x49,0x36,0x00,  //字符 3 的 8 行列码
                         0x00,0x00,0x00,0x0c,0x14,0x24,0x7f,0x04,0x00,  //字符 4 的 8 行列码
                         0x00,0x00,0x00,0x72,0x51,0x51,0x51,0x4e,0x00,  //字符 5 的 8 行列码
                         0x00,0x00,0x3e,0x49,0x49,0x49,0x26,0x00,  //字符 6 的 8 行列码
                         0x00,0x00,0x40,0x40,0x40,0x4f,0x70,0x00,  //字符 7 的 8 行列码
                         0x00,0x00,0x36,0x49,0x49,0x49,0x36,0x00,  //字符 8 的 8 行列码
                         0x00,0x00,0x32,0x49,0x49,0x49,0x3e,0x00,  //字符 9 的 8 行列码
                         0x00,0x00,0x00,0x00,0x00,0x00,0x00,0x00};  //空格列码(让 8 行不显示的列码)
                         //定义一个 LMtable 表格，存放行共阴列共阳型点阵的字符 0～9 及空格的列码。
                         //若用作驱动行共阳列共阴型点阵，须将各列码值取反。
sbit LieSuo=P1^0;     //用位定义关键字 sbit 将 LieSuo（列锁存）代表 P1.0 端口
sbit LieYi=P1^1;      //用位定义关键字 sbit 将 LieYi（列移位）代表 P1.1 端口
sbit LieMa=P1^2;      //用位定义关键字 sbit 将 LieMa（列码）代表 P1.2 端口
sbit HangSuo=P2^2;
sbit HangYi=P2^1;
sbit HangMa=P2^0;
/*以下 DelayUs 为微秒级延时函数，其输入参数为 unsigned char tu(无符号字符型变量 tu)，tu 值为 8 位，取值范围为
0～255，若单片机的晶振频率为 12M，本函数延时时间可用 T=(tu×2+5) us 近似计算，比如 tu=248，T=501 us≈0.5ms */
void DelayUs (unsigned char tu)    //DelayUs 为微秒级延时函数，其输入参数为无符号字符型变量 tu
{
   while(--tu);              //while 为循环语句，每执行一次 while 语句，tu 值就减 1，
                             //直到 tu 值为 0 时才执行 while 尾大括号之后的语句
}

/*以下 DelayMs 为毫秒级延时函数，其输入参数为 unsigned char tm(无符号字符型变量 tm)，该函数内部使用了两个
DelayUs (248) 函数，它们共延时 1002us（约 1ms），由于 tm 最大为 255，故本 DelayMs 函数最大延时时间为 255ms，
若将本函数定义为 unsigned int tm，则最长可获得 65535ms 的延时时间*/
void DelayMs(unsigned char tm)
{
   while(tm--)
    {
    DelayUs (248);
    DelayUs (248);
    }
}

/*以下 SendByte 为带方向发送单字节（8 位）函数，有两个输入参数，一个是无符号字符型变量 dat，另一个
为位变量 yixiang(移向)，其功能是根据 yixiang 值将 dat 的 8 位数据由高到低(yixiang=0)或由低到高(yixiang=1)
逐位从 P1.2 端口移出*/
void SendByte(unsigned char dat,bit yixiang)
{
   unsigned char i,temp;  //声明两个个无符号字符型变量 i 和 temp，i、temp 的初值都为 0
   if(yixiang==0)         //如果 yixiang=0，执行 if 大括号内的内容"temp=0x80"
    {
     temp=0x80;           //将 0x80（即 10000000）赋给变量 temp
    }
   else                   //否则（即 yixiang=1），执行 else 大括号内的内容"temp=0x01"
    {
     temp=0x01;           //将 0x01（即 00000001）赋给变量 temp
    }
   for(i=0;i<8;i++)       //for 为循环语句，大括号内的语句执行 8 次，将变量 dat 的 8 位数据逐位从 P1.2 端口移出
    {
     LieYi=0;             //让 P1.1 端口输出低电平
     LieMa=dat&temp;      //将变量 dat 的 8 位数据和变量 temp 的 8 位数据逐位相与，再将结果数据的最高位(temp=0x80 时)
                          //或最低位(temp=0x01 时)送到 P1.2 端口输出
     LieYi=1;             //让 P1.1 端口输出高电平，P1.1 端口由低电平变为高电平，即输出一个上升沿
                          //去 74HC595 的移位端，P1.2 端口的值被移入 74HC595
     if(yixiang==0)       //如果 yixiang=0，执行 if 大括号内的内容"dat<<=1"
    {
     dat<<=1;             //将变量 dat 的 8 位数左移一位
    }
   else                   //否则（即 yixiang=1），执行 else 大括号内的内容"dat>>=1"
    {
     dat>>=1;             //将变量 dat 的 8 位数右移一位
    }
  }
}

/*以下 Send2Byte 为带方向发送双字节（16 位）函数，有两个无符号字符型变量输入参数 dat1、dat2 和一个
位变量输入参数 yixiang */
void Send2Byte(unsigned char dat1,unsigned char dat2,bit yixiang)
{
```

图 8-12　字符 0～9 移入和移出双色点阵的程序

```c
        SendByte(dat1,yixiang);   //执行 SendByte 函数,根据 yixiang 的值将变量 dat1 的 8 位数据由高到低或由低到高逐位
                                  //从 P1.2 端口移出
        SendByte(dat2,yixiang);   //执行 SendByte 函数,根据 yixiang 的值将变量 dat2 的 8 位数据由高到低或由低到高逐位
                                  //从 P1.2 端口移出
    }

/*以下 Out595 为输出锁存函数,其输入、输出参数均为空,该函数的功能是让单片机 P1.0 端口发出一个
锁存脉冲(上升沿)去 74HC595 芯片的锁存端,使之将已经移入的列码保存下来并输出给点阵的列引脚*/
void Out595(void)
{
    LieSuo=0;     //让 P1.0 端口输出低电平
    _nop_();      //_nop_()为空操作函数,不进行任何操作,用作短时间延时,单片机时钟频率为 12MHz 时延时 1μs
    LieSuo=1;     //让 P1.0 端口输出高电平,P1.0 端口由低电平变为高电平,即输出一个上升沿去 74HC595 的锁存端,
                  //使 74HC595 将已经移入的列码保存下来并输出给点阵
}

/*以下 SendHM 为发送行码函数,其输入参数为无符号字符型变量 dat,其功能是将变量 dat 的 8 位数据(行码)
由高到低逐位从 P2.0 端口移出,再让 74HC595 将移入的 8 位数据保存下来并输出送到点阵的行引脚*/
void SendHM(unsigned char dat)
{
    unsigned char i;    //声明一个无符号字符型变量 i
    for(i=0;i<8;i++)    //for 为循环语句,大括号内的语句执行 8 次,将变量 dat 的 8 位数由高到低逐位从 P2.0 端口移出
    {
        HangYi=0;       //让 P2.1 端口输出低电平
        HangMa=dat&0x80; //将变量 dat 的 8 位数据和 0x80(10000000)逐位相与(即保留 dat 数据的最高位,其它位全部清 0),
                         //再将 dat 数据的最高位送到 P2.0 端口
        HangYi=1;       //让 P2.1 端口输出高电平,P2.1 端口由低电平变为高电平,即输出一个上升沿
                        //去 74HC595 的移位端,P2.0 端口的值被移入 74HC595
        dat<<=1;        //将变量 dat 的 8 位数左移一位
    }
    HangSuo=0;    //让 P2.2 端口输出低电平
    _nop_();      //_nop_()为空操作函数,不进行任何操作,用作短时间延时,单片机晶振频率为 12MHz 时延时 1μs
    HangSuo=1;    //让 P2.2 端口输出高电平,P1.2 端口由低电平变为高电平,即输出一个上升沿
                  //去 74HC595 的锁存端,使 74HC595 将已经移入的行码保存下来并送给点阵的行引脚
}

/*以下为主程序部分*/
void main()
{
    unsigned char i,k,l,app;  //声明四个无符号字符型变量 i、k、l、app(初值均为 0)
    while(1)                  //主循环,while 大括号内的语句反复执行
    {
        for(k=0;k<=87;k++)    //for 为循环语句,大括号内的语句执行 88 次,以将 LMtable 表格 88 个列码依次发送给点阵
        {
            for(l=20;l>0;l--)  //for 为循环语句,大括号内的语句执行 20 次,让点阵显示的每屏内容都刷新 20 次,刷新次数
                               //越多,字符静止时间越长,字符移动速度越慢
            {
                for(i=0;i<=7;i++)  //for 为循环语句,大括号内的语句执行 8 次,让点阵以逐行的方式显示出整屏内容
                {
                    app=~(*(LMtable+i+k));  //将 LMtable 表格第 i+k+1 个单元的值取反后赋给变量 app,*为指针运算符,~表示取反
                    SendHM(HMtable[i]);     //执行 SendHM(发送行码)函数,同时将 HMtable 表格的第 i+1 个行码
                                            //赋给 SendHM 函数的输入参数(dat),使之将该行码发送出去
                    Send2Byte(app,0xff,0);  //执行 Send2Byte(带方向发送双字节)函数,同时将 app 的值(列码)和
                                            //数据 0xff 分别赋给 SendLM 函数的两个输入参数(dat1、dat2),使之将数据 0xff
                                            //数据 0xff 发送出去,发送数据 0xff 可以让双色点阵中的一种颜色(绿色)不显示,
                                            //将 0 赋给 yingxiang 使列码按高位到低位发送
                    Out595();               //执行 Out595(输出锁存)函数,将已经分别移入两个 74HC595 的列码和数据 0xff 保存下来,
                                            //同时发送给点阵的双色列引脚
                    DelayMs(1);             //执行 DelayMs(毫秒级延时)函数,延时 1ms,让点阵每行显示持续 1ms
                    Send2Byte(0xff,0xff,0); //执行 Send2Byte 函数,将数据 0xff 赋给该函数的 dat1 和 dat2,将 0 赋给 yingxiang,
                                            //使之将 0xff 当作两种颜色的列码发送出去,在发送 0xff 时按高位到低位进行
                    Out595();               //执行 Out595(输出锁存)函数,将移入两个 74HC595 的数据 0xff 保存下来并发送给
                                            //点阵的双色列引脚,以清除列码停止当前行的显示,否则在发送下一行行码(下一行
                                            //列码要在行码之后发送)时,未清除的上一行列码会使下一行短时显示与上一行
                                            //相同的内容,从而产生重影
                }
            }
        }
        for(k=0;k<=87;k++)    //for 为循环语句,大括号内的语句执行 88 次,以将 LMtable 表格 88 个列码依次发送给点阵
        {
            for(l=20;l>0;l--)  //for 为循环语句,大括号内的语句执行 20 次,让点阵显示的每屏内容都刷新 20 次,刷新次数
                               //越多,字符静止时间越长,字符移动速度越慢
            {
                for(i=0;i<=7;i++)  //for 为循环语句,大括号内的语句执行 8 次,让点阵以逐行的方式显示出整屏内容
                {
                    SendHM(HMtable[7-i]);   //执行 SendHM(发送行码)函数,同时将 HMtable 表格的第(7-i+1)个行码(即先送
                                            //第 8 个行码)赋给 SendHM 函数的输入参数(dat),使之将该行码发送出去
                    Send2Byte(0xff,~(*(LMtable+i+k)),1);  //执行 Send2Byte(带方向发送双字节)函数,同时将 0xff 和 LMtable
                                            //表格第 i+k+1 个单元的值反值分别赋给 SendLM 函数的 dat1 和
                                            //dat2,使之将两者发送出去,先发送数据 0xff 可以让双色点阵的
                                            //红色不显示,将 1 赋给 yingxiang 让列码按低位到高位发送
                    Out595();
                    DelayMs(1);
                    Send2Byte(0xff,0xff,0);
                    Out595();
                }
            }
        }
    }
}
```

图 8-12 字符 0~9 移入和移出双色点阵的程序(续)

程序运行时首先进入主程序的 main 函数,在 main 函数中,有 6 个 for 语句,第 1~3

个 for 语句的内容用于使红色字符 0~9 由右往左逐个移入、移出点阵,第 4~6 个 for 语句的内容用于使倒转的绿色字符 0~9 由左往右逐个移入、移出点阵。

程序在首次执行时,依次执行第 1~3 个 for 语句,当执行到第 3 个 for 语句(内嵌在第 2 个 for 语句中)时,将 LMtable 表格第 1 个(首次执行时 i、k 均为 0,故 i+k+1=1)单元的值(0x00)取反后(变为 0xff)赋给变量 app,然后执行并进入 SendHM(发送行码)函数,将 HMtable 表格的第 1 个行码 0x01 发送给点阵的行引脚,再执行 Send2Byte(带方向发送双字节)函数,使之将变量 app 的值作为列码(字符 0 的第一行列码)从高位到低位移入给 74HC595,接着执行 Out595(输出锁存)函数,将已经移入两个 74HC595 的列码和数据 0xff 分别发送到点阵的红列引脚和绿列引脚,点阵的第 1 行内容显示,执行"DelayMs(1)"让该行内容显示时间持续 1ms,执行"Send2Byte(0xff,0xff,0)"和"Out595()"清除该行显示,以免在发送下一行行码(下一行列码要在行码之后发送)时,未清除的上一行列码会使下一行短时显示与上一行相同的内容,从而产生重影,虽然第一行显示内容被清除,但由于人眼视觉暂留特性,会觉得第一行内容仍在显示。第 3 个 for 语句第 1 次执行后其 i 值由 0 变为 1,第 2 次执行时将 HMtable 表格的第 2 行行码(0x02)和 LMtable 表格的第 2 个单元的值(0x00)取反作为第 2 行列码发送给双色点阵,使之显示出第 2 行内容。当第 3 个 for 语句第 8 次执行时,点阵第 8 行显示,第 1~7 行内容虽然不显示,但先前显示内容在人眼的印象还未消失,故觉得点阵显示出一个完整的字符 0。第 3 个 for 语句执行 8 次使点阵显示一屏内容约需 8ms,第 3 个 for 语句嵌在第 2 个 for 语句内,第 2 个 for 语句执行 20 次,让点阵一屏相同的内容刷新 20 次,耗时约 160ms,即让点阵每屏相同的内容显示时间持续 160ms。

第 2 个 for 语句嵌在第 1 个 for 语句内,第 2 个 for 语句执行 20 次(第 3 个 for 语句执行 160 次)后,第 1 个 for 语句 k 值由 0 变为 1,当第 3 个 for 语句再次第 1 次执行时,将 LMtable 表格第 2 个(i+k+1=2)单元的值取反后作为第 1 行列码发送给点阵,第 8 次执行时将 LMtable 表格第 9 个单元的值(字符 1 的第 1 行列码)取反后作为第 8 行列码发送给点阵,结果点阵显示的字符 0 少了一列,字符 1 的一列内容进入点阵显示,这样就产生了字符 0 移出、字符 1 移入的感觉。

主程序中的第 4~6 个 for 语句的功能是使倒转的绿色字符 0~9 由左往右逐个移入、移出点阵。其工作原理与第 1~3 个 for 语句基本相同,这里不再说明。

(a) 红色字符由右往左移入、移出点阵　　(b) 倒转的绿色字符由左往右移入、移出点阵

图 8-13　程序运行时字符移动情况

8.2　1602 字符型液晶显示屏的使用及编程

8.2.1　1602 字符型液晶显示屏的硬、软件资源

1. 外形

1602 字符型液晶显示屏可以显示 2 行每行 16 个字符,为了使用方便,1602 字符型液晶显示屏已将显示屏和驱动电路制作在一块电路板上,其外型如图 8-14 所示。液晶显示屏安

装在电路板上,电路板背面有驱动电路,驱动芯片直接制作在电路板上并用黑胶封装起来。

图 8-14 1602 字符型液晶显示屏的外形

2. 引脚说明

1602 字符型液晶显示屏有 14 个引脚(不带背光电源的有 12 个引脚),各引脚功能说明如图 8-15 所示。

图 8-15 1602 字符型液晶显示屏的各引脚功能说明

3. 内部字库及代码

1602 字符型液晶显示屏内部使用 CGROM(自定义字符 ROM)和 CGRAM(自定义字符 RAM)来存放字符的数据(简称字模),其中 CGROM 以固化的形式存放着 192 个常用字符的字模,CGRAM 可以由用户以自定义的方式最多可写入 8 个新字符的字模。

1602 字符型液晶显示屏 CGROM 的字符代码与字符对应关系如表 8-6 所示,如字符"0"的代码为 00110000(即 30H),它与计算机采用 ASCII 码是一致的(即计算机中字符"0"的代码也是 30H)。除了在 CGROM 中固化了一些字符数据外,用户可以在 CGRAM 中自定义 8 个字符的字模,这 8 个字符的代码为 00H~07H 或 08H~0FH(00H 和 08H 指的是同一个字符)。

字符代码可以看作字符在 CGROM 中的存储地址,当单片机往 LCD 驱动电路传送字符代码时,驱动电路就会从 CGROM 中找到该代码对应的字符数据,送到 DDRAM(显示数据寄存器) 并在 LCD 屏显示出来。

表 8-6 CGROM、CGRAM 的字符代码与字符对应关系

高4位 低4位	0000	0001	0010	0011	0100	0101	0110	0111	1000	1001	1010	1011	1100	1101	1110	1111
0000	CGRAM(1)			0	@	P	`	p				—	タ	ミ	α	p
0001	(2)			!	1	A	Q	a	q			。	ア	チ	ä	q
0010	(3)			"	2	B	R	b	r			「	イ	ツ	ß	θ
0011	(4)			#	3	C	S	c	s			」	ウ	テ	ε	∞
0100	(5)			$	4	D	T	d	t			、	エ	ト	μ	Ω
0101	(6)			%	5	E	U	e	u			・	オ	ナ	σ	ü
0110	(7)			&	6	F	V	f	v			ヲ	カ	ニ	ρ	Σ
0111	(8)			'	7	G	W	g	w			ア	キ	ヌ	g	π
1000	CGRAM(1)			(	8	H	X	h	x			イ	ク	ネ	√	x
1001	(2)			)	9	I	Y	i	y			ウ	ケ	ノ	¯¹	y
1010	(3)			*	:	J	Z	j	z			エ	コ	ハ	j	千
1011	(4)			+	;	K	[	k	{			オ	サ	ヒ	×	万
1100	(5)			,	<	L	¥	l					ヤ	シ	フ	¢	円
1101	(6)			-	=	M	]	m	}			ユ	ス	ヘ	も	÷
1110	(7)			.	>	N	^	n	→			ヨ	セ	ホ	n̄	■
1111	(8)			/	?	O	_	o	←			ッ	ソ	マ	o	Ö

4. LCD 屏各显示位与 DDRAM 的地址关系

1602 字符型液晶显示屏有 2 行每行 16 个显示位,其各位与 DDRAM(显示数据寄存器)地址对应关系如图 8-16 所示,当选中 DDRAM 某个地址并往该地址送字符数据时,该地址对应的 LCD 显示位就可显示出该字符。1602 的每个显示位由 5×8 个点组成,当 DDRAM 的数据为 1 时,与之对应的点显示,为 0 时不显示。

以在 1602 的第一位显示字符 "A" 为例,首先单片机往 1602 传送 "A" 的代码 41H(与计算机 "A" 的 ASCII 代码相同),选中 1602 内部 CGROM 中 "A" 的字符数据(字模),再选中 DDRAM 的 00H 地址,CGROM 中 "A" 的字符数据传送到 DDRAM 的 00H 地址,

1602 显示屏与之对应的第一显示位马上显示出字符"A"的字形。

```
00H 01H 02H 03H 04H 05H 06H 07H 08H 09H 0AH 0BH 0CH 0DH 0EH 0FH
40H 41H 42H 43H 44H 45H 46H 47H 48H 49H 4AH 4BH 4CH 4DH 4EH 4FH
```

图 8-16 1602 显示屏各显示位与 DDRAM 地址的对应关系

5. 1602 的指令集

1602 由 LCD 显示屏和驱动模块（常用的驱动芯片有 HD44780，该芯片内置了 CGROM、CGRAM、DDRAM 和有关控制电路）组成，1602 驱动模块有 11 条操作指令，只有了解这些指令才能对 1602 进行各种操作。

1602 有 11 条指令，可分为写指令、写数据、读状态和地址、读数据 4 种类型，这 4 种指令的操作类型由 1602 的 RS 端、R/W 端和 E 端决定，具体如表 8-7 所示。

表 8-7 1602 的 RS 端、R/W 端和 E 端电平与指令操作类型

RS 端	R/W 端	E 端	指令类型
0	0	下降沿	写指令（往 1602 指令寄存器写入指令，DB7~DB0 为指令码）
1	0	下降沿	写数据（往 1602 数据寄存器写入数据，DB7~DB0 为数据）
0	1	高电平	读状态和地址（从 1602 读取工作状态和地址信息，DB7~DB0 为状态和地址信息）
1	1	高电平	读数据（从 1602 读取数据，DB7~DB0 为数据）

（1）清屏指令

清屏指令的指令码如下：

RS	R/W	DB7	DB6	DB5	DB4	DB3	DB2	DB1	DB0
0	0	0	0	0	0	0	0	0	1

清屏指令的功能如下：

① 清除显示屏所有的显示内容（即将 DDRAM 所有地址的内容全部清除）。
② 光标回到原点（即光标回到显示屏的左上角第一个显示位）。
③ DDRAM 地址计数器 AC 的值设为 0。

（2）光标归位指令

光标归位指令的指令码如下：

RS	R/W	DB7	DB6	DB5	DB4	DB3	DB2	DB1	DB0
0	0	0	0	0	0	0	0	1	X

注：指令码中的 X 表示任意值（0 或 1）。

光标归位指令的功能如下：
① 光标回到显示屏的左上角第一个显示位。
② DDRAM 地址计数器 AC 的值设为 0。
③ 不清除 DDRAM 中内容（即不清除显示屏的显示内容）。

（3）输入模式设置指令

输入模式设置指令的指令码如下：

RS	R/W	DB7	DB6	DB5	DB4	DB3	DB2	DB1	DB0
0	0	0	0	0	0	0	1	I/D	S

输入模式设置指令的功能是设置输入字符时光标和字符的移动方向，具体如下：

① I/D=0 时，输入字符时光标左移，AC 值自动减 1；I/D=1 时，输入字符时光标右移，AC 值自动加 1。

② S=0 时，输入字符时显示屏全部显示不移动；S=1 时，输入字符时显示屏全部显示移动一位（左移、右移由 I/D 位决定）。

（4）显示开关控制指令

显示开关控制指令的指令码如下：

RS	R/W	DB7	DB6	DB5	DB4	DB3	DB2	DB1	DB0
0	0	0	0	0	0	1	D	C	B

显示开关控制指令的功能是控制显示屏是否显示、光标是否显示和光标是否闪烁，具体如下：

① D=0 时，显示屏关显示，DDRAM 内容不变化；D=1 时，显示屏开显示。
② C=0 时，不显示光标；C=1 时，显示光标。
③ B=0 时，光标不闪烁；B=1 时，光标闪烁。

（5）光标和显示移动指令

光标和显示移动指令的指令码如下：

RS	R/W	DB7	DB6	DB5	DB4	DB3	DB2	DB1	DB0
0	0	0	0	0	1	S/C	R/L	X	X

光标和显示移动指令的功能是在不读写 DDRAM 数据时设置光标和显示内容左移或右移，具体如表 8-8 所示。

表 8-8 光标和显示移动指令设定情况

S/C	R/L	设定情况
0	0	光标左移 1 格，且 AC 值减 1
0	1	光标右移 1 格，且 AC 值加 1
1	0	显示器上字符全部左移一格，但光标不动
1	1	显示器上字符全部右移一格，但光标不动

（6）功能设置指令

功能设置指令的指令码如下：

RS	R/W	DB7	DB6	DB5	DB4	DB3	DB2	DB1	DB0
0	0	0	0	1	DL	N	F	X	X

功能设置指令的功能是设置 1602 的数据接口位数、LCD 屏的行数和点阵规格，具体如下：

① DL=0 时，4 位数据总线 DB7～DB4，DB3～DB0 不用；D=1 时，8 位数据总线 DB7～DB0。

② N=0 时，一行显示模式；N=1 时，两行显示模式。

③ F=0 时，5×7 点阵/每字符；F=1 时，5×10 点阵/每字符。

（7）设置 CGRAM 地址指令

设置 CGRAM 地址指令的指令码如下：

RS	R/W	DB7	DB6	DB5	DB4	DB3	DB2	DB1	DB0
0	0	0	1	CGRAM 的地址（6 位）					

设置 CGRAM 地址指令的功能是设置要写入自定义字符数据的 CGRAM 地址。指令码中的 DB5～DB3 为自定义字符的地址（000～111），可自定义 8 个字符，它实际是自定义字符代码的低 3 位，DB2～DB0 为字符的 8 行数据的地址（000～111）。

下面以给字符代码 01H 自定义字符"I"为例。如图 8-17 所示，首先让 DB5～DB0 为 001000，选中 CGRAM 的 001000 单元，再往该单元写入字符"I"的第 1 行数据 XXX01110（X 表示 1 或 0 即可），然后让 DB5～DB0 为 001001，选中 CGRAM 的 001001 单元，往该单元写入字符"I"的第 2 行数据 XXX00100，往 8 个单元写完 8 行数据后，一个字符数据就写完了，即自定义了一个字符，在显示时，只要往 CGRAM 传送该字符的字符代码，该字符的 8 行数据即会传送到 DDRAM 并通过 LCD 屏显示出来。

图 8-17 在 CGRAM 自定义字符说明

（8）设置 DDRAM 地址指令

设置 DDRAM 地址指令的指令码如下：

RS	R/W	DB7	DB6	DB5	DB4	DB3	DB2	DB1	DB0
0	0	1	\multicolumn{7}{c} DDRAM 的地址（7 位）						

设置 DDRAM 地址指令的功能是设置要存入字符数据的 DDRAM 的地址，在 LCD 屏与该地址对应的显示位会将该字符显示出来。在一行显示模式时，DDRAM 的地址范围为 00H～4FH；在两行显示模式时，第一行 DDRAM 的地址范围为 00H～27H（1602 只用到了 00H～0FH），第二行 DDRAM 的地址范围为 40H～67H（1602 只用到了 40H～4FH），具体如表 8-9 所示。

表 8-9 两行显示模式下 DDRAM 地址位置

显示位置		1	2	3	4	5	6	7	…	40
DDRAN 地址	第一行	00H	01H	02H	03H	04H	05H	06H	…	27H
	第二行	40H	41H	42H	43H	44H	45H	46H	…	67H

（9）读取忙标志和 AC 地址指令

读取忙标志和 AC 地址指令的指令码如下：

RS	R/W	DB7	DB6	DB5	DB4	DB3	DB2	DB1	DB0
0	1	BF	\multicolumn{7}{c} AC 地址（7 位）						

当 RS=0、R/W=1 和 E=1 时，从 1602 的 DB7 端读取忙标志（BF），从 DB6～DB0 端读取 AC 地址。如果 BF=1，表示 1602 内部忙，不接收任何外部指令或数据；BF=0 表示 1602 内部空闲，可接收外部数据或指令。地址计数器 AC 中的地址为 CGROM、CGRAM 和 DDRAM 公用，因此当前 AC 地址所指区域由前一条指令操作区域决定，只有 BF=0 时，从 DB7～DB0 端读取的地址才有效。

（10）写数据到 CGRAM 或 DDRAM 指令

写数据到 CGRAM 或 DDRAM 指令的指令码如下：

RS	R/W	DB7	DB6	DB5	DB4	DB3	DB2	DB1	DB0
1	0	\multicolumn{8}{c} 要写入的数据 D7～D0							

写数据到 CGRAM 或 DDRAM 指令的功能是将自定义字符数据写入已设置好地址的 CGRAM，或将要显示的字符的字符代码写入 DDRAM，以让 LCD 屏将该字符显示出来。在写 CDRAM 时，DB7～DB5 可为任意值，DB4～DB0 为字符的一行字符数据（反映一行 5 个点的数据）。

（11）从 CGRAM 或 DDRAM 读取数据指令

从 CGRAM 或 DDRAM 读取数据指令的指令码如下：

RS	R/W	DB7	DB6	DB5	DB4	DB3	DB2	DB1	DB0
1	1	\multicolumn{8}{c} 要读出的数据 D7～D0							

从 CGRAM 或 DDRAM 读取数据指令的功能是从地址计数器 AC 指定的 CGRAM 或 DDRAM 地址中读取数据，在读取数据前，先要给地址计数器 AC 指定要读取数据的地址。

8.2.2 单片机驱动 1602 液晶显示屏的电路

单片机驱动 1602 液晶显示屏的电路如图 8-18 所示，当单片机对 1602 进行操作时，根据不同的操作类型，会从 P2.4、P2.5、P2.6 端送控制信号到 1602 的 RS、R/W 和 E 端。例如，单片机要对 1602 写入指令时，会让 P2.4＝0、P2.5＝0、P2.6 端先输出高电平再变为低电平（下降沿），同时从 P0.7～P0.0 端输出指令代码去 1602 的 DB7～DB0 端，1602 根据指令代码进行相应的操作。

图 8-18　单片机驱动 1602 液晶显示屏的电路

8.2.3　1602 液晶显示屏静态显示字符的程序及详解

如图 8-19 所示为 1602 液晶显示屏静态显示字符的程序。程序运行时，在 1602 液晶屏的第一行显示字符"ok"，在第二行显示字符"www.etv100.com"，两行字符都静止不动。

程序运行时首先进入主程序的 main 函数，先执行 LCD_Init 函数，对 1602 进行初始化设置，再执行 LCD_Clear 函数，对 1602 进行清屏操作，然后执行两个写字符函数和一个写字符串函数。在执行 LCD_Write_Char(7,0,'o')时，选择 DDRAM 的 07H 地址，将字符"o"

```c
/*1602液晶显示屏静态显示字符"ok www.etv100.com"的程序*/
#include<reg51.h>      //调用 reg51.h 文件对单片机各特殊功能寄存器进行地址定义
#include<intrins.h>    //调用 intrins.h 文件对本程序用到的"_nop_()"函数进行声明
sbit RS = P2^4;        //用位定义关键字 sbit 将 RS 代表 P2.4 端口
sbit RW = P2^5;
sbit EN = P2^6;
#define DataP0 P0      //用 define(宏定义)命令将 DataP0 代表 P0 端口,程序中 DataP0 与 P0 等同

/*以下 DelayUs 为微秒级延时函数,其输入参数为 unsigned char tu(无符号字符型变量 tu),tu 值为 8 位,取值范围为
0~255,若单片机的晶振频率为 12M,本函数延时时间可用 T=(tu×2+5)us 近似计算,比如 tu=248,T=501 us≈0.5ms */
void DelayUs (unsigned char tu)   //DelayUs 为微秒级延时函数,其输入参数为无符号字符型变量 tu
{
   while(--tu);              //while 为循环语句,每执行一次 while 语句,tu 值就减 1,
                             //直到 tu 值为 0 时才执行 while 尾大括号之后的语句
}

/*以下 DelayMs 为毫秒级延时函数,其输入参数为 unsigned char tm(无符号字符型变量 tm),该函数内部使用了两个
DelayUs (248)函数,它们共延时 1002us(约 1ms),由于 tm 值最大为 255,故本 DelayMs 函数最大延时时间为 255ms,
若将输入参数定义为 unsigned int tm,则最长可获得 65535ms 的延时时间*/
void DelayMs(unsigned char tm)
{
  while(tm--)
   {
     DelayUs (248);
     DelayUs (248);
   }
}

/*以下 LCD_Check_Busy 为判忙函数,用于对 1602 进行判忙,当 1602 忙时该函数的输出参数 bit=1 */
bit LCD_Check_Busy(void)  //本函数的输入参数为空(void),输出参数为位变量(bit)
{
 DataP0=0xFF;   //将 P0 端口全部置高电平
 RS=0;         //让 P2.4 端口输出低电平,选择 1602 的指令寄存器
 RW=1;         //让 P2.5 端口输出高电平,对 1602 进行读操作
 EN=0;         //让 P2.6 端口输出低电平
 _nop_();      //执行_nop_函数(空操作函数),不进行任何操作,用作短延时,单片机晶振频率为 12MHz 时延时 1μs
 EN=1;         //让 P2.6 端口输出高电平,1602 的状态信息开始通过 DB7~DB0 传送给单片机的 P0 端口
 return (DataP0 & 0x80);  //先将 DataP0 从 P0 端口读取的值和 0x80(10000000)逐位相与,保留 P0 端口的
                          //最高位(P0.7)F激带蝗蜕壳?,再将 P0 端口的最高位值返回给 LCD_Check_Busy 函数的
                          //输出参数 bit(位变量)?602 忙时,DB7 为 1,P0.7 也为 1,bit=1
}

/*以下 LCD_Write_Com 为写指令函数,用于给 1602 写指令*/
void LCD_Write_Com(unsigned char command)  //本函数的输入参数为无符号字符型变量 command,输出参数为空
{
 while(LCD_Check_Busy()); //执行 LCD_Check_Busy 判忙函数,判断 1602 是否忙,忙(该函数的输出参数 bit 为 1)则
                          //反复执行本条 while 语句,否则执行下条语句
 RS=0;        //让 P2.4 端口输出低电平,选择 1602 的指令寄存器
 RW=0;        //让 P2.5 端口输出低电平,对 1602 进行写操作
 EN=1;        //让 P2.6 端口输出高电平
 DataP0=command;  //将变量 command 的值(指令代码)赋给 P0 端口
 _nop_();     //执行_nop_函数(空操作函数),进行短时间延时
 EN=0;        //让 P2.6 端口由高电平变为低电平(下降沿),P0 端口的指令代码通过 DB7~DB0 写入 1602
}

/* 以下 LCD_Write_Data 为写数据函数,用于给 1602 写数据*/
void LCD_Write_Data(unsigned char Data)  //本函数的输入参数为无符号字符型变量 Data,输出参数为空
{
 while(LCD_Check_Busy()); //执行 LCD_Check_Busy 判忙函数,判断 1602 是否忙,忙(该函数的输出参数 bit 为 1)
                          //则反复执行本条 while 语句,否则执行下条语句
 RS=1;     //让 P2.4 端口输出高电平,选择 1602 的数据寄存器
 RW=0;     //让 P2.5 端口输出低电平,对 1602 进行写操作
 EN=1;     //让 P2.6 端口输出高电平
 DataP0= Data;  //将变量 Data 的值(数据)赋给 P0 端口
 _nop_();  //执行_nop_函数(空操作函数),进行短时间延时
 EN=0;     //让 P2.6 端口由高电平变为低电平(下降沿),P0 端口的数据通过 DB7~DB0 写入 1602
}

/*以下 LCD_Clear 为清屏函数,用于清除 1602 显示屏所有的显示内容*/
void LCD_Clear(void)  //本函数的输入、输出参数均为空(void)
{
 LCD_Write_Com(0x01);  //执行 LCD_Write_Com 函数,同时将清屏指令代码 0x01(00000001)赋给其输入参数,
                       //该函数执行后将清屏指令写入 1602 进行清屏
 DelayMs(5);           // 执行 DelayMs 函数延时 5ms,使清屏操作有足够的时间完成
}

/*以下 LCD_Write_String 为写字符串函数,用于将字符串写入 1602 */
void LCD_Write_String(unsigned char n,unsigned char m,unsigned char *s)  //本函数有 3 个输入参数,n 为字符
                        //显示的列数(n=0 表示第 1 列),m 为字符显示的行数(m=0 表示第 1 行),s 为指针变量(用于存储地址值)
{
 if (m == 0)   //如果 m=0,则执行 LCD_Write_Com(0x80 + n)
  {
   LCD_Write_Com(0x80 +n);  //执行 LCD_Write_Com 函数,将列地址 0x0n(取自 DB6~DB0 值)写入 DDRAM,
                            //选择在 0nH 显示位显示字符(00H~0FH 为第一行显示位)
  }
 else          //否则(即 m≠0),则执行 LCD_Write_Com(0xC0 + n)
  {
   LCD_Write_Com(0xC0 + n); //执行 LCD_Write_Com 函数,将列地址 0x4n(取自 DB6~DB0 值)写入 DDRAM,
                            //选择在 4nH 显示位显示字符(40H~4FH 为第二行显示位)
  }
 while (*s)   //当指针变量 s 的地址值不为 0 时,反复循环执行 while 大括号内的语句,
              //当 s 的地址值为 0 时跳出 while 语句
  {
```

图 8-19 1602 液晶显示屏静态显示字符的程序

```c
            LCD_Write_Data( *s);   //执行 LCD_Write_Data 函数,将指针变量 s 中的地址所指的数据写入 1602
            s++;                   //将指针变量 s 中的地址值加 1
        }
    }

/*以下 LCD_Write_Char 为写字符函数,用于将字符写入 1602 */
void LCD_Write_Char(unsigned char j,unsigned char k,unsigned char Data)   //本函数有 3 个输入参数,j 为字符
                                                                          //显示的列数,k 为字符显示的行数,Data 为字符代码
{
    if (k== 0)      //如果 k=0,则执行 LCD_Write_Com(0x80 + j)
    {
        LCD_Write_Com(0x80 + j);   //执行 LCD_Write_Com 函数,将列地址 0x0j(取自 DB6~DB0 值)写入 DDRAM,
                                   //选择在 0jH 显示位显示字符(00H~0FH 为第一行显示位)
    }
    else            //否则(即 k≠0),则执行 LCD_Write_Com(0xC0 + j)
    {
        LCD_Write_Com(0xC0 + j);   //执行 LCD_Write_Com 函数,将列地址 0x4j(取自 DB6~DB0 值)写入 DDRAM,
                                   //选择在 4jH 显示位显示字符(40H~4FH 为第二行显示位)
    }
    LCD_Write_Data(Data);   //执行 LCD_Write_Data 函数,往前面选中的 DDRAM 地址中写入字符代码,
                            //该字符即可在 LCD 相应显示位显示出来
}

/*以下 LCD_Init 为初始化函数,用于对 1602 进行初始设置*/
void LCD_Init(void)       //本函数输入、输出参数均为空(void)
{
    LCD_Write_Com(0x38);  //执行 LCD_Write_Com 函数,将指令代码 0x38(即 00111000)通过 DB7~DB0 写入 1602,
                          //将 1602 功能模式设为 8 位总线(DB4=1)、两行显示(DB3=1)、5×7 点阵/每字符(DB2=0)
    DelayMs(5);           //执行 DelayMs 函数延时 5ms,使功能设置操作有足够的时间完成
    LCD_Write_Com(0x08);  //执行 LCD_Write_Com 函数,将指令代码 0x08(即 00001000)通过 DB7~DB0 写入 1602,
                          //将 1602 设为显示屏关显示(DB2=0)、不显示光标(DB1=0)、光标闪烁(DB0=0)
    LCD_Write_Com(0x01);  //执行 LCD_Write_Com 函数,将指令代码 0x01(即 00000001)通过 DB7~DB0 写入 1602,
                          //对 1602 进行清屏
    LCD_Write_Com(0x06);  //执行 LCD_Write_Com 函数,将指令代码 0x06(即 00000110)通过 DB7~DB0 写入 1602,
                          //将 1602 设为输入字符时光标右移(DB1=1)、输入字符时显示屏的全部显示不移动(DB0=0)
    DelayMs(5);           //执行 DelayMs 函数延时 5ms,使输入模式设置操作有足够的时间完成
    LCD_Write_Com(0x0C);  //执行 LCD_Write_Com 函数,将指令代码 0x0C(即 00001100)通过 DB7~DB0 写入 1602,
                          //将 1602 设为显示屏开显示(DB2=1)、不显示光标(DB1=0)、光标闪烁(DB0=0)
}

/*以下为主程序部分*/
void main(void)
{
    LCD_Init();     //执行 LCD_Init 函数,对 1602 进行初始化设置
    LCD_Clear();    //执行 LCD_Clear 函数,对 1602 进行清屏操作
    while (1)       //主循环,while 大括号内的内容反复执行
    {
        LCD_Write_Char(7,0,'o');     //执行 LCD_Write_Char 函数,选择 DDRAM 的 07H 地址,将字符"o"的字符代码
                                     //(编译时"o"会转换成 ASCII 码,它与 1602 的"o"的字符代码相同)写入 1602,
                                     //该字符则显示在 LCD 屏的第 1 行第 8 个位置
        LCD_Write_Char(8,0, 0x6B);   //执行 LCD_Write_Char 函数,选择 DDRAM 的 08H 地址,将 0x6B ("k"的字符代码)
                                     //写入 1602,该字符则显示在 LCD 屏的第 1 行第 9 个位置
        LCD_Write_String(1,1,"www.etv100.com");   //执行 LCD_Write_String 函数,选择 DDRAM 的 01H 地址,将字符串
                                                  //"www.etv100.com"中的各个字符的字符代码按顺序依次写入以 41H
                                                  //为首地址的各单元,结果从 LCD 屏的第 2 行第 2 个显示位开始显示
                                                  //"www.etv100.com"
        while(1);   //由于条件(1)为真,while 语句一直执行,即程序停在此处
    }
}
```

图 8-19 1602 液晶显示屏静态显示字符的程序 (续)

的字符代码(编译时"o"会转换成 ASCII 码,它与 1602 的"o"的字符代码相同)写入 1602,该字符显示在 LCD 屏的第 1 行第 8 个位置;在执行 LCD_Write_Char(8,0, 0x6B)时,选择 DDRAM 的 08H 地址,将 0x6B ("k"的字符代码)写入 1602,该字符显示在 LCD 屏的第 1 行第 9 个位置;在执行 LCD_Write_String(1,1," www.etv100.com ")时,选择 DDRAM 的 41H 地址,将字符串"www.etv100.com"中的各个字符的字符代码按顺序依次写入以 41H 为首地址的各单元,结果从 LCD 屏的第 2 行第 2 个显示位开始显示"www.etv100.com",最后反复执行最后一条 while 语句,程序停止在此处。

8.2.4 1602 液晶显示屏逐个显现字符的程序及详解

如图 8-20 所示为 1602 液晶显示屏逐个显现字符的主程序,其他程序部分与图 8-19 相同。程序运行时,在 1602 液晶屏的第 1 行显示字符"Welcome to",显示期间这些字符静态不变,显示第 2 行时从第 2 个显示位开始,逐个依次显示"www.etv100.com"的各个字符,每个字

符显示的间隔时间为 250ms，最后一个字符（m）显示完后第 2 行显示的字符全部消失，然后又重新开始逐个依次显示第 2 行各个字符。

```
/*以下为主程序部分*/
void main(void)
{
  unsigned char i;      //定义一个无符号字符型变量 i
  unsigned char *p;     //定义一个无符号字符型指针变量 p，p 存储的为地址值
  LCD_Init();           //执行 LCD_Init 函数，对 1602 进行初始化设置
  while (1)             //主循环，while 大括号内的内容反复执行
  {
    i=1;                //给变量 i 赋初值 1
    p = "www.etv100.com";  //将字符串首个字符的地址存入指针变量 p
    LCD_Clear();        //执行 LCD_Clear 函数，对 1602 进行清屏操作
    LCD_Write_String(2,0,"Welcome to");   //执行 LCD_Write_String 函数，选择 DDRAM 的 02H 地址，将字符串
                        //"Welcome to"中的各个字符的字符代码按顺序依次写入以 02H
                        //为首地址的各单元，结果从 LCD 屏的第 1 行第 3 个显示位开始显示
                        //" Welcome to "
    DelayMs(250);       //执行 DelayMs 函数延时 250ms，然后往下执行，开始显示第 2 行字符
    while (*p)          //当指针变量 p 的地址值不为 0 时，反复循环执行 while 大括号内的语句，逐个显示 p 地址所指
                        //字符串中的字符，每执行一次，p 地址会增 1，当 p 指到字符串最后一个字符再增 1 时，
                        //p 的地址值为 0，跳出本 while 语句
    {
      LCD_Write_Char(i,1,*p);  //执行 LCD_Write_Char 函数，选择 DDRAM 的 0iH 地址，将字符指针变量 p 的地址
                        //所指字符串的字符的代码写入 1602，该字符则显示在 LCD 屏的第 2 行第 i+1 个位置
      i++;              //i 值自增 1
      p++;              //p 值（地址值）增 1
      DelayMs(250);     //执行 DelayMs 函数延时 250ms，再返回前面执行 LCD_Write_Char(i,1,*p)，以显示下一个字符
    }
    DelayMs(250);       //执行 DelayMs 函数延时 250ms，返回到前面的"i=1"语句，以显示第二屏相同内容（刷新）
  }
}
```

图 8-20　1602 液晶显示屏逐个显现字符的主程序

程序运行时首先进入主程序的 main 函数，先定义两个变量 i 和 p，接着执行并进入 LCD_Init 函数，对 1602 进行初始化设置，再反复循环执行第 1 个 while 语句首尾大括号内的内容。在第 1 个 while 语句中，先给变量 i 和 p 赋值，再执行 LCD_Clear 函数，对 1602 进行清屏操作，然后执行 LCD_Write_String(2,0," Welcome to ")，选择 DDRAM 的 02H 地址，将字符串"Welcome to"中的各个字符的字符代码按顺序依次写入以 02H 为首地址的各单元，结果从 LCD 屏的第 1 行第 3 个显示位开始显示"Welcome to"，接着执行第 2 个 while 语句。在第 2 个 while 语句中，先执行 LCD_Write_Char(i,1,*p)，选择 DDRAM 的 0iH 地址，将字符指针变量 p 的地址所指字符串的字符的代码写入 1602，该字符则显示在 LCD 屏的第 2 行第 i+1 个位置，然后变量 i、p 值均自增 1，即 DDRAM 的地址加 1，p 也指向字符串的下一个字符，延时 250ms 后，返回又一次执行 LCD_Write_Char(i,1,*p)，开始在下一个位置显示下一个字符。字符串所有的字符显示完后，p 中的地址值为 0，跳出第 2 个 while 语句，延时 250ms 后，返回到前面重新对变量 i 和 p 赋值，开始进行第 2 屏相同内容的显示。

8.2.5　1602 液晶显示屏字符滚动显示的程序及详解

如图 8-21 所示为 1602 液晶显示屏字符滚动显示的主程序部分，其他程序部分与图 8-19 相同。程序运行时，在 1602 液晶屏的第 1 行显示字符"ok"，在第 2 行显示字符"www.etv100.com"，然后所有的字符往左滚动，全部字符从显示屏左端完全移出后并不会马上从右端移入，而是需要等一段时间才从右端移入，其原因如图 8-22 所示，当字符不移动时，显示屏第一行从左到右显示 DDRAM 的 00H～0FH 地址的内容，当字符左移 1 位时，显示屏第 1 行从左到右显示 DDRAM 的 01H～10H 地址的内容，而 DDRAM 第 1 行的地址为 00H～27H，在左移时，10H～27H 地址的内容也要移到显示屏显示，但由于这些地址无内容，故显示屏无显示，当 27H 地址内容移入显示屏最右显示位并左移 1 位时，00H 地址内容才从显示屏最右端进入，全部字符才开始从显示屏右端移入。

```
/*以下为主程序部分*/
void main(void)
{
  LCD_Init();         //执行 LCD_Init 函数,对 1602 进行初始化设置
  LCD_Clear();        //执行 LCD_Clear 函数,对 1602 进行清屏操作
  LCD_Write_Char(7,0,'o');  //执行 LCD_Write_Char 函数,选择 DDRAM 的 07H 地址,将字符"o"的字符代码(编译时
                      //"o"会转换成 ASCII 码,它与 1602 的"o"的字符代码相同)写入 1602,该字符则显示
                      //在 LCD 屏的第 1 行第 8 个位置
  LCD_Write_Char(8,0,0x6B);  //执行 LCD_Write_Char 函数,选择 DDRAM 的 08H 地址,将 0x6B("k"的字符代码)写入
                      //1602,该字符则显示在 LCD 屏的第 1 行第 9 个位置
  LCD_Write_String(1,1,"www.etv100.com");  //执行 LCD_Write_String 函数,选择 DDRAM 的 01H 地址,将字符串
                      //"www.etv100.com"中的各个字符的字符代码按顺序依次写入以 41H
                      //为首地址的各单元,结果从 LCD 屏的第 2 行第 2 个显示位开始显示
                      //"www.etv100.com"
  while (1)           //主循环,while 大括号内的内容反复循环执行,250ms 执行一次,每执行一次,显示屏所有的字符均
                      //左移一位
  {
    DelayMs(250);     //执行 DelayMs 函数延时 250ms
    LCD_Write_Com(0x18);  //执行 LCD_Write_Com 函数,将指令代码 0x18(即 00011000 通过 DB7~DB0 写入 1602,
                      //让 1602 显示屏所有的字符左移一位。全部字符右移的指令代码为 0x1C
  }
}
```

图 8-21　1602 液晶显示屏字符滚动显示的主程序

DDRAM内的字符不移动时,显示屏第1行从左到右显示DDRAM的00H~0FH地址的内容	00H	01H	02H	...	0DH	0EH	0FH
	40H	41H	42H	...	4DH	4EH	4FH
DDRAM的字符全部左移1位时,显示屏第1行从左到右显示DDRAM的01~10H地址的内容,原00H地址的内容移到27H	01H	02H	03H	...	0DH	0EH	10H
	41H	42H	43H	...	4DH	4EH	50H
DDRAM的字符全部左移1位时,显示屏1行从左到右显示DDRAM的27H、00H~0EH地址的内容,原0FH地址的内容移到10H	27H	00H	01H	...	0CH	0DH	0EH
	67H	40H	41H	...	4CH	4DH	4EH

图 8-22　DDRAM 的字符左、右移动 1 位时显示屏的显示内容

在图 8-21 所示程序运行时,首先进入主程序的 main 函数,先执行 LCD_Init 函数,对 1602 进行初始化设置,再执行 LCD_Clear 函数,对 1602 进行清屏操作,然后执行 LCD_Write_Char(7,0,'o'),选择 DDRAM 的 07H 地址,将字符"o"的字符代码(编译时"o"会转换成 ASCII 码,它与 1602 的"o"的字符代码相同)写入 1602,该字符则显示在 LCD 屏的第 1 行第 8 个位置,接着执行 LCD_Write_Char(8,0, 0x6B),选择 DDRAM 的 08H 地址,将 0x6B("k"的字符代码)写入 1602,该字符则显示在 LCD 屏的第 1 行第 9 个位置,再往后执行 LCD_Write_String(1,1, " www.etv100.com "),选择 DDRAM 的 01H 地址,将字符串"www.etv100.com"中的各个字符的字符代码按顺序依次写入以 41H 为首地址的各单元,结果从 LCD 屏的第 2 行第 2 个显示位开始显示"www.etv100.com"。以上这些与 1602 静态显示字符相同,本程序在后面增加一个 while 语句,在 while 语句有一个 LCD_Write_Com(0x18) 函数,在执行该函数时,将指令代码 0x18(即 00011000)通过 DB7~DB0 写入 1602,让 1602 显示屏所有的字符左移 1 位,由于该函数会反复执行(每隔 250ms),故全部字符每隔 250ms 左移 1 位,若要全部字符右移可使用指令代码 0x1C。

8.2.6　矩阵键盘输入与 1602 液晶显示屏显示的电路及程序

1. 矩阵键盘输入与 1602 液晶显示屏显示的电路

如图 8-23 所示为矩阵键盘输入与 1602 液晶显示屏显示的电路,按键 S1~S10 的键值依次为 0~9,按键 S10~S16 的键值依次为 A~F。

图 8-23 矩阵键盘输入与 1602 液晶显示屏显示的电路

2. 矩阵键盘输入与 1602 液晶显示屏显示的程序

如图 8-24 所示为矩阵键盘输入与 1602 液晶显示屏显示的程序，其省略的程序部分与图 8-19 相同。程序运行时，在 1602 液晶屏的第一行显示字符 "Press the key !"，按下矩阵键盘的某个按键时，字符 "Press the key !" 消失，在显示屏第 1 行第 1 个显示位显示该按键的键值字符，字符后有方块状光标闪烁，每按一次按键，显示屏就输入一个字符，第 1 行输入 16 个字符后，会自动从第 2 行第 1 个显示位开始显示，第 2 行显示到最后一位，再输入一个字符时，显示屏会先清屏，然后将该字符显示在第 1 行第 1 个显示位。

```
/*1602液晶屏的矩阵键盘输入及显示字符的程序*/
#include<reg51.h>      //调用reg51.h文件对单片机各特殊功能寄存器进行地址定义
#include<intrins.h>    //调用intrins.h文件对本程序用到的"nop_()"函数进行声明
sbit RS = P2^4;        //用位定义关键字sbit将RS代表P2.4端口
sbit RW = P2^5;
sbit EN = P2^6;
#define DataP0 P0      //用define(宏定义)命令将DataP0代表P0端口，程序中DataP0与P0等同
#define KeyP1 P1
unsigned char code KeyTable[]={'0','1','2','3',0x34,'5','6','7','8','9','A', 0x42,'C','D','E','F'};
                       //定义一个KeyTable表格，依次存放字符0~F的字符代码(编译时字符会转换成字符代码)

/*以下DelayUs为微秒级延时函数，其输入参数为unsigned char tu(无符号字符型变量tu)，tu值为8位，取值范围为
0~255，若单片机的晶振频率为12M，本函数延时时间可用T=(tu×2+5)us近似计算，比如tu=248, T=501 us≈0.5ms */
void DelayUs (unsigned char tu)   //DelayUs为微秒级延时函数，其输入参数为无符号字符型变量tu
{
  while(--tu);                    //while为循环语句，每执行一次while语句，tu值就减1，
                                  //直到tu值为0时才执行while尾大括号之后的语句
}
/*以下DelayMs为毫秒级延时函数，其输入参数为unsigned char tm(无符号字符型变量tm)，该函数内部使用了两个
DelayUs (248)函数，它们共延时1002us(约1ms)，由于tm值最大为255，故本DelayMs函数最大延时时间为255ms，
若将输入参数定义为unsigned int tm，则最长可获得65535ms的延时时间*/
void DelayMs(unsigned char tm)
{
```

图 8-24 矩阵键盘输入与 1602 液晶显示屏显示的程序

```c
       while(tm--)
         {
          DelayUs (248);
          DelayUs (248);
         }
       }

/*以下 LCD_Check_Busy 为判忙函数，用于对 1602 进行判忙，当 1602 忙时该函数的输出参数 bit=1 */
 bit LCD_Check_Busy(void)   //本函数的输入参数为空(void)，输出参数为位变量(bit)
   {
    DataP0=0xFF;   //将 P0 端口全部置高电平
    RS=0;           //让 P2.4 端口输出低电平，选择 1602 的指令寄存器
    RW=1;           //让 P2.5 端口输出高电平，对 1602 进行读操作
    EN=0;           //让 P2.6 端口输出低电平
    _nop_();        //执行_nop_函数(空操作函数)，不进行任何操作，用作短延时，单片机晶振频率为 12MHz 时延时 1μs
    EN=1;           //让 P2.6 端口输出高电平，1602 的状态信息开始通过 DB7～DB0 传送给单片机的 P0 端口
    return (DataP0 & 0x80);   //先将 P0 端口从 1602 读取的值和 0x80(10000000)逐位相与，保留 P0 端口的
                              //最高位(P0.7)F激礴蝗印壳?,再将 P0 端口的最高位值返回给 LCD_Check_Busy 函数的
                              //输出参数 bit(位变量)?602 忙时，DB7 为 1，P0.7 也为 1，bit=1
   }

/*以下 LCD_Write_Com 为写指令函数，用于给 1602 写指令*/
 void LCD_Write_Com(unsigned char command)   //本函数的输入参数为无符号字符型变量 command，输出参数为空
   {
    while(LCD_Check_Busy());   //执行 LCD_Check_Busy 判忙函数，判断 1602 是否忙，忙(该函数的输出参数 bit 为 1)则
                               //反复执行本条 while 语句，否则执行下条语句
    RS=0;        //让 P2.4 端口输出低电平，选择 1602 的指令寄存器
    RW=0;        //让 P2.5 端口输出低电平，对 1602 进行写操作
    EN=1;        //让 P2.6 端口输出高电平
    DataP0=command;   //将变量 command 的值(指令代码)赋给 P0 端口
    _nop_();          //执行_nop_函数(空操作函数)，进行短时间延时
    EN=0;             //让 P2.6 端口由高电平变为低电平(下降沿)，P0 端口的指令代码通过 DB7～DB0 写入 1602
   }

/* 以下 LCD_Write_Data 为写数据函数，用于给 1602 写数据*/
 void LCD_Write_Data(unsigned char Data)   //本函数的输入参数为无符号字符型变量 Data，输出参数为空
   {
    while(LCD_Check_Busy());   //执行 LCD_Check_Busy 判忙函数，判断 1602 是否忙，忙(该函数的输出参数 bit 为 1)
                               //则反复执行本条 while 语句，否则执行下条语句
    RS=1;        //让 P2.4 端口输出高电平，选择 1602 的数据寄存器
    RW=0;        //让 P2.5 端口输出低电平，对 1602 进行写操作
    EN=1;        //让 P2.6 端口输出高电平
    DataP0= Data;   //将变量 Data 的值(数据)赋给 P0 端口
    _nop_();        //执行_nop_函数(空操作函数)，进行短时间延时
    EN=0;           //让 P2.6 端口由高电平变为低电平(下降沿)，P0 端口的数据通过 DB7～DB0 写入 1602
   }

/*以下 LCD_Clear 为清屏函数，用于清除 1602 显示屏所有的显示内容*/
 void LCD_Clear(void)     //本函数的输入、输出参数均为空(void)
   {
    LCD_Write_Com(0x01);   //执行 LCD_Write_Com 函数，同时将清屏指令代码 0x01(00000001)赋给其输入参数，
                           //该函数执行后将清屏指令写入 1602 进行清屏
    DelayMs(5);     // 执行 DelayMs 函数延时 5ms，使清屏操作有足够的时间完成
   }

/*以下 LCD_Write_String 为写字符串函数，用于将字符串写入 1602 */
 void LCD_Write_String(unsigned char n,unsigned char m,unsigned char *s)  //本函数有 3 个输入参数，n 为字符
              //显示的列数(n=0 表示第 1 列)，m 为字符显示的行数(m=0 表示第 1 行)，s 为指针变量(用于存储地址值)
   {
    if (m == 0)   //如果 m=0，则执行 LCD_Write_Com(0x80 + n)
      {
       LCD_Write_Com(0x80 +n);   //执行 LCD_Write_Com 函数，将列地址 0x0n(取自 DB6～DB0 值)写入 DDRAM，
                                 //选择在 0nH 显示位显示字符(00H～0FH 为第一行显示位)
      }
    else        //否则(即 m≠0)，则执行 LCD_Write_Com(0xC0 + n)
      {
       LCD_Write_Com(0xC0 + n);   //执行 LCD_Write_Com 函数，将列地址 0x4n(取自 DB6～DB0 值)写入 DDRAM，
                                  //选择在 4nH 显示位显示字符(40H～4FH 为第二行显示位)
      }
    while (*s)   //当指针变量 s 的地址值不为 0 时，反复循环执行 while 大括号内的语句，
                 //当 s 的地址值为 0 时跳出 while 语句
      {
       LCD_Write_Data( *s);   //执行 LCD_Write_Data 函数，将指针变量 s 中的地址所指的数据写入 1602
       s++;                   //将指针变量 s 中的地址值加 1
      }
   }

/*以下 LCD_Write_Char 为写字符函数，用于将字符写入 1602 */
 void LCD_Write_Char(unsigned char j,unsigned char k,unsigned char Data)   //本函数有 3 个输入参数，j 为字符
                                          //显示的列数，k 为字符显示的行数，Data 为字符代码
   {
    if (k== 0)   //如果 k=0，则执行 LCD_Write_Com(0x80 + j)
      {
       LCD_Write_Com(0x80 + j);   //执行 LCD_Write_Com 函数，将列地址 0x0j(取自 DB6～DB0 值)写入 DDRAM，
                                  //选择在 0jH 显示位显示字符(00H～0FH 为第一行显示位)
      }
    else         //否则(即 k≠0)，则执行 LCD_Write_Com(0xC0 + j)
      {
```

图 8-24　矩阵键盘输入与 1602 液晶显示屏显示的程序（续）

```c
      LCD_Write_Com(0xC0 + j);   //执行 LCD_Write_Com 函数,将列地址 0x4j(取自 DB6~DB0 值)写入 DDRAM,
                                 //选择在 4jH 显示位显示字符(40H~4FH 为第二行显示位)
    }
  LCD_Write_Data(Data);   //执行 LCD_Write_Data 函数,往前面选中的 DDRAM 地址中写入字符代码,
                          //该字符即可在 LCD 相应显示位显示出来
 }

/*以下 LCD_Init 为初始化函数,用于对 1602 进行初始设置*/
void LCD_Init(void)   //本函数输入、输出参数均为空(void)
 {
  LCD_Write_Com(0x38);   //执行 LCD_Write_Com 函数,将指令代码 0x38(即 00111000)通过 DB7~DB0 写入 1602,
                         //将 1602 功能模式设为 8 位总线(DB4=1)、两行显示(DB3=1)、5×7 点阵/每字符(DB2=0)
  DelayMs(5);   //执行 DelayMs 函数延时 5ms,使功能设置操作有足够的时间完成
  LCD_Write_Com(0x08);   //执行 LCD_Write_Com 函数,将指令代码 0x08(即 00001000)通过 DB7~DB0 写入 1602,
                         //将 1602 设为显示屏关显示(DB2=0)、不显示光标(DB1=0)、光标闪烁(DB0=0)
  LCD_Write_Com(0x01);   //执行 LCD_Write_Com 函数,将指令代码 0x01(即 00000001)通过 DB7~DB0 写入 1602,
                         //对 1602 进行清屏
  LCD_Write_Com(0x06);   //执行 LCD_Write_Com 函数,将指令代码 0x06(即 00000110)通过 DB7~DB0 写入 1602,
                         //将 1602 设为输入字符时光标右移(DB1=1)、输入字符时显示屏的全部显示不移动(DB0=0)
  DelayMs(5);   //执行 DelayMs 函数延时 5ms,使输入模式设置操作有足够的时间完成
  LCD_Write_Com(0x0C);   //执行 LCD_Write_Com 函数,将指令代码 0x0C(即 00001100)通过 DB7~DB0 写入 1602,
                         //将 1602 设为显示屏开显示(DB2=1)、不显示光标(DB1=0)、光标闪烁(DB0=0)
 }

/*以下 KeyS 函数用来检测矩阵键盘的 16 个按键,其输出参数得到按下的按键的编码值*/
unsigned char KeyS(void)   //KeyS 函数的输入参数为空,输出参数为无符号字符型变量
 {
  unsigned char KeyM;     //声明一个变量 KeyM,用于存放按键的编码值
  KeyP1=0xf0;             //将 P1 端口的高 4 位置高电平,低 4 位设低电平
  if(KeyP1!=0xf0)         //如果 P1≠0xf0 成立,表示有按键按下,执行本 if 大括号内的语句
    {
     DelayMs(10);         //延时 10ms 去抖
     if(KeyP1!=0xf0)      //再次检测按键是否按下,按下则执行本 if 大括号内的语句
       {
        KeyP1=0xfe;       //让 P1=0xfe,即让 P1.0 端口为低电平(P1 其它端口为高电平),检测第一行按键
          if(KeyP1!=0xfe)  //如果 P1≠0xfe 成立(比如 P1.7 与 P1.0 之间的按键 S1 按下时,P1.7 被 P1.0 拉低,KeyP1=0x7e)
                          //表示第一行有按键按下,执行本 if 大括号内的语句
            {
             KeyM=KeyP1;  //将 P1 端口值赋给变量 KeyM
             DelayMs(10); //延时 10ms 去抖
             while(KeyP1!=0xfe);  //若 P1≠0xfe 成立则反复执行本条语句,一旦按键释放,P1=0xfe(P1≠0xfe 不成立)
                                  //则往下执行
             return KeyM; //将变量 KeyM 的值送给 KeyS 函数的输出参数,如按下 P1.6 与 P1.0 之间的按键时,
                          //KeyM=KeyP1=0xbe
            }
        KeyP1=0xfd;       //让 P1=0xfd,即让 P1.1 端口为低电平(P1 其它端口为高电平),检测第二行按键
          if(KeyP1!=0xfd)
            {
             KeyM=KeyP1;
             DelayMs(10);
             while(KeyP1!=0xfd);
             return KeyM;
            }
        KeyP1=0xfb;       //让 P1=0xfb,即让 P1.2 端口为低电平(P1 其它端口为高电平),检测第三行按键
          if(KeyP1!=0xfb)
            {
             KeyM=KeyP1;
             DelayMs(10);
             while(KeyP1!=0xfb);
             return KeyM;
            }
        KeyP1=0xf7;       //让 P1=0xf7,即让 P1.3 端口为低电平(P1 其它端口为高电平),检测第四行按键
          if(KeyP1!=0xf7)
            {
             KeyM=KeyP1; ;
             DelayMs(10);
             while(KeyP1!=0xf7);
             return KeyM;
            }
       }
    }
  return 0xff;   //如果无任何键按下,将 0xff 送给 KeyS 函数的输出参数
 }

/* 以下 KeyZ 函数用于将键码转换成相应的键值,其输出参数得到按下的按键键值*/
unsigned char KeyZ(void)   //KeyS 函数的输入参数为空,输出参数为无符号字符型变量
 {
  switch(KeyS())   // switch 为多分支选择语句,以 KeyS()函数的输出参数(按下的按键的编码值)作为选择依据
    {
     case 0x7e:return 0;break;   //如果 KeyS()函数的输出参数与常量 0x7e(0 的键码)相等,将 0 送给 KeyZ 函数的
                                 //输出参数,然后跳出 switch 语句,否则往下执行
     case 0x7d:return 1;break;   //如果 KeyS()函数的输出参数与常量 0x7d(1 的键码)相等,将 1 送给 KeyZ 函数的
                                 //输出参数,然后跳出 switch 语句,否则往下执行
     case 0x7b:return 2;break;
     case 0x77:return 3;break;
     case 0xbe:return 4;break;
     case 0xbd:return 5;break;
     case 0xbb:return 6;break;
     case 0xb7:return 7;break;
     case 0xde:return 8;break;
     case 0xdd:return 9;break;
     case 0xdb:return 10;break;
```

图 8-24 矩阵键盘输入与 1602 液晶显示屏显示的程序(续)

```
            case 0xd7:return 11;break;
            case 0xee:return 12;break;
            case 0xed:return 13;break;
            case 0xeb:return 14;break;
            case 0xe7:return 15;break;
            default:return 0xff;break;   //如果 KeyS()函数的输出参数与所有 case 后面的常量均不相等,执行 default
                                         //之后的语句组,将 0xff 送给 KeyS 函数的输出参数,然后跳出 switch 语句
        }
    }
    /*以下为主程序部分*/
    void main(void)        //main 为主函数,其输入输出参数均为空(void),一个程序只允许有一个主函数,其语句要
                           //写在 main 首尾大括号内,不管程序多复杂,单片机都会从 main 函数开始执行程序
    {
        unsigned char i,j,num;   //定义 3 个无符号字符型变量 i(显示位)、j(行数)、num(键值)
        LCD_Init();              //执行 LCD_Init 函数,对 1602 进行初始化设置
        LCD_Write_Com(0x0F);     //执行 LCD_Write_Com 函数,将指令代码 0x0F(即 00001111)通过 DB7~DB0 写入 1602,
                                 //将 1602 设为显示屏开显示、显示光标、光标闪烁
        LCD_Write_String(0,0,"Press the key !");  //执行 LCD_Write_String 函数,选择 DDRAM 的 00H 地址,将字符串
                                 //" Press the key !"的各个字符的字符代码按顺序依次写入以 00H
                                 //为首地址的各单元,结果从 LCD 屏的第 1 行第 1 个显示位开始显示
                                 //" Press the key !"
        while (1)        //主循环,while 大括号内的内容反复循环执行
        {
            num=KeyZ();     //将 KeyZ()函数的输出参数(按键的键值)赋给变量 num
            if(num!=0xff)   //如果(num≠0xff 成立,表示有按键按下,执行本 if 大括号内的语句
            {
                if((i==0)&&(j==0))  //如果 i=0 和 j=0 同时成立(准备显示第 1 行第 1 个字符时),执行本 if 大括号内的语句进行清屏
                {
                    LCD_Clear();    //执行 LCD_Clear 函数,对 1602 进行清屏操作
                }
                LCD_Write_Char(0+i,0+j,KeyTable[num]);   //执行 LCD_Write_Char 函数,选择 DDRAM 的 0iH 地址,将 KeyTable 表格的
                                 //第 num+1 个字符代码写入 1602,该字符则显示在 LCD 屏的第 j+1 行第 i+1 个位置
                i++;     //将 i 值增 1,移到下一个显示位
                if(i==16)   //如果 i=16(一行显示已满),执行本 if 大括号内的语句
                {
                    j++;     //将 j 值增 1,移到下一行显示
                    i=0;     //将 i 值清 0,移到第 1 个显示位显示
                    if(j==2)   //如果 j=2(第 2 行显示已满),执行本 if 大括号内的语句将 j 值清 0,将显示又移到第 1 行
                    {
                        j=0;   //将 j 值清 0,显示移到第 1 行
                    }
                }
            }
        }
    }
```

图 8-24 矩阵键盘输入与 1602 液晶显示屏显示的程序(续)

程序运行时,首先进入主程序的 main 函数,先定义三个无符号字符型变量 i(显示位)、j(行数)、num(键值),再执行 LCD_Init 函数,对 1602 进行初始化设置,然后执行 LCD_Write_Com(0x0F)函数,将指令代码 0x0F(即 00001111)通过 DB7~DB0 写入 1602,将 1602 设为显示屏开显示、显示光标、光标闪烁,接着执行 LCD_Write_String(0,0," Press the key !"),选择 DDRAM 的 00H 地址,将字符串"Press the key !"的各个字符的字符代码按顺序依次写入以 00H 为首地址的各单元,结果从 LCD 屏的第 1 行第 1 个显示位开始显示"Press the key !",之后的 while 主循环为按键输入及显示屏显示输入字符的程序部分。

在 while 主循环语句中,先执行并进入 KeyZ 函数→在 KeyZ 函数(键码转键值函数)中,switch 语句需要读取 KeyS 函数的输出参数(键码),故需执行并进入 KeyS 函数→在 KeyS 函数中,检测矩阵键盘按下的按键,得到该键的键码→返回到 KeyZ 函数→在 KeyZ 函数中,switch 语句以从 KeyS 函数的输出参数读取的键码作为依据,找到其对应的键值赋给 KeyZ 函数的输出参数→程序返回到主程序的 while 语句→将 KeyZ 函数的输出参数(按键的键值)赋给变量 num→如果未按下任何键,num 值将为 0xff,第 1 个 if 语句不会执行,其内嵌的三个 if 语句都不会执行→若按下某键,如按下 S7 键(键值为 6),num 值为 6,num≠0xff 成立→第 1 个 if 语句执行,由于 i、j 的初始值都为 0,第 2 个 if 语句也执行,其内部 LCD_Clear 函数执行,对 1602 进行清屏("Press the key !"显示会被清除)→执行"LCD_Write_Char(0+i,0+j,

KeyTable[num])",将 KeyTable 表格的第 num+1 个（第 7 个）字符代码（字符 6 的代码）写入 1602，该字符则显示在 LCD 屏的第 j+1 行（第 1 行）第 i+1 个（第 1 个）显示位置→执行"i++"，将 i 值增 1（变成 2），移到下一个显示位→由于 i≠16，故第 3、4 个 if 语句都不会执行→返回执行"num=KeyZ()"来读取有无按键按下，当 16 次按下按键给 1602 输入 16 个字符后，执行"i++"， i=16→第 3 个 if 语句执行，先执行 j++，将 j 值增 1 变成 1，移到下一行显示，再执行 i=0，将 i 值清 0，移到第 1 个显示位显示，由于 j≠2，故第 4 个 if 语句不会执行→又返回执行"num=KeyZ()"，当第 2 行输入 16 个字符后，执行"i++"，i=16→第 3 个 if 语句又执行，先执行 j++，将 j 值增 1 变成 2，执行 i=0，由于 j=2，故第 4 个 if 语句执行，执行内部的 j=0，将 j 值清 0，又移到第 1 行第 1 个显示位，开始第 2 屏字符的输入。

在 while 主循环语句中，第 2 个 if 语句在输入第 1 行第 1 个字符时会执行一次，第 4 个 if 语句在输入第 2 行最后一个字符后会执行一次，每按下一次按键，第 1 个 if 语句就会执行一次，第 3 个 if 语句在输入第 1、2 行最后一个字符时各执行一次。每按下一次按键，第 1 个 if 语句中的 LCD_Write_Char 函数和"i++"语句都会执行一次。

第 9 章

步进电动机的使用及编程

9.1 步进电动机与驱动芯片介绍

9.1.1 步进电动机的结构与工作原理

步进电动机是一种用电脉冲控制运转的电动机,每输入一个电脉冲,电动机就会旋转一定的角度,因此步进电动机又称为脉冲电动机。步进电动机的转速与脉冲频率成正比,脉冲频率越高,单位时间内输入电动机的脉冲个数越多,旋转角度越大,即转速越快。步进电动机广泛用在雕刻机、激光制版机、贴标机、激光切割机、喷绘机、数控机床、机器手等各种中大型自动化设备和仪器中。

1. 外形

步进电动机的外形如图 9-1 所示。

图 9-1 步进电动机的外形

2. 结构与工作原理

(1) 与步进电动机有关的实验

在说明步进电动机工作原理前,先来分析如图 9-2 所示的实验现象。

图 9-2 与步进电动机有关的实验现象

在图 9-2 所示实验中,一根铁棒斜放在支架上,若将一对磁铁靠近铁棒,N 极磁铁产生的磁感线会通过气隙、铁棒和气隙到达 S 极磁铁,如图 9-2(b)所示。由于磁感线总是力图通过磁阻最小的途径，它对铁棒产生作用力，使铁棒旋转到水平位置，如图 9-2（c）所示，此时磁感线所经磁路的磁阻最小（磁阻主要由 N 极与铁棒的气隙和 S 极与铁棒间的气隙大小决定，气隙越大，磁阻越大，铁棒处于图 9-2（c）位置时的气隙最小，因此磁阻也最小）。这时若顺时针旋转磁铁，为了保持磁路的磁阻最小，磁感线对铁棒产生作用力使之也顺时针旋转，如图 9-2（d）所示。

（2）工作原理

步进电动机种类很多，根据运转方式可分为旋转式、直线式和平面式，其中旋转式应用最为广泛。旋转式步进电动机又分为永磁式和反应式，永磁式步进电动机的转子采用永久磁铁制成，反应式步进电动机的转子采用软磁性材料制成。由于反应式步进电动机具有反应快、惯性小和速度快等优点，因此应用很广泛。下面以如图 9-3 所示的三相六极式步进电动机为例进行说明，其工作方式有单三拍、双三拍和单双六拍。

图 9-3　三相六极式步进电动机的单三拍工作方式说明图

① 单三拍工作方式。如图 9-3 所示是一种三相六极式步进电动机，它主要由凸极式定子、定子绕组和带有 4 个齿的转子组成。

三相六极式步进电动机的单三拍工作方式说明如下：

a. 当 A 相定子绕组通电时，如图 9-3（a）所示，A 相绕组产生磁场，由于磁场磁感线力图通过磁阻最小的路径，在磁场的作用下，转子旋转使齿 1、3 分别正对 A、A′极。

b. 当 B 相定子绕组通电时，如图 9-3（b）所示，B 相绕组产生磁场，在绕组磁场的作用下，转子旋转使齿 2、4 分别正对 B、B′极。

c. 当 C 相定子绕组通电时，如图 9-3（c）所示，C 相绕组产生磁场，在绕组磁场的作用下，转子旋转使齿 3、1 分别正对 C、C′极。

从图中可以看出，当 A、B、C 相按 A→B→C 顺序依次通电时，转子逆时针旋转，并且转子齿 1 由正对 A 极运动到正对 C′极；若按 A→C→B 顺序通电，转子则会顺时针旋转。给某定子绕组通电时，步进电动机会旋转一个角度；若按 A→B→C→A→B→C→……顺序依次不断给定子绕组通电，转子就会连续不断的旋转。

如图 9-3 所示为三相单三拍反应式步进电动机，其中"三相"是指定子绕组为三组，"单"是指每次只有一相绕组通电，"三拍"是指在一个通电循环周期内绕组有三次供电切换。

步进电动机的定子绕组每切换一相电源，转子就会旋转一定的角度，该角度称为步进角。在图 9-3 中，步进电动机定子圆周上平均分布着 6 个凸极，任意两个凸极之间的角度为 60°，转子每个齿由一个凸极移到相邻的凸极需要前进两步，因此该转子的步进角为 30°。步进电动机的步进角可用下面的公式计算：

$$\theta = \frac{360°}{ZN}$$

式中，Z 为转子的齿数；N 为一个通电循环周期的拍数。

图 9-3 中的步进电动机的转子齿数 $Z=4$，一个通电循环周期的拍数 $N=3$，则步进角 $\theta=30°$。

② 单双六拍工作方式。三相六极式步进电动机以单三拍方式工作时，步进角较大，力矩小且稳定性较差；如果以单双六拍方式工作，步进角较小，力矩较大，稳定性更好。三相六极式步进电动机的单双六拍工作方式说明如图 9-4 所示。

图 9-4 三相六极式步进电动机的单双六拍工作方式说明图

三相六极式步进电动机的单双六拍工作方式说明如下：

a. 当 A 相定子绕组通电时，如图 9-4（a）所示，A 相绕组产生磁场，由于磁场磁感线力图通过磁阻最小的路径，在磁场的作用下，转子旋转使齿 1、3 分别正对 A、A′极。

b. 当 A、B 相定子绕组同时通电时，A、B 相绕组产生如图 9-4（b）所示的磁场，在绕组磁场的作用下，转子旋转使齿 2、4 分别向 B、B′极靠近。

c. 当 B 相定子绕组通电时，如图 9-4（c）所示，B 相绕组产生磁场，在绕组磁场的作用下，转子旋转使齿 2、4 分别正对 B、B′极。

d. 当 B、C 相定子绕组同时通电时，如图 9-4（d）所示，B、C 相绕组产生磁场，在绕组磁场的作用下，转子旋转使齿 3、1 分别向 C、C′极靠近。

e. 当 C 相定子绕组通电时，如图 9-4（e）所示，C 相绕组产生磁场，在绕组磁场的作用下，转子旋转使齿 3、1 分别正对 C、C′极。

从图中可以看出，当 A、B、C 相按 A→AB→B→BC→C→CA→A…顺序依次通电时，转子逆时针旋转，每一个通电循环分 6 拍，其中三个单拍通电，三个双拍通电，因此这种工作方式称为三相单双六拍。三相单双六拍步进电动机的步进角为 15°。

三相六极式步进电动机还有一种双三拍工作方式，每次同时有两个绕组通电，按

AB→BC→CA→AB…顺序依次通电切换,一个通电循环分三拍。

3. 结构

三相六极式步进电动机的步进角比较大,若用它们作为传动设备动力源时往往不能满足精度要求。为了减小步进角,实际的步进电动机通常在定子凸极和转子上开很多小齿,这样可以大大减小步进角。步进电动机的示意结构如图 9-5 所示。步进电动机的实际结构如图 9-6 所示。

图 9-5 三相步进电动机的结构示意图

(a) 电动机结构 　　　　　(b) 定子结构

图 9-6 步进电动机的实际结构

9.1.2 驱动芯片 ULN2003

单片机的输出电流很小,不能直接驱动电动机和继电器等功率较大的元件,需要用到驱动芯片进行功率放大。常用的驱动集成电路有 ULN2003、MC1413P、KA2667、KA2657、KID65004、MC1416、ULN2803、TD62003 和 M5466P 等,它们都是 16 引脚的反相驱动集成电路,可以互换使用。下面以最常用的 ULN2003 为例进行说明。

1. 外形、结构和主要参数

ULN2003 的外形与内部结构如图 9-7 所示。ULN2003 内部有 7 个驱动单元,1~7 脚分别为各驱动单元的输入端,16~10 脚为各驱动单元的输出端,8 脚为各驱动单元的接地端,9 脚为各驱动单元保护二极管负极的公共端,可接电源正极或悬空不用。ULN2003 内部 7 个驱动单元是相同的,单个驱动单元的电路结构如图 9-7(c)所示,三极管 VT1、VT2 构成达林顿三极管（又称复合三极管），三个二极管主要起保护作用。

ULN2003 驱动单元主要参数如下：

① 直流放大倍数可达 1000。
② VT1、VT2 耐压最大为 50V。
③ VT2 的最大输出电流（I_{C2}）为 500mA。
④ 输入端的高电平的电压值不能低于 2.8V。
⑤ 输出端负载的电源推荐在 24V 以内。

图 9-7 ULN2003 的外形和结构

2. 检测

ULN2003 内部有 7 个电路结构相同的驱动单元，其电路结构如图 9-7（c）所示，在检测时，三极管集电结和发射结均可当成二极管。ULN2003 驱动单元检测包括检测输入端与接地端（8 脚）之间的正反向电阻、输出端与接地端之间的正反向电阻、输入端与输出端之间的正反向电阻、输出端与公共端（9 脚）之间的正反向电阻。

① 检测输入端与接地端（8 脚）之间的正反向电阻。万用表选择 R×100Ω 挡，红表笔接 1 脚、黑表笔接 8 脚，测得为二极管 VD1 的正向电阻与 R1～R3 总阻值的并联值，该阻值较小；若红表笔接 8 脚、黑表笔接 1 脚，测得为 R1 和 VT1、VT2 两个 PN 结的串联阻值，该阻值较大。

② 检测输出端与接地端之间的正反向电阻。红表笔接 16 脚、黑表笔接 8 脚，测得为 VD2 的正向电阻值，该值很小；当黑表笔接 16 脚、红表笔接 8 脚，VD2 反向截止，测得阻值无穷大。

③ 检测输入端与输出端之间的正反向电阻。黑表笔接 1 脚、红表笔接 16 脚，测得为 R1 与 VT 集电结正向电阻值，该值较小；当红表笔接 1 脚、黑表笔接 16 脚，VT1 集电结截止，测得阻值无穷大。

④ 检测输出端与公共端（9 脚）之间的正反向电阻。黑表笔接 16 脚、红表笔接 9 脚，VD3 正向导通，测得阻值很小；当红表笔接 16 脚、黑表笔接 9 脚，VD3 反向截止，测得阻值无穷大。

在测量 ULN2003 某个驱动单元时，如果测量结果与上述不符，则为该驱动单元损坏。由于 ULN2003 的 7 个驱动单元电路结构相同，正常各单元的相应阻值都是相同的，因此检测时可对比测量，当发现某个驱动单元某阻值与其他多个单元阻值有较大区别时，可确定该单元损坏，因为多个单元同时损坏可能性很小。

当 ULN2003 某个驱动单元损坏时，如果一下子找不到新 ULN2003 替换，可以使用 ULN2003 空闲驱动单元来代替损坏的驱动单元。在代替时，将损坏单元的输入、输出端分别与输入、输出电路断开，再分别将输入、输出电路与空闲驱动单元的输入、输出端连接。

9.1.3 五线四相步进电动机

1. 外形、内部结构与接线图

如图 9-8 所示是一种较常见的小功率 5V 五线四相步进电动机，A、B、C、D 四相绕组，对外接出 5 根线（4 根相线与 1 根接 5V 的电源线）。五线四相步进电动机的外形与内部接线如图 9-8 所示，在电动机上通常会标示电源电压。

(a) 外形与内部结构

(b) 接线图

图 9-8 五线四相步进电动机

2. 工作方式

四相步进电动机有三种工作方式，分别是单四拍方式、双四拍方式和单双八拍方式，其通电规律如图 9-9 所示，"1"表示通电，"0"表示断电。

3. 接线端的区分

五线四相步进电动机对外有 5 个接线端，分别是电源端、A 相端、B 相端、C 相端和 D 相端。五线四相步进电动机可通过查看导线颜色来区分各接线，其颜色规律如图 9-10 所示。

步	A	B	C	D
1	1	0	0	0
2	0	1	0	0
3	0	0	1	0
4	0	0	0	1
5	1	0	0	0
6	0	1	0	0
7	0	0	1	0
8	0	0	0	1

单四拍（1相励磁）

步	A	B	C	D
1	1	1	0	0
2	0	1	1	0
3	0	0	1	1
4	1	0	0	1
5	1	1	0	0
6	0	1	1	0
7	0	0	1	1
8	1	0	0	1

双四拍（2相励磁）

步	A	B	C	D
1	1	0	0	0
2	1	1	0	0
3	0	1	0	0
4	0	1	1	0
5	0	0	1	0
6	0	0	1	1
7	0	0	0	1
8	1	0	0	1

单双四拍（1-2相励磁）

图 9-9 四相步进电动机的三种工作方式

图 9-10 五线四相步进电动机接线端的一般颜色规律

4. 检测

五线四相步进电动机有 4 组相同的绕组，故每相绕组的阻值基本相等，电源端与每相绕组的一端均连接，故电源端与每相绕组接线端之间的阻值基本相等，除电源端外，其他 4 个接线端中的任意两接线端之间的电阻均相同，为每相绕组阻值的两倍，约几十至几百欧姆。了解这些特点后，只要用万用表测量电源端与其他各接线端之间的电阻，正常 4 次测得的阻值基本相等，若某次测量阻值无穷大，则为该接线端对应的内部绕组开路。

9.2 单片机驱动步进电动机的电路及编程

9.2.1 由按键、单片机、驱动芯片和数码管构成的步进电动机驱动电路

由按键、单片机、驱动芯片和数码管构成的步进电动机驱动电路如图 9-11 所示。

图 9-11　按键、单片机、驱动芯片和数码管构成的步进电动机驱动电路

9.2.2 用单 4 拍方式驱动步进电动机正转的程序及详解

如图 9-12 所示是用单 4 拍方式驱动步进电动机正转的程序，其电路如图 9-11 所示。该程序运行时，步进电动机一直往一个方向运转，如果将变量 Speed 的值设大一些，电动机转速会变慢，转动的力矩则会变大。

```c
/*用单4拍方式驱动四相步进电机正转的程序*/
#include <reg51.h>     //调用 reg51.h 文件对单片机各特殊功能寄存器进行地址定义
sbit A1=P1^0;          //用位定义关键字 sbit 将 A1 代表 P1.0 端口
sbit B1=P1^1;
sbit C1=P1^2;
sbit D1=P1^3;
unsigned char Speed;   //声明一个无符号字符型变量 Speed
#define A_ON {A1=1;B1=0;C1=0;D1=0;}  //用 define(宏定义)命令将 A_ON 代表"A1=1;B1=0;C1=0;D1=0;",可简化编程
#define B_ON {A1=0;B1=1;C1=0;D1=0;}  //B_ON 与"A1=0;B1=1;C1=0;D1=0;"等同
#define C_ON {A1=0;B1=0;C1=1;D1=0;}
#define D_ON {A1=0;B1=0;C1=0;D1=1;}
#define ABCD_OFF {A1=0;B1=0;C1=0;D1=0;}

/*以下 DelayUs 为微秒级延时函数，其输入参数为 unsigned char tu(无符号字符型变量tu),tu 值为 8 位,取值范围 0～255,
  如果单片机的晶振频率为 12M,本函数延时时间可用 T=（tu×2+5）us 近似计算，比如 tu=248, T=501 us≈0.5ms */
void DelayUs (unsigned char tu)   //DelayUs 为微秒级延时函数，其输入参数为无符号字符型变量 tu
 {
    while(--tu);              //while 为循环语句，每执行一次 while 语句，tu 值就减 1,
                              //直到 tu 值为 0 时才执行 while 尾大括号之后的语句
 }

/*以下 DelayMs 为毫秒级延时函数，其输入参数为 unsigned char tm（无符号字符型变量 tm）,该函数内部使用了两个
  DelayUs (248)函数，它们共延时 1002us（约 1ms), 由于 tm 最大为 255, 故本 DelayMs 函数最大延时时间为 255ms,
  若将参数定义为 unsigned int tm, 则最长可获得 65535ms 的延时时间*/
void DelayMs(unsigned char tm)
 {
   while(tm--)
    {
      DelayUs (248);
      DelayUs (248);
    }
 }

/*以下为主程序部分*/
void main()
{
 Speed=6;      //给变量 Speed 赋值 6,设置每相通电时间
 while(1)      //主循环,while 首尾大括号内的语句会反复执行
    {
      A_ON           //让 A1=1、B1=0、C1=0、D1=0,即给 A 相通电, B、C、D 相均断电
      DelayMs(Speed);//延时 6ms,让 A 相通电时间持续 6ms,该值越大,转速越慢,但转矩(转动力矩)越大
      B_ON           //让 A1=0、B1=1、C1=0、D1=0,即给 B 相通电, A、C、D 均相断电
      DelayMs(Speed);//延时 6ms,让 B 相通电时间持续 6ms
      C_ON
      DelayMs(Speed);
      D_ON
      DelayMs(Speed);
    }
}
```

图 9-12 用单 4 拍方式驱动步进电动机正转的程序

程序运行时进入 main 函数，在 main 函数中先将变量 Speed 赋值 6，设置通电时间，然后执行 while 语句，在 while 语句中，先执行 A_ON（即执行"A1=1、B1=0、C1=0、D1=0"），给 A 相通电，然后延时 6ms，再执行 B_ON（即执行"A1=0、B1=1、C1=0、D1=0"），给 B 相通电，用同样的方法给 C、D 相通电，由于 while 首尾大括号内的语句会反复循环执行，故电动机持续不断朝一个方向运转。

9.2.3 用双 4 拍方式驱动步进电动机自动正反转的程序及详解

如图 9-13 所示是用双 4 拍方式驱动步进电动机自动正反转的程序，其电路如图 9-11 所示。该程序运行时，步进电动机正向旋转 4 周，再反向旋转 4 周，周而复始。

程序运行时进入 main 函数，在 main 函数中先声明一个变量 i，接着给变量 Speed 赋值 6，然后执行第 1 个 while 语句（主循环），先执行 ABCD_OFF（即执行"A1=0、B1=0、C1=0、

```c
/*用双4拍方式驱动步进电机自动正反转的程序*/
#include <reg51.h>        //调用reg51.h文件对单片机各特殊功能寄存器进行地址定义
sbit A1=P1^0;             //用位定义关键字sbit将A1代表P1.0端口
sbit B1=P1^1;
sbit C1=P1^2;
sbit D1=P1^3;
unsigned char Speed;      //声明一个无符号字符型变量Speed

#define A_ON  {A1=1;B1=0;C1=0;D1=0;}  //用define(宏定义)命令将A_ON代表"A1=1;B1=0;C1=0;D1=0;",可简化编程
#define B_ON  {A1=0;B1=1;C1=0;D1=0;}  //B_ON 与"A1=0;B1=1;C1=0;D1=0;"等同
#define C_ON  {A1=0;B1=0;C1=1;D1=0;}
#define D_ON  {A1=0;B1=0;C1=0;D1=1;}
#define AB_ON {A1=1;B1=1;C1=0;D1=0;}
#define BC_ON {A1=0;B1=1;C1=1;D1=0;}
#define CD_ON {A1=0;B1=0;C1=1;D1=1;}
#define DA_ON {A1=1;B1=0;C1=0;D1=1;}
#define ABCD_OFF {A1=0;B1=0;C1=0;D1=0;}

/*以下DelayUs为微秒级延时函数,其输入参数为unsigned char tu(无符号字符型变量tu),tu值为8位,取值范围0~255,
如果单片机的晶振频率为12M,本函数延时时间可用T=(tu×2+5)us 近似计算,比如tu=248,T=501 us≈0.5ms */
void DelayUs (unsigned char tu)    //DelayUs为微秒级延时函数,其输入参数为无符号字符型变量tu
{
  while(--tu);                     //while为循环语句,每执行一次while语句,tu值就减1,
                                   //直到tu值为0时才执行while尾大括号之后的语句
}

/*以下为DelayMs为毫秒级延时函数,其输入参数为unsigned char tm (无符号字符型变量tm),该函数内部使用了两个
DelayUs(248)函数,它们共延时1002us(约1ms),由于tm值最大为255,故本DelayMs函数最大延时时间为255ms,
若将输入参数定义为unsigned int tm,则最长可获得65535ms的延时时间*/
void DelayMs(unsigned char tm)
{
  while(tm--)
  {
    DelayUs (248);
    DelayUs (248);
  }
}

/*以下为主程序部分*/
void main()
{
  unsigned int i;     //声明一个无符号整数型变量i
  Speed=8;            //给变量Speed赋值8,设置单相或双相通电时间
  while(1)            //主循环,while首尾大括号内的语句会反复执行
  {
    ABCD_OFF          //让A1=0、B1=0、C1=0、D1=0,即让A、B、C、D相均断电
    i=512;            //将i赋值512
    while(i--)        //while首尾大括号内的语句每执行一次,i值减1,i值由512减到0时,给步进电机提供了
                      //512个正向通电周期(电机正转4周),跳出本while语句
    {
      AB_ON           //让A1=1、B1=1、C1=0、D1=0,即给A、B相通电,C、D相断电
      DelayMs(Speed); //延时8ms,让A相通电时间持续8ms,该值越大,转速越慢,但力矩越大
      BC_ON
      DelayMs(Speed);
      CD_ON
      DelayMs(Speed);
      DA_ON
      DelayMs(Speed);
    }
    ABCD_OFF          //让A1=0、B1=0、C1=0、D1=0,即让A、B、C、D相均断电,电机停转
    i=512;            //将i赋初值512
    while(i--)        //while首尾大括号内的语句每执行一次,i值减1,i值由512减到0时,给步进电机提供了
                      //512个反向通电周期(电机反转4周),跳出本while语句
    {
      DA_ON           //让A1=1、B1=0、C1=0、D1=1,即给A、D相通电,B、C相断电
      DelayMs(Speed); //延时8ms,让D相通电时间持续8ms,该值越大,转速越慢,但力矩越大
      CD_ON
      DelayMs(Speed);
      BC_ON
      DelayMs(Speed);
      AB_ON
      DelayMs(Speed);
    }
  }
}
```

图 9-13 用双 4 拍方式驱动步进电动机自动正反转的程序

D1=0"),让 A、B、C、D 相断电,再给 i 赋值 512,再执行第 2 个 while 语句,在第 2 个 while 语句中,先执行 AB_ON(即执行"A1=1、B1=1、C1=0、D1=0"),给 A、B 相通电,延时 8ms 后,执行 BC_ON(即执行"A1=0、B1=1、C1=10、D1=0"),给 B、C 相通电,用同样的方法给 C、D 相和 D、A 相通电,即按 AB→BC→CD→DA 顺序给步进电动机通电,第 1 次执行后,i 值由 512 减 1 变成 511,然后又返回 AB_ON 开始执行第 2 次,执行 512 次后,i 值变为 0,步进电动机正向旋转了 4 周,跳出第 2 个 while 语句,执行之后的 ABCD_OFF 和 i=512,让 A、B、C、D 相断电,给 i 赋值 512,再执行第 3 个 while 语句,在第 3 个 while 语句中,执行有

关语句按 DA→CD→BC→AB 顺序给步进电动机通电，执行 512 次后，i 值变为 0，步进电动机反向旋转了 4 周，跳出第 2 个 while 语句。由于第 1、2 个 while 语句处于主循环第 1 个 while 语句内部，故会反复执行，故而步进电动机正转 4 周、反转 4 周且反复进行。

9.2.4 外部中断控制步进电动机正反转的程序及详解

如图 9-14 所示是用按键输入外部中断信号控制步进电动机以单双 8 拍方式正反转的程序，其电路如图 9-11 所示。该程序运行时，步进电动机一直正转，按下 INT0 端（P3.2 脚）外接的 S3 键，电动机转为反转并一直持续，再次按下 S3 键时，电动机又转为正转。

```
/*用按键输入外部中断信号触发步进电机以单双 8 拍方式正、反转的程序*/
#include <reg51.h>          //调用 reg51.h 文件对单片机各特殊功能寄存器进行地址定义
sbit A1=P1^0;               //用位定义关键字 sbit 将 A1 代表 P1.0 端口
sbit B1=P1^1;
sbit C1=P1^2;
sbit D1=P1^3;
unsigned char Speed;        //声明一个无符号字符型变量 Speed
bit Flag;                   //用关键字 bit 将 Flag 定义为位变量

#define A_ON  {A1=1;B1=0;C1=0;D1=0;}  //用 define(宏定义)命令将 A_ON 代表"A1=1;B1=0;C1=0;D1=0;"，可简化编程
#define B_ON  {A1=0;B1=1;C1=0;D1=0;}  //B_ON 与"A1=0;B1=1;C1=0;D1=0;"等同
#define C_ON  {A1=0;B1=0;C1=1;D1=0;}
#define D_ON  {A1=0;B1=0;C1=0;D1=1;}
#define AB_ON {A1=1;B1=1;C1=0;D1=0;}
#define BC_ON {A1=0;B1=1;C1=1;D1=0;}
#define CD_ON {A1=0;B1=0;C1=1;D1=1;}
#define DA_ON {A1=1;B1=0;C1=0;D1=1;}
#define ABCD_OFF {A1=0;B1=0;C1=0;D1=0;}

/*以下 DelayUs 为微秒级延时函数,其输入参数为 unsigned char tu(无符号字符型变量 tu),tu 值为 8 位,取值范围 0~255,
如果单片机的晶振频率为 12M,本函数延时时间可用 T=(tu×2+5)us 近似计算，比如 tu=248, T=501 us≈0.5ms */
void DelayUs (unsigned char tu)    //DelayUs 为微秒级延时函数,其输入参数为无符号字符型变量 tu
{
 while(--tu);               //while 为循环语句,每执行一次 while 语句, tu 值就减 1,
                            //直到 tu 值为 0 时才执行 while 尾大括号之后的语句
}

/*以下 DelayMs 为毫秒级延时函数,其输入参数为 unsigned char tm（无符号字符型变量 tm），该函数内部使用了两个
DelayUs (248)函数，它们共延时 1002us（约 1ms），由于 tm 值最大为 255，故本 DelayMs 函数最大延时时间为 255ms,
若将输入参数定义为 unsigned int tm，则最长可获得 65535ms 的延时时间*/
void DelayMs(unsigned char tm)
{
 while(tm--)
  {
   DelayUs (248);
   DelayUs (248);
  }
}

/*以下为外部 0 中断函数（中断子程序），用"(返回值) 函数名 (输入参数) interrupt n using m"
格式定义一个函数名为 INT0_L 的中断函数，n 为中断源编号，n=0~4，m 为用作保护
中断断点的寄存器组，可使用 4 组寄存器（0~3），每组有 8 个寄存器(R0~R7),m=0~3,
若只有一个中断，可不写"using m"，使用多个中断时，不同中断应使用不同 m*/
void INT0_Z(void) interrupt 0 using 0  //INT0_Z 为中断函数(用 interrupt 定义),其返回值和输入参数均为空，
                                       //并且为中断源 0 的中断函数(编号 n=0),断点保护使用第 1 组寄存器(using 0)
{
 DelayMs(10);     //延时 10ms，防止 INT0 端外接按键产生的抖动引起第二次中断
 Flag=!Flag;      //将位变量 Flag 值取反
}

/*以下为主程序部分*/
void main()
{
 unsigned int i;   //声明一个无符号整型变量 i
 EA=1;             //让 IE 寄存器的 EA 位为 1，开启总中断
 EX0=1;            //让 IE 寄存器的 EX0 位为 1，开启 INT0 中断
 IT0=1;            //让 TCON 寄存器 IT0 位为 1，设 INT0 中断请求为下降沿触发有效
 Speed=10;         //给变量 Speed 赋值 10，设置单相或双相通电时间
 while(1)          //主循环,while 首尾大括号内的语句会反复执行
  {
   ABCD_OFF       //让 A1=0、B1=0、C1=0、D1=0，即 A、B、C、D 相均断电
   i=512;         //给变量 i 赋值 512
   while((i--)&&Flag)  //当位变量 Flag=0 时，i 值与 Flag 值相与结果为 0，while 首尾大括号内的语句不会执行
                  //若 Flag=1,while 首尾大括号内的语句循环执行 512 次,每执行一次 i 值减 1, i 值减到 0 时，
                  //i 值与 Flag 值相与结果也为 0，跳出 while 语句
    {
     A_ON         //让 A1=1、B1=0、C1=0、D1=0，即 A 相通电，B、C、D 相断电
     DelayMs(Speed);  //延时 10ms，让 A 相通电时间持续 10ms，该值越大，转速越慢，但力矩越大
     AB_ON        //让 A1=1、B1=1、C1=0、D1=0，即 A、B 相通电，C、D 相断电
```

图 9-14 用按键输入外部中断信号控制步进电动机以单双 8 拍方式正反转的程序

```
                DelayMs(Speed);
                B_ON
                DelayMs(Speed);
                BC_ON
                DelayMs(Speed);
                C_ON
                DelayMs(Speed);
                CD_ON
                DelayMs(Speed);
                D_ON
                DelayMs(Speed);
                DA_ON
                DelayMs(Speed);
            }
            ABCD_OFF            //让A1=0、B1=0、C1=0、D1=0,即让A、B、C、D相均断电
            i=512;              //给变量i赋值512
            while((i--)&&(!Flag))   //当Flag=0时,Flag反值为1,i值(512)与Flag反值相与结果不为0,
                                //while首尾大括号内的语句循环执行512次,直到i值减到0时,才跳出while语句,
                                //当Flag=1时,Flag反值为0,i值与Flag反值相与结果为0,直接跳出while语句
            {
                A_ON            //让A1=1、B1=0、C1=0、D1=0,即给A相通电,B、C、D相断电
                DelayMs(Speed); //延时10ms,让A相通电时间持续10ms,该值越大,转速越慢,但力矩越大
                DA_ON
                DelayMs(Speed);
                D_ON
                DelayMs(Speed);
                CD_ON
                DelayMs(Speed);
                C_ON
                DelayMs(Speed);
                BC_ON
                DelayMs(Speed);
                B_ON
                DelayMs(Speed);
                AB_ON
                DelayMs(Speed);
            }
        }
    }
```

图 9-14 用按键输入外部中断信号控制步进电动机以单双 8 拍方式正反转的程序（续）

程序运行时进入 main 函数，在 main 函数中先声明一个无符号整数型变量 i，再执行 "EA=1" 开启总中断、执行 "EX0=1" 开启 INT0 中断、执行 "IT0=1" 将 INT0 中断请求为下降沿触发有效、执行 "Speed=10" 将单相或双相通电时间设为 10，然后进入第 1 个 while 语句（主循环）。

在第 1 个 while 语句（主循环）中，先执行 ABCD_OFF（即执行 "A1=0、B1=0、C1=0、D1=0"），让 A、B、C、D 相断电，再给 i 赋值 512，再执行第 2 个 while 语句。在第 2 个 while 语句中，由于位变量 Flag 初始值为 0，i 值与 Flag 值相与结果为 0，while 首尾大括号内的语句不会执行，跳出第 2 个 while 语句，执行之后的 "ABCD_OFF" 和 "i=512"，再执行第 3 个 while 语句。在第 3 个 while 语句中，i 值与 Flag 反值相与结果为 1，while 首尾大括号内的语句循环执行 512 次，每执行一次 i 值减 1，i 值减到 0 时，i 值与 Flag 反值相与结果为 0，跳出第 3 个 while 语句，返回执行第 2 个 while 语句前面的 "ABCD_OFF" 和 "i=512"，由于 Flag 值仍为 0，故第 2 个 while 语句仍不会执行，第 3 个 while 语句的内容又一次执行，因此步进电动机一直正转。

如果按下单片机 INT0 端（P3.2 脚）外接的 S3 键，INT0 端输入一个下降沿，外部中断 0 被触发，马上执行该中断对应的 INT0_Z 函数，在该函数中，延时 10ms 进行按键防抖后，将 Flag 值取反，Flag 值由 0 变为 1，这样主程序中的第 2 个 while 语句的内容被执行，第 3 个 while 语句的内容不会执行，步进电动机变为反转。如果再次按下 S3 键，Flag 值由 1 变为 0，电动机又会正转。

在第 2 个 while 语句中，程序是按 "A→AB→B→BC→C→CD→D→DA→A" 顺序给步进电动机通电的，而在第 3 个 while 语句中，程序是按 "A→DA→D→CD→C→BC→B→AB→A" 顺序给步进电动机通电的，两者通电顺序相反，故电动机旋转方向相反。

9.2.5 用按键控制步进电动机启动、加速、减速、停止的程序及详解

（1）现象

如图 9-15 所示是用 4 个按键控制步进电动机启动、加速、减速、停止并显示速度等级的程序。程序运行时，步进电动机处于停止状态，8 位 LED 数码管显示两位速度等级值 "01"。

第9章 步进电动机的使用及编程

按下启动键（S4），电动机开始运转；每按一下加速键（S1），数码管显示的速度等级值增1（速度等级范围为01～18），电动机转速提升一个等级；每按一下减速键（S2），数码管显示的速度等级值减1，电动机转速降低一个等级；按下停止键（S3），电动机停转。

```c
/*用4个按键控制步进电机启动、加速、减速、停止并显示速度等级的程序*/
#include <reg51.h>        //调用 reg51.h 文件对单片机各特殊功能寄存器进行地址定义
sbit A1=P1^0;             //用位定义关键字 sbit 将 A1 代表 P1.0 端口
sbit B1=P1^1;
sbit C1=P1^2;
sbit D1=P1^3;

#define WDM P0             //用define（宏定义）命令将 WDM 代表 P0，程序中 WDM 与 P0 等同
#define KeyP3 P3
sbit DuanSuo=P2^2;         //用位定义关键字 sbit 将 DuanSuo 代表 P2.2 端口
sbit WeiSuo =P2^3;
unsigned char Speed=1;     //声明一个无符号字符型变量 Speed，并将其初值设为1
bit StopFlag=1;            //用关键字 bit 将 StopFlag 定义为位变量，并将其置1

unsigned char code DMtable[]={0x3f,0x06,0x5b,0x4f,0x66,0x6d,0x7d,0x07,  //定义一个 DMtable 表格，依次
                             0x7f,0x6f,0x77,0x7c,0x39,0x5e,0x79,0x71}; //存放字符 0~F 的段码
unsigned char code WMtable[]={0xfe,0xfd,0xfb,0xf7,0xef,0xdf,0xbf,0x7f}; //定义一个 WMtable 表格，依次存放
                                                                       //8 位数码管低位到高位的位码
unsigned char TData[8];   //定义一个可存放8个元素的一维数组(表格)TData

#define A_ON  {A1=1;B1=0;C1=0;D1=0;}  //用 define(宏定义)命令将 A_ON 代表"A1=1;B1=0;C1=0;D1=0;",可简化程序编写
#define B_ON  {A1=1;B1=1;C1=0;D1=0;}  //B_ON 与"A1=0;B1=1;C1=0;D1=0;"等同
#define C_ON  {A1=0;B1=1;C1=0;D1=0;}
#define D_ON  {A1=0;B1=0;C1=0;D1=1;}
#define AB_ON {A1=1;B1=1;C1=0;D1=0;}
#define BC_ON {A1=0;B1=1;C1=1;D1=0;}
#define CD_ON {A1=0;B1=0;C1=1;D1=1;}
#define DA_ON {A1=1;B1=0;C1=0;D1=1;}
#define ABCD_OFF {A1=0;B1=0;C1=0;D1=0;}

/*以下 DelayUs 为微秒级延时函数，其输入参数为 unsigned char tu(无符号字符型变量 tu)，tu 值为8位，取值范围 0~255，
如果单片机的晶振频率为 12M，本函数延时时间可用 T= (tu×2+5) us 近似计算，比如 tu=248, T=501 us≈0.5ms */
void DelayUs (unsigned char tu)   //DelayUs 为微秒级延时函数，其输入参数为无符号字符型变量 tu
{
  while(--tu);                    //while 为循环语句，每执行一次 while 语句，tu 值就减1，
                                  //直到 tu 值为0时才执行 while 尾大括号之后的语句
}
/*以下 DelayMs 为毫秒级延时函数，其输入参数为 unsigned char tm (无符号字符型变量 tm)，该函数内部使用了两个
DelayUs (248)函数，它们共延时 1002us (约1ms)，由于 tm 值最大为 255，故本 DelayMs 函数最大延时时间为 255ms，
若将输入参数定义为 unsigned int tm，则最长可获得 65535ms 的延时时间*/
void DelayMs(unsigned char tm)
{
  while(tm--)
  {
    DelayUs (248);
    DelayUs (248);
  }
}

/*以下为 Display 显示函数，用于驱动8位数码管动态扫描显示字符，输入参数 ShiWei 表示显示的开始位，如 ShiWei
为0表示从第一个数码管开始显示，WeiShu 表示显示的位数，如显示99两位数应设 WeiShu 为 2 */
void Display(unsigned char ShiWei,unsigned char WeiShu)  // Display(显示)函数有两个输入参数，
                                                         //分别为 ShiWei(开始位)和 WeiShu(位数)
{
  static  unsigned char i;      //声明一个静态(static)无符号字符型变量 i(表示显示位，0表示第1位)，
                                //静态变量占用的存储单元在程序退出前不会释放给变量使用
  WDM=WMtable[i+ShiWei];        //将 WMtable 表格中的第 i+ShiWei +1 个位码送给 P0 端口输出
  WeiSuo=1;                     //让 P2.3 端口输出高电平，开通位码锁存器，锁存器输入变化时输出会随之变化
  WeiSuo=0;                     //让 P2.3 端口输出低电平，位码锁存器被封锁，锁存器的输出值被锁定不变

  WDM=TData[i];                 //将 TData 表格中的第 i+1 个段码送给 P0 端口输出
  DuanSuo=1;                    //让 P2.2 端口输出高电平，开通段码锁存器，锁存器输入变化时输出会随之变化
  DuanSuo=0;                    //让 P2.2 端口输出低电平，段码锁存器被封锁，锁存器的输出值被锁定不变

  i++;                          //将 i 值加1，准备显示下一位数字
  if(i==WeiShu)                 //如果 i=WeiShu 表示显示到最后一位，执行 i=0
  {
    i=0;                        //将 i 值清 0，以便从数码管的第1位开始再次显示
  }
}

/*以下为定时器及相关中断设置函数*/
void T0Int_S (void)           //函数名为 T0Int_S，输入和输出参数均为 void (空)
{
  TMOD=0x01;                  //让 TMOD 寄存器的 M1M0=01，设 T0 工作在方式1(16位计数器)
  TH0=0;                      //将 TH0 寄存器清 0
  TL0=0;                      //将 TL0 寄存器清 0
  EA=1;                       //让 IE 寄存器的 EA=1，打开总中断
  ET0=1;                      //让 IE 寄存器的 ET0=1，允许 T0 中断请求
  TR0=1;                      //让 TCON 寄存器的 TR0=1，启动 T0 在 TH0、TL0 初值基础上开始计数
}

/*以下 T0Int_Z 为定时器 T0 的中断函数，用"(返回值) 函数名 (输入参数) interrupt n using m"格式定义一个函数名为
T0Int_Z 的中断函数，n 为中断源编号，n=0～4，m 为用作保护中断断点的寄存器组，可使用 4 组寄存器(0~3)，每组
有 7 个寄存器(R0~R7)，m=0~3，若只有一个中断，可不写"using m"，使用多个中断时，不同中断应使用不同 m*/
void T0Int_Z (void)  interrupt 1  //T0Int_Z 为中断函数(用 interrupt 定义)，并且为 T0 的中断函数(中断源编号 n=1)
```

图 9-15 用按键控制步进电动机启动、加速、减速、停止的程序

```c
    {
    static unsigned char times,i;    //声明两个静态(static)无符号字符型变量 times 和 i,两者初值均为 0,
                                     //退出 T0Int_Z 函数后,这两个变量的值仍保持(不会自动清 0)
    TH0=(65536-2000)/256;            //将定时初值的高 8 位放入 TH0,"/"为除法运算符号
    TL0=(65536-2000)%256;            //将定时初值的低 8 位放入 TL0,"%"为相除取余数符号
    Display(0,8);                    //执行 Display 显示函数,从第 1 位(0)开始显示,共显示 8 位(8),T0Int_Z 函数
                                     //每隔 2ms 执行一次,Display 函数也每隔 2ms 执行一次,执行一次显示 1 位
    if(StopFlag==0)                  //如果 StopFlag=0 成立(即按下启动键时),执行本 if 首尾大括号内的语句,
      {
       if(times==(20-Speed))         //如果 times=(20-Speed),执行 if 首尾大括号内的语句,否则执行 if 尾大括号之后的
                                     //times++,若 Speed=1,则需要执行 20 次 times++才能让 times=(20-Speed),各相通电
                                     //切换需要很长的时间,电机转速最慢,反之若 Speed=18,电机转速最快
         {
          times=0;      //将 times 值置 0
          switch(i)     //switch 为多分支选择语句,后面小括号内 i 为表达式
            {
             case 0:A_ON;i++;break;  //如果 i 值与常量 0 相等,让 A1=1;B1=0;C1=0;D1=0,即给 A 相通电,并将 i 值加 1,
                                     //然后跳出 switch 语句,否则往下执行
             case 1:B_ON;i++;break;  //如果 i 值与常量 1 相等,让 A1=0;B1=1;C1=0;D1=0,即给 B 相通电,并将 i 值加 1,
                                     //然后跳出 switch 语句,否则往下执行
             case 2:C_ON;i++;break;
             case 3:D_ON;i++;break;
             case 4:i=0;break;       //如果 i 值与常量 4 相等,将 i 值加 1,然后跳出 switch 语句,否则往下执行
             default:break;          //如果 i 值与所有 case 后面的常量均不相等,执行 default 之后的语句,然后跳出 switch 语句
            }
         }
       times++;    //将 times 值加 1
      }
    }

/*以下 KeyS 函数用作 8 个按键的键盘检测*/
unsigned char KeyS(void)      //KeyS 函数的输入参数类型为空(void),输出参数类型为无符号字符型
{
 unsigned char keyZ;          //声明一个无符号字符型变量 keyZ(表示按键值)
 if(KeyP3!=0xff)              //如果 P3≠FFH 成立,表示有键按下,执行本 if 大括号内的语句
  {
   DelayMs(10);               //执行 DelayMs 函数,延时 10s 去抖
   if(KeyP3!=0xff)            //又一次检测 P3 端口是否有按键按下,有则 P3≠FFH 成立,执行本 if 大括号内的语句
    {
     keyZ=KeyP3;              //将 P3 端口值赋给变量 keyZ
     while(KeyP3!=0xff);      //再次检测 P3 端口的按键是否处于按下,处于按下(表达式成立)反复执行本条语句,
                              //一旦按键释放松开,马上往下执行
     switch(keyZ)             //switch 为多分支选择语句,后面小括号内 keyZ 为表达式
      {
       case 0xfe:return 1;break;  //如果 keyZ 值与常量 0xfe 相等("1"键按下),将 1 送给 KeyS 函数的输出参数,
                                  //然后跳出 switch 语句,否则往下执行
       case 0xfd:return 2;break;  //如果 keyZ 值与常量 0xfd 相等("2"键按下),将 2 送给 KeyS 函数的输出参数,
                                  //然后跳出 switch 语句,否则往下执行
       case 0xfb:return 3;break;
       case 0xf7:return 4;break;
       case 0xef:return 5;break;
       case 0xdf:return 6;break;
       case 0xbf:return 7;break;
       case 0x7f:return 8;break;
       default:return 0;break;    //如果 keyZ 值与所有 case 后面的常量均不相等,执行 default 之后的语句组,
                                  //将 0 送给 KeyS 函数的输出参数,然后跳出 switch 语句
      }
    }
  }
 return 0;        // 将 0 送给 KeyS 函数的输出参数
}

/*以下为主程序部分*/
void main()
{
 unsigned char num;      //声明一个无符号字符型变量 num
 T0Int_S();              //执行 T0Int_S 函数,对定时器 T0 及相关中断进行设置,启动 T0 计时
 ABCD_OFF;               //让 A1=0、B1=0、C1=0、D1=0,即让 A、B、C、D 相均断电
 while(1)                //主循环,while 首尾大括号内的语句会反复执行
  {
   num=KeyS();           //执行 KeyS 函数,并将其输出参数(返回值)赋给 num
   if(num==1)            //如果 num=1 成立(按下加速键 S1),执行本 if 首尾大括号内的语句,让电机加速
    {
     if(Speed<18)        //如果 Speed 值小于 18,执行 Speed++,将 Speed 值加 1,否则往后执行
      Speed++;
    }
   else if(num==2)       //如果 num=2 成立(按下减速键 S2),执行本 else if 首尾大括号内的语句,让电机减速
    {
     if(Speed>1)         //如果 Speed 值大于 1,执行 Speed--,将 Speed 值减 1,否则往后执行
      Speed--;
    }
   else if(num==3)       //如果 num=3 成立(按下停止键 S3),执行本 else if 首尾大括号内的语句,让电机停转
    {
     ABCD_OFF;           //让 A1=0、B1=0、C1=0、D1=0,即让 A、B、C、D 相均断电
     StopFlag=1;         //将位变量 StopFlag 置 1
    }
   else if(num==4)       //如果 num=4 成立(按下启动键 S4),执行本 else if 首尾大括号内的语句,启动电机运转
    {
     StopFlag=0;         //将位变量 StopFlag 置 0
    }
   TData[0]=DMtable[Speed/10];  //以 Speed=15 为例,Speed/10 意为 Speed 除 10 取整,Speed/10=1,即将 DMtable 表格的
                                //第 2 个段码(1 的段码)传送到 TData 数组的第 1 个位置
   TData[1]=DMtable[Speed%10];  //Speed%10 意为 Speed 除 10 取余数,Speed%10=5,即将 DMtable 表格的
                                //第 6 个段码(5 的段码)传送到 TData 数组的第 2 个位置
  }
}
```

图 9-15 用按键控制步进电动机启动、加速、减速、停止的程序(续)

(2) 程序工作过程

程序运行时进入 main 函数，在 main 函数中声明一个变量 num 后，接着执行 T0Int_S 函数，对定时器 T0 及相关中断进行设置，启动 T0 计时，再执行 ABCD_OFF（即执行"A1=0、B1=0、C1=0、D1=0"），让 A、B、C、D 相断电，然后进入第 1 个 while 语句（主循环）。

在第 1 个 while 语句（主循环）中，先执行 KeyS 函数，并将其输出参数（返回值）赋给 num，如果未按下任何键，KeyS 函数的输出参数为 0，num=0，"num=KeyS()"之后的 4 个选择语句（if…else if）均不会执行，而执行选择语句之后的语句，将 Speed 值（Speed 初始值为 1）分解成 0、1，并将这两个数字的段码分别传送到 TData 数组的第 1、2 个位置。在主程序中执行 T0Int_S 函数启动 T0 定时器计时后，T0 每计时 2ms 会中断一次，T0Int_Z 中断函数每隔 2ms 执行一次，T0Int_Z 函数中的 Display 函数也随之每隔 2ms 执行一次，每执行一次就从 TData 数组读取（按顺序读取）一个段码，驱动 8 位数码管将该段码对应的数字在相应位显示出来。由于位变量 StopFlag 的初值为 1，故 T0Int_Z 函数中两个 if 语句均不会执行。

如果按下启动键（S4），主程序在执行到"num=KeyS()"时，会执行 KeyS 函数而检测到该键按下，将返回值 4 赋给变量 num，由于 num=4，故主程序最后一个 else if 会执行，将位变量 StopFlag 置 0。这样 T0Int_Z 函数执行（每隔 2ms 执行一次）时，其内部的第 1 个 if 语句会执行，因为变量 Speed 初值为 1，而静态变量 times 的初值为 0，times=（20-Speed）不成立，第 2 个 if 语句不会执行，而直接执行 times++，将 times 值加 1，执行 19 次 T0Int_Z 函数（约 38ms）后，times 值为 19，times=（20-Speed）成立，第 2 个 if 语句执行，先将 times 清 0，再执行 switch 语句，由于静态变量 i 初值为 0，故 switch 语句的第 1 个 case 执行，给电动机的 A 相通电并将 i 值加 1，i 值变为 1，再跳出 switch 语句，执行之后的 times++，times 值由 0 变为 1，然后退出 T0Int_Z 函数，2ms 后再次执行 T0Int_Z 函数时，times=（20-Speed）又不成立，执行 19 次 times++后，times=（20-Speed）成立，第 2 个 if 语句执行，此时的静态变量 i 值为 1，switch 语句的第 2 个 case 执行，给电动机的 B 相通电并将 i 值加 1，i 值变为 2。如此工作，A、B、C、D 每相通电时间约为 38ms，通电周期长，需要较长时间才转动一个很小的角度，故在 Speed=1 时，步进电动机转速很慢。

如果按下加速键（S1），num=1，主程序中的第 1 个 if 语句会执行，将 Speed 值加 1，Speed 值变为 2，这样执行 18 次 T0Int_Z 函数（约 36ms）后，times=（20-Speed）成立，即 A、B、C、D 每相通电时间约为 36ms，通电周期稍微变短，步进电动机转速略变快。不断按压加速键（S1），Speed 值不断增大，当 Speed=18 时，A、B、C、D 每相通电时间约为 4ms，通电周期最短，步进电动机转速最快。如果按下减速键（S2），num=2，主程序中的第 1 个 else if 语句会执行，将 Speed 值减 1，Speed 值变小，执行 T0Int_Z 函数的次数需要增加才能使 times=（20-Speed）成立，A、B、C、D 每相通电时间增加，通电周期变长，步进电动机转速变慢。

如果按下停止键（S3），num=3，主程序中的第 2 个 else if 语句会执行，先执行"ABCD_OFF"将 A、B、C、D 相断电，再执行"StopFlag=1"将 StopFlag 置 1，T0Int_Z 函数中的两个 if 语句均不会执行，即不会给各相通电，步进电动机停转。

第 10 章

串行通信的使用及编程

10.1 概 述

通信的概念比较广泛,在单片机技术中,单片机与单片机或单片机与其他设备之间的数据传输称为通信。

10.1.1 并行通信和串行通信

根据数据传输方式的不同,可将通信分为并行通信和串行通信两种。

同时传输多位数据的方式称为并行通信。如图 10-1(a)所示,在并行通信方式下,单片机中的 8 位数据 10011101 通过 8 条数据线同时送到外部设备中。并行通信的特点是数据传输速度快,但由于需要的传输线多,故成本高,只适合近距离的数据通信。

逐位传输数据的方式称为串行通信。如图 10-1(b)所示,在串行通信方式下,单片机中的 8 位数据 10011101 通过一条数据线逐位传送到外部设备中。串行通信的特点是数据传输速度慢,但由于只需要一条传输线,故成本低,适合远距离的数据通信。

图 10-1 通信方式

10.1.2 串行通信的两种方式

串行通信又可分为异步通信和同步通信两种。51 系列单片机采用异步通信方式。

1. 异步通信

在异步通信中,数据是一帧一帧传送的。异步通信如图 10-2 所示,这种通信以帧为单位进行数据传输,一帧数据传送完成后,可以接着传送下一帧数据,也可以等待,等待期间为空闲位(高电平)。

图 10-2 异步通信

(1) 帧数据格式

在串行异步通信时,数据是以帧为单位传送的。异步通信的帧数据格式如图 10-3 所示。从图中可以看出,一帧数据由起始位、数据位、奇偶校验位和停止位组成。

图 10-3 异步通信的帧数据格式

① 起始位。表示一帧数据的开始,起始位一定为低电平。当单片机要发送数据时,先送一个低电平(起始位)到外部设备,外部设备接收到起始信号后,马上开始接收数据。

② 数据位。它是要传送的数据,紧跟在起始位后面。数据位的数据可以是 5~8 位,传送数据时是从低位到高位逐位进行的。

③ 奇偶校验位。该位用于检验传送的数据有无错误。奇偶校验是检查数据传送过程中是否发生错误的一种校验方式,分为奇校验和偶校验。奇校验是指数据位和校验位中"1"的总个数为奇数,偶校验是指数据位和校验位中"1"的总个数为偶数。

以奇校验为例,若单片机传送的数据位中有偶数个"1",为保证数据和校验位中"1"的总个数为奇数,奇偶校验位应为"1",如果在传送过程中数据位中有数据产生错误,其中一个"1"变为"0",那么传送到外部设备的数据位和校验位中"1"的总个数为偶数,外部设备就知道传送过来的数据发生错误,会要求重新传送数据。数据传送采用奇校验或偶校验均可,但要求发送端和接收端的校验方式一致。在帧数据中,奇偶校验位也可以不用。

④ 停止位。它表示一帧数据的结束。停止位可以是 1 位、1.5 位或 2 位,但一定为高电平。一帧数据传送结束后,可以接着传送第二帧数据,也可以等待,等待期间数据线为高电平(空闲位)。如果要传送下一帧,只要让数据线由高电平变为低电平(下一帧起始位开始),接收器就开始接收下一帧数据。

(2) 51 系列单片机的几种帧数据方式

51 系列单片机在串行通信时,根据设置的不同,其传送的帧数据有以下 4 种方式。

① 方式 0。其也称为同步移位寄存器输入/输出方式，它是单片机通信中较特殊的一种方式，通常用于并行 I/O 接口的扩展，这种方式中的一帧数据只有 8 位（无起始位、停止位）。

② 方式 1。在这种方式中，一帧数据中有 1 位起始位、8 位数据位和 1 位停止位，共 10 位。

③ 方式 2。在这种方式中，一帧数据中有 1 位起始位、8 位数据位、1 位可编程位和 1 位停止位，共 11 位。

④ 方式 3。这种方式与方式 2 相同，一帧数据中有 1 位起始位、8 位数据位、1 位可编程位和 1 位停止位，它与方式 2 的区别仅在于波特率（数据传送速率）设置不同。

2．同步通信

在异步通信中，每一帧数据发送前要用起始位，结束时要用停止位，这样会占用一定的时间，导致数据传输速度较慢。为了提高数据传输速度，在计算机与一些高速设备进行数据通信时，常采用同步通信。同步通信的帧数据格式如图 10-4 所示。

图 10-4　同步通信的帧数据格式

从图中可以看出，同步通信的数据后面取消了停止位，前面的起始位用同步信号代替，在同步信号后面可以跟很多数据，所以同步通信传输速度快。但由于在通信时要求发送端和接收端严格保持同步，这需要用复杂的电路来保证，所以单片机很少采用这种通信方式。

10.1.3　串行通信的数据传送方向

串行通信根据数据的传送方向可分为三种方式：单工方式、半双工方式和全双工方式。这三种传送方式如图 10-5 所示。

图 10-5　数据传送方式

① 单工方式。在这种方式下，数据只能向一个方向传送。单工方式如图 10-5（a）所示，

数据只能由发送端传输给接收端。

② 半双工方式。在这种方式下，数据可以双向传送，但同一时间内，只能向一个方向传送，只有一个方向的数据传送完成后，才能往另一个方向传送数据。半双工方式如图 10-5（b）所示，通信的双方都有发送器和接收器，一方发送时，另一方接收，由于只有一条数据线，所以双方不能在发送的同时进行接收。

③ 全双工方式。在这种方式下，数据可以双向传送，通信的双方都有发送器和接收器，由于有两条数据线，所以双方在发送数据的同时可以接收数据。全双工方式如图 10-5（c）所示。

10.2 串行通信口的结构与原理

单片机通过串行通信口可以与其他设备进行数据通信，将数据传送给外部设备或接收外部设备传送来的数据，从而实现更强大的功能。

10.2.1 串行通信口的结构

51 单片机的串行通信口的结构如图 10-6 所示。

图 10-6 串行通信口的结构

与串行通信口有关的部件主要如下：

① 两个数据缓冲器 SBUF。SBUF 是可以直接寻址的特殊功能寄存器（SFR），它包括发送 SBUF 和接收 SBUF，发送 SBUF 用来发送串行数据，接收 SBUF 用来接收数据，两者共用一个地址（99H）。在发送数据时，该地址指向发送 SBUF；而在接收数据时，该地址指向接收 SBUF。

② 输入移位寄存器。在接收控制器的控制下，将输入的数据逐位移入接收 SBUF。

③ 串行控制寄存器 SCON。SCON 的功能是控制串行通信口的工作方式，并反映串行通信口的工作状态。

④ 定时器 T1。T1 用作波特率发生器，用来产生接收和发送数据所需的移位脉冲，移位脉冲的频率越高，接收和传送数据的速率越快。

10.2.2 串行通信口的工作原理

串行通信口有接收数据和发送数据两个工作过程，下面以图 10-6 所示的串行通信口结构为例来说明这两个工作过程。

1. 接收数据过程

在接收数据时，若 RXD 端（与 P3.2 引脚共用）接收到一帧数据的起始信号（低电平），SCON 寄存器马上向接收控制器发出允许接收信号，接收控制器在定时器/计数器 T1 产生的移位脉冲信号控制下，控制输入移位寄存器，将 RXD 端输入的数据由低到高逐位移入输入移位寄存器中，数据全部移入输入移位寄存器后，移位寄存器再将全部数据送入接收 SBUF 中，同时接收控制器通过或门向 CPU 发出中断请求，CPU 马上响应中断，将接收 SBUF 中的数据全部取走，从而完成了一帧数据的接收。后面各帧的数据接收过程与上述相同。

2. 发送数据过程

相对于接收过程来说，串行通信口发送数据的过程较简单。当 CPU 要发送数据时，只要将数据直接写入发送 SBUF 中，就启动了发送过程。在发送控制器的控制下，发送门打开，先发送一位起始信号（低电平），然后依次由低到高逐位发送数据，数据发送完毕，最后发送一位停止位（高电平），从而结束一帧数据的发送。一帧数据发送完成后，发送控制器通过或门向 CPU 发出中断请求，CPU 响应中断，将下一帧数据送入 SBUF，开始发送下一帧数据。

10.3 串行通信口的控制寄存器

串行通信口的工作受串行控制寄存器 SCON 和电源控制寄存器 PCON 的控制。

10.3.1 串行控制寄存器（SCON）

SCON 寄存器用来控制串行通信的工作方式及反映串行通信口的一些工作状态。SCON 寄存器是一个 8 位寄存器，它的地址为 98H，其中每位都可以位寻址。SCON 寄存器各位的名称和地址如下：

位地址 →	9FH	9EH	9DH	9CH	9BH	9AH	99H	98H
字节地址 → 98H	SM0	SM1	SM2	REN	TB8	RB8	TI	RI

① SM0、SM1 位：串行通信口工作方式设置位。

通过设置这两位的值，可以让串行通信口工作在 4 种不同的方式，具体如表 10-1 所示，这几种工作方式在后面将会详细介绍。

表 10-1 串行通信口工作方式设置位及其功能

SM0	SM1	工 作 方 式	功　　　能	波　特　率
0	0	方式 0	8 位同步移位寄存器方式（用于扩展 I/O 口数量）	$f_{osc}/12$
0	1	方式 1	10 位异步收发方式	可变
1	0	方式 2	11 位异步收发方式	$f_{osc}/64$，$f_{osc}/32$
1	1	方式 3	11 位异步收发方式	可变

② SM2 位：用来设置主—从式多机通信。

当一个单片机（主机）要与其他几个单片机（从机）通信时，就要对这些位进行设置。当 SM2=1 时，允许多机通信；当 SM2=0 时，不允许多机通信。

③ REN 位：允许/禁止数据接收的控制位。

当 REN=1 时，允许串行通信口接收数据；当 REN=0 时，禁止串行通信口接收数据。

④ TB8 位：方式 2、3 中发送数据的第 9 位。

该位可以用软件规定其作用，可用作奇偶校验位，或在多机通信时，用作地址帧或数据帧的标志位。在方式 0 和方式 1 中，该位不用。

⑤ RB8 位：方式 2、3 中接收数据的第 9 位。

该位可以用软件规定其作用，可用作奇偶校验位，或在多机通信时，用作地址帧或数据帧的标志位。在方式 1 中，若 SM2=0，则 RB8 是接收到的停止位。

⑥ TI 位：发送中断标志位。

当串行通信口工作在方式 0 时，发送完 8 位数据后，该位自动置"1"（即硬件置"1"），向 CPU 发出中断请求，在 CPU 响应中断后，必须用软件清 0；在其他几种工作方式中，该位在停止位开始发送前自动置"1"，向 CPU 发出中断请求，在 CPU 响应中断后，也必须用软件清 0。

⑦ RI 位：接收中断标志位。

当工作在方式 0 时，接收完 8 位数据后，该位自动置"1"，向 CPU 发出接收中断请求，在 CPU 响应中断后，必须用软件清 0；在其他几种工作方式中，该位在接收到停止位期间自动置"1"，向 CPU 发出中断请求，在 CPU 响应中断取走数据后，必须用软件对该位清 0，以准备开始接收下一帧数据。

在上电复位时，SCON 各位均为"0"。

10.3.2 电源控制寄存器（PCON）

PCON 寄存器是一个 8 位寄存器，它的字节地址为 87H，不可位寻址，并且只有最高位 SMOD 与串行通信口控制有关。PCON 寄存器各位的名称和字节地址如下：

	D7	D6	D5	D4	D3	D2	D1	D0
字节地址 → 87H	SMOD	—	—	—	GF1	GF0	PD	IDL

SMOD 位：波特率设置位。在串行通信口工作在方式 1~3 时起作用。若 SMOD=0，波特率不变；当 SMOD=1 时，波特率加倍。在上电复位时，SMOD＝0。

10.4　4 种工作方式与波特率的设置

串行通信口有 4 种工作方式，工作在何种方式受 SCON 寄存器的控制。在串行通信时，要改变数据传送速率（波特率），可对波特率进行设置。

10.4.1　方式 0

当 SCON 寄存器中的 SM0=0、SM1=0 时，串行通信口工作在方式 0。

方式 0 称为同步移位寄存器输入/输出方式，常用于扩展 I/O 端口。在单片机发送或接收串行数据时，通过 RXD 端发送数据或接收数据，而通过 TXD 端送出数据传输所需的移位脉冲。

在方式 0 时，串行通信口又分为两种工作情况：发送数据和接收数据。

1. 方式 0——数据发送

当串行通信口工作在方式 0 时，若要发送数据，通常在外部接 8 位串并转换移位寄存器 74LS164，具体连接电路如图 10-7 所示。其中，RXD 端用来输出串行数据，TXD 端用来输出移位脉冲，P1.0 端用来对 74LS164 进行清 0。

图 10-7　串行通信在方式 0 时的数据发送电路

在单片机发送数据前，先从 P1.0 引脚发出一个清 0 信号（低电平）到 74LS164 的 CLR 引脚，对其进行清 0，让 D7～D0 全部为"0"，然后单片机在内部执行写 SBUF 指令，开始从 RXD 端（P3.0 引脚）送出 8 位数据，与此同时，单片机的 TXD 端输出移位脉冲到 74LS164 的 CLK 引脚，在移位脉冲的控制下，74LS164 接收单片机 RXD 端送到的 8 位数据（先低位后高位），数据发送完毕，在 74LS164 的 D7～D0 端输出 8 位数据。另外，在数据发送结束后，SCON 寄存器的发送中断标志位 TI 自动置"1"。

2. 方式 0——数据接收

当串行通信口工作在方式 0 时，若要接收数据，一般在外部接 8 位并串转换移位寄存器 74LS165，具体连接电路如图 10-8 所示。在这种方式时，RXD 端用来接收输入的串行数据，TXD 端用来输出移位脉冲，P1.0 端用来对 74LS165 的数据进行锁存。

图 10-8　串行通信口在方式 0 时的数据接收电路

在单片机接收数据前，先从 P1.0 引脚发出一个低电平信号到 74LS165 的 S/$\overline{\text{L}}$ 引脚，让 74LS165 锁存由 D7～D0 端输入的 8 位数据，然后单片机内部执行读 SBUF 指令，与此同时，单片机的 TXD 端送移位脉冲到 74LS165 的 CLK1 引脚，在移位脉冲的控制下，74LS165 中的数据逐位从 RXD 端送入单片机，单片机接收数据完毕，SCON 寄存器的接收中断标志位 RI 自动置"1"。

在方式 0 中，串行通信口发送和接收数据的波特率都是 $f_{osc}/12$。

10.4.2 方式 1

当 SCON 寄存器中的 SM0=0、SM1=1 时，串行通信口工作在方式 1。

在方式 1 时，串行通信口可以发送和接收每帧 10 位的串行数据。其中，TXD 端用来发送数据，RXD 端用来接收数据。在方式 1 中，一帧数据中有 10 位，包括 1 位起始位（低电平）、8 位数据位（低位在前）和 1 位停止位（高电平）。在方式 1 时，串行通信口又分为两种工作情况：发送数据和接收数据。

1. 方式 1——发送数据

在发送数据时，若执行写 SBUF 指令，发送控制器在移位脉冲（由定时器/计数器 T1 产生的信号再经 16 或 32 分频而得到）的控制下，先从 TXD 端送出一个起始位（低电平），然后再逐位将 8 位数据从 TXD 端送出，当最后一位数据发送完成后，发送控制器马上将 SCON 的 TI 位置"1"，向 CPU 发出中断请求，同时从 TXD 端输出停止位（高电平）。

2. 方式 1——接收数据

在方式 1 时，需要设置 SCON 中的 REN=1，串行通信口才允许接收数据。由于不知道外部设备何时会发送数据，所以串行通信口会不断检测 RXD 端，当检测到 RXD 端有负跳变（由"1"变为"0"）时，说明外部设备发来了数据的起始位，于是启动 RXD 端接收，将输入的 8 位数据逐位移入内部的输入移位寄存器。8 位数据全部进入输入移位寄存器后，如果满足 RI 位为"0"、SM2 位为"0"（若 SM2 不为"0"，但接收到的数据停止位为"1"也可以）的条件，输入移位寄存器中的 8 位数据才可以放入 SBUF，停止位的"1"才能送入 SCON 的 RB8 位中，RI 位就会被置"1"，向 CPU 发出中断请求，让 CPU 取走 SBUF 中的数据，如果条件不满足，输入移位寄存器中的数据将无法送入 SBUF 而丢弃，重新等待接收新的数据。

10.4.3 方式 2

当 SCON 寄存器中的 SM0=1、SM1=0 时，串行通信口工作在方式 2。

在方式 2 时，串行通信口可以发送和接收每帧 11 位的串行数据，其中 1 位起始位、8 位数据位、1 位可编程位和 1 位停止位。其中，TXD 端用来发送数据，RXD 端用来接收数据。在方式 2 时，串行通信口又分为两种工作情况：发送数据和接收数据。

1. 方式 2——发送数据

在方式 2 时，发送的一帧数据有 11 位，其中有 9 位数据，第 9 位数据取自 SCON 中的 TB8 位。在发送数据前，先用软件设置 TB8 位的值，然后执行写 SBUF 指令（如 MOV SBUF,

A），发送控制器在内部移位脉冲的控制下，从 TXD 端送出一个起始位（低电平），然后逐位送出 8 位数据，再从 TB8 位中取出第 9 位并送出，当最后一位数据发送完成后，发送控制器马上将 SCON 的 TI 位置"1"，向 CPU 发出中断请求，同时从 TXD 端输出停止位（高电平）。

2. 方式 2——接收数据

在方式 2 时，同样需设置 SCON 的 REN=1，串行通信口才允许接收数据，然后不断检测 RXD 端是否有负跳变（由"1"变为"0"），若有，说明外部设备发来了数据的起始位，于是启动 RXD 端接收数据。当 8 位数据全部进入输入移位寄存器后，如果 RI 位为"0"、SM2 位为"0"（若 SM2 不为"0"，但接收到的第 9 位数据为"1"也可以），输入移位寄存器中的 8 位数据才可以送入 SBUF，第 9 位会放进 SCON 的 RB8 位，同时 RI 位置"1"，向 CPU 发出中断请求，让 CPU 取走 SBUF 中的数据，否则输入移位寄存器中的数据将无法送入 SBUF 而丢弃。

10.4.4 方式 3

当 SCON 中的 SM0=1、SM1=1 时，串行通信口工作在方式 3。

方式 3 与方式 2 一样，传送的一帧数据都为 11 位，工作原理也相同，两者的区别仅在于波特率不同，方式 2 的波特率固定为 $f_{osc}/64$ 或 $f_{osc}/32$，而方式 3 的波特率则可以设置。

10.4.5 波特率的设置

在串行通信中，为了保证数据的发送和接收成功，要求发送方发送数据的速率与接收方接收数据的速率相同，而将双方的波特率设置相同就可以达到这个要求。在串行通信的 4 种方式中，方式 0 的波特率是固定的，而方式 1～方式 3 的波特率则是可变的。波特率是数据传送的速率，它用每秒传送的二进制数的位数来表示，单位符号是 bit/s。

1. 方式 0 的波特率

方式 0 的波特率固定为时钟振荡频率的 1/12，即

$$\text{方式 0 的波特率} = \frac{1}{12} \cdot f_{osc}$$

2. 方式 2 的波特率

方式 2 的波特率由 PCON 寄存器中的 SMOD 位决定。当 SMOD=0 时，方式 2 的波特率为时钟振荡频率的 1/64；当 SMOD=1 时，方式 2 的波特率加倍，为时钟振荡频率的 1/32，即

$$\text{方式 2 的波特率} = \frac{2^{SMOD}}{64} \cdot f_{osc}$$

3. 方式 1 和方式 3 的波特率

方式 1 和方式 3 的波特率除了与 SMOD 位有关，还与定时器/计数器 T1 的溢出率有关。方式 1 和方式 3 的波特率可用下式计算：

$$\text{方式 1、3 的波特率} = \frac{2^{SMOD}}{32} \cdot T1\text{ 的溢出率}$$

T1 的溢出率是指定时器/计数器 T1 在单位时间内计数产生的溢出次数，即溢出脉冲的频率。

在将定时器/计数器 T0 设为工作方式 3 时（设置方法见第 6 章内容），T1 可以工作在方式 0、方式 1 或方式 2 三种方式下。当 T1 工作于方式 0 时，它对脉冲信号（由时钟信号 f_{osc} 经 12 分频

得到)进行计数,计到 2^{13} 时会产生一个溢出脉冲到串行通信口作为移位脉冲;当 T1 工作于方式 1 和 2 时,则分别要计到 2^{16} 和 2^8-X(X 为 T1 的初值,可以设定)才产生溢出脉冲。

如果要提高串行通信口的波特率,可让 T1 工作在方式 2,因为该方式计数时间短,溢出脉冲频率高,并且能通过设置 T1 的初值来调节计数时间,从而改变 T1 产生的溢出脉冲的频率(又称 T1 的溢出率)。

当 T1 工作在方式 2 时,T1 两次溢出的时间间隔,即 T1 的溢出周期为

$$T1\text{ 的溢出周期} = \frac{12}{f_{osc}} \cdot (2^8 - X)$$

T1 的溢出率为溢出周期的倒数,即

$$T1\text{ 的溢出率} = \frac{f_{osc}}{12 \cdot (2^8 - X)}$$

故当 T1 工作在方式 2 时,串行通信口工作方式 1、3 的波特率为

$$\text{方式 1、3 的波特率} = \frac{2^{SMOD}}{32} \cdot \frac{f_{osc}}{12 \cdot (2^8 - X)}$$

由上式可推导出 T1 在方式 2 时,其初值 X 为

$$X = 2^8 - \frac{2^{SMOD} \cdot f_{osc}}{384 \cdot \text{波特率}}$$

举例:单片机的时钟频率 f_{osc}=11.0592MHz,现要让串行通信的波特率为 2400bit/s,可将串行通信口的工作方式设为 1、T1 的方式设为 2,并求出 T1 应设的初值。

求 T1 初值的过程如下。

先进行寄存器设置:为了让波特率不倍增,将 PCON 寄存器中的数据设为 00H,这样 SMOD 位就为"0";设置 TMOD 寄存器中的数据为 20H,这样 T1 就工作在方式 2。

再计算并设置 T1 的初值:

$$X = 2^8 - \frac{2^{SMOD} \cdot f_{osc}}{384 \cdot \text{波特率}} = 256 - \frac{2^0 \times 11.0592 \times 10^6}{384 \times 2400} = 244$$

十进制数 244 转换成十六进制数为 F4H,将 T1 的初值设为 F4H。

由于设置波特率和初值需要计算,比较麻烦,一般情况下可查表来进行设置。常见的波特率设置如表 10-2 所示。

表 10-2 常用的波特率设置

波特率	振荡频率(f_{osc}/Mbit/s)	SMOD	定时器 T1		
			C/$\overline{T}$	方式	初值
工作方式 0: 1Mbit/s	12	×	×	×	×
工作方式 2: 375kbit/s	12	1	×	×	×
工作方式 1、3: 62.5kbit/s	12	1	0	2	FFH
工作方式 1、3: 19.2kbit/s	11.0592	1	0	2	FDH
工作方式 1、3: 9.6kbit/s	11.0592	0	0	2	FDH
工作方式 1、3: 4.8kbit/s	11.0592	0	0	2	FAH
工作方式 1、3: 2.4kbit/s	11.0592	0	0	2	F4H
工作方式 1、3: 1.2kbit/s	11.0592	0	0	2	E8H
工作方式 1、3: 137.5bit/s	11.986	0	0	2	1DH
工作方式 1、3: 110bit/s	6	0	0	2	72H
工作方式 1、3: 110bit/s	12	0	0	1	FEEBH

10.5 串行通信的应用编程

10.5.1 利用串行通信的方式 0 实现产品计数显示的电路及编程

1. 电路

如图 10-9 所示是利用串行通信的方式 0 实现产品计数显示的电路。按键 S1 模拟产品计数输入，每按一次 S1 键，产品数量增 1，单片机以串行数据的形式从 RXD 端（P3.0 口）输出产品数量数字的字符码（8 位），从 TXD 端（P3.1 口）输出移位脉冲，8 位字符码逐位进入 74LS164 后从 Q0~Q7 端并行输出到一位数码管的 a~g、dp 引脚，数码管显示出产品数量的数字（0~9）。

图 10-9 利用串行通信的方式 0 实现产品计数显示的电路

2. 程序及说明

如图 10-10 所示是利用串行通信的方式 0 进行串并转换以实现产品计数显示的程序。程序运行时，每按一次 S1 键，数码管显示的数字就增 1，当数字达到 9 时再按一次 S1 键，数字由 9 变为 0，如此反复。

程序运行时首先进入主程序的 main 函数，在 main 函数中，声明一个变量 i 后执行"SCON=0x00"，往 SCON 寄存器写入 00000000，SCON 的 SM0、SM1 位均为 0，让串行通信口工作在方式 0，再进入 while 主循环（主循环内的语句会反复执行），在 while 主循环的第 1 个 if 语句先检测按键 S1 的状态，一旦发现 S1 键按下（S1=0），马上执行"DelayMs(10)"延时防抖，延时后执行第 2 个 if 语句，再检测 S1 键的状态，如果 S1≠0，说明按键未按下，会执行"SendByte(table[i])",将 table 表格中的第 i+1 个字符码从 RXD 端(即 P3.0 口)发送出去,如果发现 S1=0,说明按键完全按下,执行"while(S1==0);"语句等待 S1 键松开释放(如果 S1=0 会反复执行本条语句等待),S1 键松开后执行"i++",将 i 值增 1,如果 i 值不等于 8,则执行"SendByte(table[i])",如果 i 值等于 8,则执行"i=0"将 i 值清 0,再执行"SendByte(table[i])",然后程序又返回到第 1 个 if 语句检测 S1 键的状态。

```
/*利用串行通信的方式 0 进行串并转换以实现产品计数显示的程序*/
#include<reg51.h>   //调用 reg51.h 文件对单片机各特殊功能寄存器进行地址定义
sbit S1=P1^0;       //用位定义关键字 sbit 将 S1 代表 P1.0 端口
unsigned char code table[]={0xc0,0xf9,0xa4,0xb0, 0x99,0x92,0x82,0xf8, 0x80,0x90};
        //定义一个无符号(unsigned)字符型(char) 表格(table),code 表示表格数据存在单片机的代码区
        //(ROM 中),表格按顺序存放 0~9 的字符码,每个字符码 8 位,0 的字符码为 C0H,即 11000000B

/*以下 DelayUs 为微秒级延时函数,其输入参数为 unsigned char tu (无符号字符型变量 tu),
tu 值为 8 位,取值范围 0~255,如果单片机的晶振频率为 12M,本函数延时时间可用
T= (tu×2+5) us 近似计算,比如 tu=248,T=501 us≈0.5ms */
void DelayUs (unsigned char tu)   //DelayUs 为微秒级延时函数,其输入参数为无符号字符型变量 tu
{
  while(--tu);              //while 为循环语句,每执行一次 while 语句,tu 值就减 1,
                            //直到 tu 值为 0 时才执行 while 尾大括号之后的语句
}

/*以下 DelayMs 为毫秒级延时函数,其输入参数为 unsigned char tm (无符号字符型变量 tm),该函数内部
使用了两个 DelayUs (248)函数,它们共延时 1002us (约 1ms),由于 tm 值最大为 255,故本 DelayMs 函数
最大延时时间为 255ms,若将输入参数定义为 unsigned int tm,则最长可获得 65535ms 的延时时间*/
void DelayMs(unsigned char tm)
{
  while(tm--)
  {
    DelayUs (248);
    DelayUs (248);
  }
}

/*以下 SendByte 为发送单字节函数,其输入参数为 unsigned char dat (无符号字符型变量 dat),其功能是
将 dat 数据从 RXD 端 (即 P3.0 口)发送出去*/
void SendByte(unsigned char dat)
{
  SBUF = dat;       //将变量 dat 的数据赋给串行通信口的 SBUF 寄存器,该寄存器马上将数据由低到高位
                    //从 RXD 端 (即 P3.0 口)送出
  while(TI==0);     //检测 SCON 寄存器的 TI 位,若为 0 表示数据未发送完成,反复执行本条语句检测 TI 位,
                    //一旦 TI 位为 1,表示 SBUF 中的数据已发送完成,马上执行下条语句
  TI=0;             //将 TI 位清 0
}

/*以下为主程序部分*/
void main (void)
{
  unsigned char i;  //声明一个无符号字符型变量 i
  SCON=0x00;        //往 SCON 寄存器写入 00000000,SCON 的 SM0、SM1 位均为 0,串行通信口工作在方式 0
  while (1)         //主循环,本 while 语句首尾大括号内的语句反复执行
  {
    if(S1==0)       // if(如果)S1=0,表示 S1 键按下,则执行本 if 大括号内的语句
                    //否则(即 S1≠0 执行本 if 尾大括号之后的语句
    {
      DelayMs(10);  //执行 DelayMs 延时函数进行按键防抖,输入参数为 10 时可延时约 10ms
      if(S1==0)     //再次检测 S1 键是否按下,按下则执行本 if 首尾大括号内的语句
      {
        while(S1==0);  //若 S1 键处于按下(S1=0),反复执行本条语句,一旦 S1 键松开释放,
                       //S1≠0,马上执行下条语句
        i++;        //将 i 值增 1
        if(i==8)    //如果 i=8,执行本 if 大括号内的语句,否则执行本 if 尾大括号之后的语句
        {
          i=0;      //将 i 置 0
        }
        SendByte(table[i]);  //执行 SendByte 函数,将 table 表格中的第 i+1 个字符码
                             //从 RXD 端 (即 P3.0 口)发送出去
      }
    }
  }
}
```

图 10-10 利用串行通信的方式 0 进行串并转换以实现产品计数显示的程序

10.5.2 利用串行通信的方式 1 实现双机通信的电路及编程

1. 电路

如图 10-11 所示是利用串行通信的方式 1 实现双机通信的电路。甲机的 RXD 端(接收端)与乙机的 TXD 端(发送端)连接,甲机的 TXD 端与乙机的 RXD 端连接,通过双机串行通信,可以实现一个单片机控制另一个单片机,如甲机向乙机的 P1 端口传送数据 0x99(即 10011001),可以使得乙机 P1 端口外接的 8 个 LED 4 亮 4 灭。

图 10-11 利用串行通信的方式 1 实现双机通信的电路

2. 程序及说明

在进行双机通信时，需要为双机分别编写程序，图 10-12（a）是为甲机编写的发送数据程序，要写入甲机单片机，图 10-12（b）是为乙机编写的接收数据程序，要写入乙机单片机。

甲机程序的功能是将数据 0x99（即 10011001）从本机的 TXD 端（P3.1 端）发送出去，乙机程序的功能是从本机的 RXD 端（P3.0 端）接收数据（0x99，即 10011001），并将数据传送给 P1 端口，P1＝0x99＝10011001B，P1 端口外接的 8 个 LED4 亮 4 灭（VD8、VD5、VD4、VD1 灭，VD7、VD6、VD3、VD2 亮）。

甲机程序如图 10-12（a）所示。程序运行时首先进入主程序的 main 函数，在 main 函数中，首先执行 InitUART 函数，对串行通信口进行初始化设置，然后执行 while 主循环，在 while 主循环中，先执行 SendByte 函数，将数据 0x99（即 10011001）从 TXD 端（即 P3.1 口）发送出去，再执行两次"DelayMs(250)"延时 0.5s，也就是说每隔 0.5s 执行一次 SendByte 函数，从 TXD 端（即 P3.1 口）发送一次数据 0x99。

乙机程序如图 10-12（b）所示。程序运行时首先进入主程序的 main 函数，在 main 函数中，首先执行 InitUART 函数，对串行通信口进行初始化设置，然后执行 while 主循环，在 while 主循环中，先执行 ReceiveByte 函数，从本机的 RXD 端（即 P3.0 口）接收数据，再赋给 ReceiveByte 函数的输出参数，然后将 ReceiveByte 函数的输出参数值（0x99，即 10011001）传给 LEDP1，即传送给 P1 端口。

```
/*利用串行通信的方式 1 实现双机通信的发送程序 写入甲机*/
#include<reg51.h>    //包含头文件，一般情况不需要改动，头文件包含特殊功能寄存器的定义

/*以下 DelayUs 为微秒级延时函数，其输入参数为 unsigned char tu(无符号字符型变量 tu)，
  tu 值为 8 位，取值范围 0～255，如果单片机的晶振频率为 12M，本函数延时时间可用
  T=(tu×2+5)us 近似计算，比如 tu=248，T=501 us≈0.5ms */
void DelayUs (unsigned char tu)   //DelayUs 为微秒级延时函数，其输入参数为无符号字符型变量 tu
{
  while(--tu);             //while 为循环语句，每执行一次 while 语句，tu 值就减 1，
                           //直到 tu 值为 0 时才执行 while 尾大括号之后的语句
}

/*以下 DelayMs 为毫秒级延时函数，其输入参数为 unsigned char tm(无符号字符型变量 tm)，该函数内部
  使用了两个 DelayUs (248) 函数，它们共延时 1002us（约 1ms），由于 tm 最大为 255，故本 DelayMs 函数
  最大延时时间为 255ms，若将输入参数定义为 unsigned int tm，则最长可获得 65535ms 的延时时间*/
void DelayMs(unsigned char tm)
{
  while(tm--)
  {
    DelayUs (248);
    DelayUs (248);
  }
}

/*以下 InitUART 为串行通讯口初始化设置函数，输入、输出参数均为空(void)*/
void InitUART (void)
{
  SCON=0x50;   //往 SCON 寄存器写入 01010000，SM0 位=0、SM1 位=1，让串行口工作在方式 1，REN=1，允许接收数据
  TMOD=0x20;   //往 TMOD 寄存器写入 00100000，M1 位=1、M0 位=0，让定时器 T1 工作在方式 2(8 位自动重装计数器)
  TH1=0xfa;    //往定时器 T1 的 TH1 寄存器写入重装值 FAH，将串行通讯波特率设为 4.8kbit/s(晶振为 11.0592MHz)
  TR1=1;       //往 TCON 寄存器的 TR1 位写入 1，启动定时器 T1 工作
  PCON=0x00;   //往 PCON 寄存器写入 00H，SMOD=0，波特率保持不变
  EA=1;        //往 IE 寄存器的 EA 位写入 1，打开总中断
  ES=1;        //往 TCON 寄存器的 ES 位写入 1，打开串口中断
}

/*以下 SendByte 为发送单字节函数，输入参数为无符号字符型变量 dat，输出参数为空 */
void SendByte(unsigned char dat)
{
  SBUF = dat;       //将变量 dat 的数据赋给串行通信口的 SBUF 寄存器，该寄存器马上将数据由低到高位
                    //从 TXD 端（即 P3.1 口）发送出去
  while(TI==0);     //检测 SCON 寄存器的 TI 位，若为 0 表示数据未发送完成，反复执行本条语句检测 TI 位，
                    //一旦 TI 位为 1，表示 SBUF 中的数据已发送完成，马上执行下条语句
  TI=0;             //将 TI 位清 0，以准备下一次发送数据
}

/*以下为主程序部分*/
void main (void)
{
  InitUART();       //执行 InitUART 函数，对串行通讯口进行初始化设置
  while (1)         //主循环，本 while 语句首尾大括号内的语句反复执行，每隔 0.5s 执行一次 SendByte 函数
                    //以发送一次数据
  {
    SendByte(0x99);  //执行 SendByte 函数，将数据 10011001 从 TXD 端（即 P3.1 口）发送出去
    DelayMs(250);    //延时 250ms
    DelayMs(250);    //延时 250ms
  }
}
```

(a) 写入甲机的发送程序

图 10-12 利用串行通信的方式 1 实现双机通信的程序

```c
/*利用串行通信的方式 1 实现双机通信的接收程序 写入乙机*/
#include<reg51.h>  //包含头文件,一般情况下不需要改动,头文件包含特殊功能寄存器的定义
#define LEDP1 P1   //用 define(宏定义)命令将 LEDP1 代表 P1,程序中 LEDP1 与 P1 等同

/*以下 InitUART 为串行通讯口初始化设置函数*/
void InitUART (void)
{
 SCON=0x50;   //往 SCON 寄存器写入 01010000,SM0 位=0、SM1 位=1,让串行口工作在方式 1,REN=1,允许接收数据
 TMOD=0x20;   //往 TMOD 寄存器写入 00100000,M1 位=1、M0 位=0,让定时器 T1 工作在方式 2(8 位自动重装计数器)
 TH1=0xfa;    //往定时器 T1 的 TH1 寄存器写入重装值 FAH,将串行通讯波特率设为 4.8kbit /s (晶振为 11.0592MHz)
 TR1=1;       //往 TCON 寄存器的 TR1 位写入 1,启动定时器 T1 工作
 PCON=0x00;   //往 PCON 寄存器写入 00H,SMOD 位=0,波特率保持不变
 EA=1;        //往 IE 寄存器的 EA 位写入 1,打开总中断
 ES=1;        //往 TCON 寄存器的 ES 位写入 1,打开串口中断
}
/*以下 ReceiveByte 为接收单字节函数,输入参数为空,输出参数为无符号字符型变量*/
unsigned char ReceiveByte ()
{
 unsigned char dat;  //声明一个无符号字符型变量 dat
 while(RI==0);       //检测 SCON 寄存器的 RI 位,若为 0 表示数据接收未完成,反复执行本条语句检测 RI 位,一旦
                     //RI 位为 1,表示接收的数据已全部送入 SBUF 寄存器,即数据接收完成,马上执行下条语句
 dat=SBUF;           //将 SBUF 寄存器的数据赋给变量 dat
 return dat;         //将变量 dat 数据返回给 ReceiveByte 函数的输出参数
 RI=0;               //将 RI 位清 0,以准备下一次接收数据
}

/*以下为主程序部分*/
void main (void)
{
 InitUART();  //执行 InitUART 函数,对串行通讯口进行初始化设置
 while(1)     //主循环,本 while 语句首尾大括号内的语句反复执行,
  {
   LEDP1=ReceiveByte();  //将 ReceiveByte 函数的输出参数赋给 LEDP1,即传送给 P1 端口
  }
}
```

(b) 写入乙机的接收程序

图 10-12 利用串行通信的方式 1 实现双机通信的程序(续)

第 11 章

I²C 总线通信的使用及编程

11.1 I²C 总线介绍

11.1.1 概述

I²C（Inter-Integrated Circuit）总线是由 PHILIPS 公司开发的两线式串行通信总线，是微电子通信控制领域广泛采用的一种总线标准。

I²C 总线可以将单片机与其他具有 I²C 总线通信接口的外围设备连接起来，如图 11-1 所示，通过串行数据（SDA）线和串行时钟（SCL）线与连接到该双线的器件传递信息。每个 I²C 器件都有一个唯一的识别地址（I²C 总线支持 7 位和 10 位地址），而且都可以作为一个发送器或接收器（由器件的功能决定，如 LCD 驱动器只能作为接收器，而存储器则既可以作为接收器接收数据，也可以用作发送器发送数据）。I²C 器件在执行数据传输时也可以看作是主机或从机，主机是初始化总线数据传输并产生允许传输时钟信号的器件，此时任何被寻址的器件 I²C 器件都被认为是从机。

图 11-1 单片机通过 I²C 总线连接多个 I²C 器件

I²C 总线有标准（100Kbps）、快速（400Kbps）和高速（3.4Mbps）三种数据传输速度模式，支持高速模式的可以向下支持低速模式。I²C 总线连接的 I²C 器件数量仅受到总线的最大电容 400pF 限制，总线连接的器件越多，连线越长，分布电容越大。

在图 11-1 中，如果单片机需要往 I²C 器件 3 写入数据，会先从 SDA 数据线送出 I²C 器件 3 的地址，挂在总线上众多的器件只有 I²C 器件 3 与总线接通，单片机再将数据从 SDA 数据线送出，该数据则被 I²C 器件 3 接收。这里的单片机是主机兼发送器，I²C 器件 3 及其他器件均为从机，I²C 器件 3 为接收器。

11.1.2　I²C 总线通信协议

通信协议是通信各方必须遵守的规则，否则通信无法进行，在编写通信程序时需要了解相应的通信协议。

I²C 总线通信协议主要内容如下：

① 总线空闲：SCL 和 SDA 线均为高电平。

② 开始信号：在 SCL 为高电平时，SDA 出现下降沿，该下降沿即为开始信号。

③ 数据传送：开始信号出现后，SCL 线为高电平时从 SDA 线读取的电平为数据；SCL 线为高电平时，SDA 线的电平不允许变化，只有 SCL 为低电平时才可以改变 SDA 的电平；SDA 线传送数据时，从高位到低位逐位进行，一个 SCL 脉冲高电平对应 1 位数据。

④ 停止信号：SCL 为高电平时，SDA 出现上升沿，该上升沿为停止信号，停止信号过后，总线被认为空闲（SCL、SDA 均为高电平）。

11.1.3　I²C 总线的数据传送格式

I²C 总线可以一次传送单字节数据，也可以一次传送多字节数据，不管是传送单字节还是多字节数据，都要在满足协议的前提下进行。

（1）单字节数据传送格式

I²C 总线的单字节数据传送格式如图 11-2 所示，传送单字节数据的格式为"开始信号—传送的数据（从高位到低位）—应答（ACK）信号—停止信号"。在传送数据前，SCL、SDA 线均为高电平（总线空闲），在需要传送数据时，主机让 SDA 线由高电平变为低电平，产生一个下降沿（开始信号）去从机，从机准备接收数据，然后主机从 SCL 线逐个输出时钟脉冲信号，同时从 SDA 线逐位（从高位到低位）输出数据，只有 SCL 脉冲高电平到从机时，从机才读取 SDA 线的电平值（0 或 1），并将其作为一位数据值，8 位数据传送结束后，接收方将 SDA 线电平拉低，该低电平作为 ACK 应答信号由 SDA 线送给发送方，ACK 信号之后可以继续传送下一个字节数据，若只传送单字节数据，在 SCL 线为高电平时，SDA 线由低电平变为高电平形成一个上升沿，该上升沿即为停止信号，本次数据传送结束。

图 11-2　I²C 总线的单字节数据传送格式

（2）多字节数据传送格式

为了提高工作效率，I²C 总线往往需要一次传送多个字节。如图 11-3 所示是典型的 I²C 总线多字节数据传送格式，该多字节数据的格式为"开始信号—第 1 个字节数据（7 位从机地址+1 位读/写设定值）—应答信号—第 2 个字节数据（8 位从机内部单元地址）—应答信号—第 3 个字节数据（8 位数据）—应答信号（或停止应答信号）—停止信号"。

图 11-3 传送了三个字节数据，第 1 个字节数据为从机的地址和数据读写设定值，由于 I²C 总线挂接很多从机，传送从机地址用于选中指定的从机进行通信，读写设定值用于确定数据传输方向（是往从机写入数据还是由从机读出数据），第 2 个字节数据为从机内部单元待读写的单元地址（若传送的数据很多，则为起始单元的地址，数据从起始单元依次读写），第 3 个字节为 8 位数据，写入第 1、2 字节指定的从机单元中。在传送多字节数据时，每传送完一个字节数据，接收方需要往发送方传送一个 ACK 信号（接收方将 SDA 线电平拉低），若一个字节传送结束后接收方未向发送方返回 ACK 信号，发送方认为返回的是 NACK（停止应答）信号，则停止继续传送数据。

图 11-3 典型的 I²C 总线多字节数据传送格式

11.2 I²C 总线存储器 24C02（E²PROM）

24Cxx 系列芯片是采用了 I²C 总线标准的常用 E²PROM（电可擦写只读存储器）存储芯片，其中 24C02 最为常用，24C02 存储容量为 256×8bit（24C01、24C04、24C08、24C16 分别为 128×8bit、512×8bit、1024×8bit、2048×8bit），24C02 芯片的每个字节可重复擦写 100 万次，数据保存期大于 100 年。

11.2.1 外形与引脚功能说明

24C02 的外形与引脚功能如图 11-4 所示，引脚功能说明如表 11-1 所示。

图 11-4 24C02 的外形与引脚功能

表 11-1　24C02 引脚功能说明

引脚名称	功能说明
A0、A1、A2	器件地址设置引脚。I^2C 总线最多可同时连接 8 个 24C02 芯片，在外部将 A0、A1、A2 引脚接高、低电平可给 8 个芯片设置不同的器件地址（000～111），当这些引脚悬空时默认值为 0
SCL	串行时钟脉冲输入引脚
SDA	串行数据输入/输出引脚
WP	写保护引脚。当 WP 引脚接 Vcc 时，只能从芯片读取数据，不能往芯片写入数据；当 WP 引脚接 Vss 或悬空时，允许对芯片进行读/写操作
VCC	电源正极（+1.8～6.0V）
VSS	电源负极（接地）

11.2.2　器件地址的设置

当 24C02 和其他器件挂接在 I^2C 总线时，为了区分它们，需要给每个器件设定一个地址，该地址即为器件地址，挂在同一 I^2C 总线上的器件地址不能相同。24C02 有 A0、A1、A2 三个地址引脚，可以设置 8 个不同的器件地址，24C02 的器件地址为 7 位，高 4 位固定为 1010，低 3 位由 A0、A1、A2 引脚电平值决定。24C02 的器件地址设置如图 11-5 所示，当 A0、A1、A2 引脚都接地时，器件地址设为 1010000；当 A0、A2 引脚接地、A1 引脚接电源时，器件地址设为 1010010。

A0、A1、A2 引脚都接地，器件地址设为 1010000
（7位地址，1010为固定值，A2、A1、A0可自主设定）

A0、A2 引脚接地，A1 引脚接电源，器件地址设为 1010010

图 11-5　24C02 器件地址的设置

11.2.3　读/写操作

1. 写操作

24C02 的写操作分为单字节写操作和页写操作。

（1）单字节写操作

24C02 单字节写操作的数据格式如图 11-6 所示。主器件发送开始信号后，再发送 7 位器件地址和 1 位读写信号（写操作时读写信号为 0），被器件地址选中的 24C02 往主器件发送一个 ACK 信号，主器件接着发送 8 位字节地址给 24C02 选中其内部相应存储单元，24C02 往主器件发送一个 ACK 信号，主器件马上发送一个字节数据给 24C02，24C02 往主器件发送一个 ACK 信号，当主器件发出停止信号后，24C02 开始将主器件发送来的数据写入字节地址选中的存储单元。

图 11-6　24C02 单字节写操作的数据格式

(2) 页写操作

页写操作即多字节写操作，24C02 可根据需要一次写入 2～16 个字节数据。24C02 页写操作的数据格式（一次写入 16 个字节数据时）如图 11-7 所示。

图 11-7　24C02 页写操作的数据格式

主器件发送开始信号后，再发送 7 位器件地址和读写信号，被器件地址选中的 24C02 往主器件发送一个 ACK 信号，主器件接着发送第 1 个字节数据的地址给 24C02，24C02 往主器件发送一个 ACK 信号，主器件发送第 1 个字节数据给 24C02，24C02 往主器件发送一个 ACK 信号，主器件发送第 2 个字节数据给 24C02，24C02 往主器件发送一个 ACK 信号，当主器件将第 16 个字节数据发送给 24C02 时，24C02 往主器件发送一个 ACK 信号，待主器件发出停止信号后，24C02 开始将主器件发送来的 16 个字节数据依次写入以第 1 个字节数据地址为起始地址的连续 16 个存储单元中。如果在第 16 个字节数据之后还继续发送第 17 个字节数据，第 17 个字节数据将覆盖第 1 个字节数据写入的第 1 个字节地址，后续发送的字节数据将依次覆盖先前的字节数据。

2. 读操作

24C02 的读操作分为立即地址读操作、选择读操作和连续读操作。

(1) 立即地址读操作

立即地址读操作是指不发送字节地址而是直接读取上次操作地址 N 之后的地址 $N+1$ 的数据，24C02 的 N 值为 0～255（00H～FFH），如果上次操作地址 $N=255$，立即地址读操作会跳转读取地址 0 的数据。

24C02 立即地址读操作的数据格式如图 11-8 所示。主器件发送开始信号后，再发送 7 位器件地址和读写信号（读操作时读写位为 1），被器件地址选中的 24C02 首先往主器件发送一个 ACK 信号，再往主器件发送一个字节数据，主器件无须发出 ACK 信号应答，但要发出一个停止信号给 24C02。

图 11-8 24C02 立即地址读操作的数据格式

（2）选择读操作

选择读操作是指读取任意地址单元的字节数据。24C02 选择读操作的数据格式如图 11-9 所示。主器件先发送开始信号和 7 位器件地址,再发送一个低电平读写信号执行伪写操作（以便将后续的 n 单元字节地址发送给 24C02）,被器件地址选中的 24C02 往主器件发送一个 ACK 信号,主器件接着发送 n 单元字节地址,从器件回复一个 ACK 信号,主器件又发送开始信号和 7 位器件地址,再发送一个高电平读写信号执行读操作,从器件回复一个 ACK 信号,并将 n 单元的字节数据发送给主器件,主器件无须发出 ACK 信号应答,但要发出一个停止信号给 24C02。

图 11-9 24C02 选择读操作的数据格式

（3）连续读操作

连续读操作是指从指定单元开始一次连续读取多个字节数据。在进行立即地址读操作或选择读操作时,如果 24C02 每发送完一个字节数据后,主器件都回复一个 ACK 信号,24C02 就会连续不断将后续单元的数据发送给主器件,直到主器件不回复 ACK 信号,才停止数据的发送,主器件发出停止信号后则结束本次连续读操作。

连续读操作由立即地址读操作或选择读操作启动。图 11-10（a）是由立即地址读操作启动的连续读的数据格式,24C02 内部有 256 个字节存储单元,如果 24C02 将第 256 个字节单元（地址为 FFH）的数据传送给主器件后,主器件继续回复 ACK 信号,24C02 就会从头开始将第 1 个存储单元（地址为 00H）的数据传送给主器件。图 11-10（b）为由选择读操作启动的连续读的数据格式。

(a) 由立即地址读操作启动的连续读的数据格式

图 11-10 24C02 连续读操作的数据格式

(b）由选择读操作启动的连续读的数据格式

图 11-10　24C02 连续读操作的数据格式（续）

11.3　单片机与 24C02 的 I²C 总线通信电路及编程

11.3.1　模拟 I²C 总线通信的程序及详解

51 单片机内部有串行通信（UART）模块，没有 I²C 总线通信模块，要让单片机与其他 I²C 总线器件通信，可以给单片机编写模拟 I²C 总线通信的程序，以软件方式模拟实现硬件功能。I²C 总线通信遵守 I²C 总线协议，因此编写模拟 I²C 总线通信程序时要了解 I²C 总线通信协议。

如图 11-11 所示是模拟 I²C 总线通信的程序，由 10 个函数组成，Start_I2C 为开始信号发送函数，Stop_I2C 为停止信号发送函数，SendByte 为字节数据发送函数，ReceiveByte 为字节数据接收函数，Ack_I2C 为应答函数，NoAck_I2C 为非应答函数，ISendByte 为无字节地址发送字节数据函数，ISendStr 为有字节地址发送多字节数据函数，IReceiveByte 为无字节地址接收（读取）字节数据函数，IReceiveStr 为有字节地址接收（读取）多字节数据函数，由于该程序不含 main 函数，不能独立执行，但这些函数可以被 main 函数调用来进行 I²C 总线通信，程序中采用 P2.1 当作 SDA 来传送数据，P2.0 当作 SCL 来传送时钟信号，也可以根据需要使用单片机的其他端口作为 SDA 和 SCL。

```
/*模拟 I2C 总线协议编写的发送和接收数据的各种函数*/
#include <reg51.h>      //调用 reg51.h 文件对单片机各特殊功能寄存器进行地址定义
#include <intrins.h>    //调用 intrins.h 文件对本程序用到的"_nop_()"函数进行声明
#define Nop()  _nop_()  //用 define(宏定义)命令将 Nop()代表_nop_()，程序中 Nop()与_nop_()等同
sbit SDA=P2^1;          //用位定义关键字 sbit 将 SDA(数据)代表 P2.1 端口(也可以使用其他端口)
sbit SCL=P2^0;          //用位定义关键字 sbit 将 SCL(时钟)代表 P2.0 端口(也可以使用其他端口)
bit ack;                //用关键字 bit 将 ack 定义为位变量

/*以下 Start_I2C 为开始信号发送函数，用于发送开始信号。该函数执行时，先让 SCL、SDA 都为高电平，然后在保持
SCL 为高电平时让 SDA 变为低电平，SDA 由高电平变为低电平形成一个下降沿即为开始信号，接着 SCL 变为低电平，
SDA 可以变化电平准备传送数据*/
void Start_I2C()        //Start_I2C 函数无输入输出参数
{
 SDA=1;    //让 SDA 为高电平，一种电平变为另一种电平都需要一定的时间
 Nop();    //延时 1μs(单片机晶振为 12MHz 时，频率低延时长)，让 SDA 能顺利变为高电平
 SCL=1;    //让 SCL 为高电平
 Nop();    //执行 5 次 Nop 函数延时 5μs，让 SDA、SCL 高电平持续时间大于 4μs
 Nop();
 Nop();
 Nop();
 Nop();
 SDA=0;    //让 SDA 变为低电平，在 SCL 为高电平时，SDA 由高电平变为低电平形成一个下降沿，该下降沿即为开始信号
 Nop();    //执行 5 次 Nop 函数延时 5μs，让 SDA 的开始信号形成及低电平维持时间大于 4μs
 Nop();
 Nop();
 Nop();
 Nop();
 SCL=0;    //让 SCL 为低电平，SCL 为低电平时 SDA 可以变化电平发送数据
 Nop();    //执行 2 次 Nop 函数延时 2μs，让 SCL 高电平变为低电平能顺利完成
 Nop();
}
/*以下 Stop_I2C 为停止信号发送函数，用于发送停止信号。该函数执行时，先让 SDA 为低电平，然后让 SCL 为高电平，
再让 SDA 变为高电平，在 SCL 为高电平时 SDA 由低电平变为高电平形成一个上升沿即为停止信号*/
void Stop_I2C()         //Start_I2C 函数无输入输出参数
{
 SDA=0;    //让 SDA 为低电平
 Nop();    //延时 1μs
 SCL=1;    //让 SCL 为高电平
```

图 11-11　模拟 I²C 总线通信的程序

```c
    Nop();          //执行5次Nop函数延时5μs,让SCL变为高电平及高电平维续时间大于4μs
    Nop();
    Nop();
    Nop();
    SDA=1;          //让SDA变为高电平,在SCL为高电平时,SDA由低电平变为高电平形成一个上升沿,该上升沿即停止信号
    Nop();          //执行4次Nop函数延时4μs,让SDA的停止信号顺利形成及让高电平持续一定的时间
    Nop();
    Nop();
    Nop();
}

/*以下SendByte为字节数据发送函数,用于发送一个8位数据。该函数执行时,将变量sdat的8位数据(数据或地址)
由高到低逐位赋给SDA,在SCL为高电平时,SDA值被接收器读取,8位数据发送完后,让SDA=1,在SCL为高电平时,
若SDA电平被接收器拉低,表示有ACK信号应答,若SDA仍为高电平,表示无ACK信号应答或数据损坏*/
void SendByte(unsigned char sdat)   //SendByte函数的输入参数为无符号字符型变量sdat,无输出参数
{
    unsigned char BitN;     //声明一个无符号字符型变量BitN
    for(BitN=0;BitN<8;BitN++)  //for为循环语句,先让BitN=0,再判断BitN<8是否成立,成立执行for首尾大括号
                               //的语句,执行完后执行BitN++将BitN加1,然后又判断BitN<8是否成立,如此反复,
                               //直到BitN<8不成立,才跳出for语句。本for首尾大括号内的语句执行8次,
                               //由高到低逐位将变量sdat的8位数据从SDA线发送出去
    {
        if((sdat<<BitN)&0x80)   //将变量sdat的数据左移BitN位再与10000000(0x80)逐位相与,如果结果的最高位为1,
                                //执行SDA=1,否则执行SDA=0,即将sdat数据逐位赋给SDA
        {SDA=1;}    //将1赋给SDA
        else        //否则
        {SDA=0;}    //将0赋给SDA
        Nop();      //延时1μs
        SCL=1;      //让SCL为高电平,在SCL为高电平时SDA值可以被接收器读取
        Nop();      //执行5次Nop函数,让SCL高电平持续时间不小于4μs
        Nop();
        Nop();
        Nop();
        Nop();
        SCL=0;      //让SCL为低电平,在SCL为低电平时接收器不会从SDA读取数据
    }
    Nop();          //8位数据发送结束后延时2μs
    Nop();
    SDA=1;          //让SDA=1,准备接收应答信号(准备接收器拉低SDA)
    Nop();          //延时2μs,让SDA顺利变为高电平并持续一定时间
    Nop();
    SCL=1;          //让SCL=1,开始读取应答信号(在SCL为高电平时检查SDA是否变为低电平)
    Nop();          //延时3μs,让SCL高电平持续一定时间,以便顺利读取SDA的电平
    Nop();
    Nop();
    if(SDA==1)      //如果SDA=1,表示SDA线电平未被接收器拉低(即无ACK信号应答),执行ack=0,否则(即SDA=0,
                    //SDA线电平被接收器拉低),表示有ACK信号应答,执行ack=1
    {ack=0;}        //无ACK信号应答时将位变量ack置0
    else            //否则(即SDA=0)
    {ack=1;}        //有ACK信号应答时将位变量ack置1
    SCL=0;          //让SCL为低电平,在SCL为低电平时接收器不会从SDA线读取数据
    Nop();          //延时2μs,让SCL高电平转低电平能顺利完成
    Nop();
}

/*以下ReceiveByte为字节数据接收函数,用于接收一个8位数据。该函数执行时从SDA线由高到低逐位读取8位数据
并存放到变量rdat中,在SCL为高电平时,SDA值被主器件读取,因为只接收8位数据,故8位数据接收完后,
主器件不发送ACK应答信号,如需发送ACK信号可使用应答函数*/
unsigned char ReceiveByte()  //ReceiveByte函数的输出参数类型为无符号字符型变量,无输入参数
{
    unsigned char rdat;     //声明一个无符号字符型变量rdat
    unsigned char BitN;     //声明一个无符号字符型变量BitN
    rdat=0;                 //将变量rdat初值设为0
    SDA=1;                  //让SDA为高电平
    for(BitN=0;BitN<8;BitN++)  //for为循环语句,先让BitN=0,再判断BitN<8是否成立,成立执行for首尾
                               //大括号的语句,执行完后执行BitN++将BitN加1,然后又判断BitN<8是否成立,
                               //如此反复,直到BitN<8不成立,才跳出for语句。本for首尾大括号内的语句
                               //执行8次,逐位从SDA读取8位数据,并存放到变量rdat中
    {
        Nop();      //延时1μs
        SCL=0;      //让SCL为低电平,SCL为低电平时,SDA电平允许变化,此期间从器件可将数据发送到SDA线
        Nop();      //执行5次Nop函数延时5μs,让SCL低电平持续时间大于4μs
        Nop();
        Nop();
        Nop();
        Nop();
        SCL=1;      //让SCL变为高电平,在SCL为高电平时,SDA电平值才能被读取
        Nop();      //延时2μs,让SCL顺利变为高电平并持续一定时间
        Nop();
        rdat=rdat<<1;   //将变量rdat数据左移一位,最低位为0,用于放置SDA值
        if(SDA==1)      //如果SDA=1,执行rdat=rdat+1,跳出本if语句
        {rdat=rdat+1;}  //将变量rdat数据加1,即将从SDA读的1放到rdat的最低位
        Nop();          //延时2μs,让SCL高电平再维持一定时间
    }
    SCL=0;          //将SCL变为低电平
    Nop();          //延时2μs,让SCL顺利变为低电平并让低电平持续一定时间
    Nop();
    return(rdat);   //将变量rdat的数据返回给ReceiveByte函数的输出参数
}

/*以下Ack_I2C为应答函数,用于发送一个ACK信号,该函数执行时,在SCL为高电平时让SDA为低电平,
SDA的此低电平即为ACK应答信号*/
void Ack_I2C(void)  //Ack_I2C函数无输入输出参数
{
    SDA=0;      //让SDA为低电平
    Nop();      //延时3μs,让SDA低电平维持一段时间
```

图 11-11 模拟 I^2C 总线通信的程序(续)

```c
    Nop();
    Nop();
    SCL=1;      //让 SCL 为高电平
    Nop();      //延时 5μs，让 SCL 高电平持续时间大于 4μs，以便 SDA 的低电平作为 ACK 信号被顺利读取
    Nop();
    Nop();
    Nop();
    Nop();
    SCL=0;      //让 SCL 变为低电平
    Nop();      //延时 2μs，让 SCL 顺利变为低电平并维持一定时间
    Nop();
}
/*以下 NoAck_I2C 为非应答函数，用于发送一个 NACK 信号(非应答信号)。该函数执行时，在 SCL 为高电平时
让 SDA 为高电平，SDA 的此高电平即为 NACK 应答信号*/
void NoAck_I2C(void)    //NoAck_I2C 函数无输入输出参数
{
    SDA=1;      //让 SDA 为高电平
    Nop();      //延时 3μs，让 SDA 高电平维持一段时间
    Nop();
    Nop();
    SCL=1;      //让 SCL 为高电平
    Nop();      //延时 5μs，让 SCL 高电平持续时间大于 4μs，以便 SDA 的高电平作为 NACK 信号被顺利读取
    Nop();
    Nop();
    Nop();
    Nop();
    SCL=0;      //让 SCL 变为低电平
    Nop();      //延时 2μs，让 SCL 顺利变为低电平并维持一定时间
    Nop();
}
/*以下 ISendByte 为无字节地址发送字节数据函数，用于向从器件当前字节地址单元发送(写入)一个字节数据。
该函数执行时，先执行 Start_I2C 函数发送开始信号，接着执行 SendByte 函数发送 7 位器件地址和 1 位读写位(0-写，
1-读)，如果有 ACK 信号应答，表示器件地址发送成功，再执行 SendByte 函数发送 8 位数据，有 ACK 信号应答表示
8 位数据发送成功，然后执行 Stop_I2C 函数发送停止信号，在地址或数据发送成功时均会将 1 返回给 ISendByte 函数
的输出参数，不成功则返回 0 并退出 ISendByte 函数*/
bit ISendByte(unsigned char sladr,unsigned char sdat)  //ISendByte 函数的输入参数为无符号字符型变量
                                                        //sladr 和 sdat，输出参数为位变量
{
    Start_I2C();        //执行 Start_I2C 函数，发送开始信号
    SendByte(sladr);    //执行 SendByte 函数，发送 7 位器件地址和 1 位读写位(0-写，1-读)
    if(ack==0)          //如果位变量 ack=0，表示未接收到 ACK 信号，执行 return(0)并退出函数，ack=1 则执行
                        //本 if 尾大括号之后的语句
    {return(0);}        //将 0 返回给 ISendByte 的输出参数，表示发送数据失败，同时退出函数
    SendByte(sdat);     //执行 SendByte 函数，发送 sdat 的 8 位数据
    if(ack==0)          //如果位变量 ack=0，表示未接收到 ACK 信号，执行 return(0)并退出函数，ack=1 则执行本
                        //if 尾大括号之后的语句
    {return(0);}        //将 0 返回给 ISendByte 的输出参数，表示发送数据失败，同时退出函数
    Stop_I2C();         //执行 Stop_I2C 函数，发送停止信号
    return(1);          //将 1 返回给 ISendByte 的输出参数，表示发送数据成功
}
/*以下 ISendStr 为有字节地址发送多字节数据函数，用于向从器件指定首地址的连续字节单元发送(写入)多个
字节数据。该函数执行时，先执行 Start_I2C 函数发送开始信号，接着执行 SendByte 函数发送 7 位器件地址和 1 位
读写位(0-写，1-读)，若有 ACK 信号应答，再执行 SendByte 函数发送 8 位器件子地址(器件内部字节单元的地址)，
有 ACK 信号应答会执行 for 语句，将指针变量 s 所指的 no 个数据依次发送出去*/
bit ISendStr(unsigned char sladr,unsigned char subadr,unsigned char *s,unsigned char no)
    //ISendStr 函数有 4 个无符号字符型输入参数，分别是 sladr、subadr、*s(指针变量)、no，输出参数为位变量
{
    unsigned char i;    //声明一个无符号字符型变量 i
    Start_I2C();        //执行 Start_I2C 函数，发送开始信号
    SendByte(sladr);    //执行 SendByte 函数，发送 7 位器件地址和 1 位读写位(0-写，1-读)
    if(ack==0)          //如果位变量 ack=0，表示未接收到 ACK 信号，执行 return(0)并退出函数，ack=1 则执行
                        //本 if 尾大括号之后的语句
    {return(0);}        //将 0 返回给 ISendStr 的输出参数，表示发送数据失败，同时退出函数
    SendByte(subadr);   //执行 SendByte 函数，发送器件子地址(器件内部字节单元的地址)
    if(ack==0)          //如果位变量 ack=0，表示未接收到 ACK 信号，执行 return(0)并退出函数，ack=1 则执行
                        //本 if 尾大括号之后的语句
    {return(0);}        //将 0 返回给 ISendStr 的输出参数，表示发送数据失败，同时退出函数
    for(i=0;i<no;i++)   //for 为循环语句，先让 i=0，再判断 i<no 是否成立，成立执行 for 首尾大括号内的语句，
                        //执行完后执行 i++将 i 加 1，然后又判断 i<no 是否成立，
                        //如此反复，直到 i<no 不成立，才跳出本 for 语句。本 for 首尾大括号内的语句执行 no 次，
                        //依次将指针变量 s 所指地址的数据逐个发送出去
    {
        SendByte(*s);   //执行 SendByte 函数，将指针变量 s 所指地址的数据发送出去
        if(ack==0)      //如果位变量 ack=0，表示未接收到 ACK 信号，执行 return(0)并退出函数，ack=1 则执行
                        //本 if 尾大括号之后的语句
        {return(0);}    //将 0 返回给 ISendStr 的输出参数，表示发送数据失败，同时退出函数
        s++;            //将 s 值加 1，让指针变量指向下一个发送数据的地址
    }
    Stop_I2C();         //执行 Stop_I2C()函数，发送停止信号
    return(1);          //将 1 返回给 ISendStr 的输出参数，表示发送数据成功
}
/*以下 IReceiveByte 为无字节地址接收(读取)字节数据函数，用于从从器件当前地址接收(读取)一个字节数据。
该函数执行时，先执行 Start_I2C 函数发送开始信号，接着执行 SendByte 函数发送 7 位器件地址和 1 位读写位(0-写，
1-读)，若有 ACK 信号应答，再执行 ReceiveByte 函数从从器件的当前字节地址(上次操作器件的字节地址的下一个地址)
读取 8 位数据，然后主器件发送 NACK 信号，从器件停止发送数据，最后发送停止信号*/
bit IReceiveByte(unsigned char sladr,unsigned char *c)
    //IReceiveByte 函数有 2 个无符号字符型输入参数，分别是 sladr、*c(指针变量)，输出参数为位变量
{
    Start_I2C();        //执行 Start_I2C 函数，发送开始信号
    SendByte(sladr+1);  //执行 SendByte 函数，发送 7 位器件地址和 1 位读写位(0-写，1-读)
    if(ack==0)          //如果位变量 ack=0，表示未接收到 ACK 信号，执行 return(0)并退出函数，ack=1 则执行
                        //本 if 尾大括号之后的语句
    {return(0);}        //将 0 返回给 IReceiveByte 的输出参数，表示发送数据失败，同时退出函数
    *c=ReceiveByte();   //执行 ReceiveByte 函数，将该函数的输出参数值(即接收到的数据)存放到指针变量 c 所指地址中
```

图 11-11　模拟 I²C 总线通信的程序（续）

```
            NoAck_I2C();        //执行 NoAck_I2C 函数, 往 SDA 线发送 NACK(非应答)信号, 不再接收数据
            Stop_I2C();         //执行 Stop_I2C()函数, 发送停止信号
            return(1);          //将 1 返回给 IReceiveByte 的输出参数, 表示接收数据成功
        }
/*以下 IReceiveStr 为有字节地址接收(读取)多字节数据函数, 用于从从器件的指定首地址的连续单元接收多个
字节数据。该函数执行时, 先执行 Start_I2C 函数发送开始信号, 接着执行 SendByte 函数发送 7 位器件地址和
1 位读写位(0-写, 1-读), 若有 ACK 信号应答, 再执行 SendByte 函数发送器件子地址, 用于选中从器件内部待读
字节单元的地址, 然后重新执行 Start_I2C 和 SendByte 函数发送开始信号和从器件的器件地址, 接着执行
for 语句(for 内部的 ReceiveByte 函数会执行多次), 将先后读取的数据依次存放到指针变量 s 所指的 no 个地址中*/
bit IReceiveStr(unsigned char sladr,unsigned char subadr,unsigned char *s,unsigned char no)
            //IReceiveStr 函数有 4 个无符号字符型输入参数, 分别是 sladr、subadr、*s(指针变量)、no, 输出参数为位变量
{
    unsigned char i;      //声明一个无符号字符型变量 i
    Start_I2C();          //执行 Start_I2C 函数, 发送开始信号
    SendByte(sladr);      //执行 SendByte 函数, 发送 7 位器件地址和 1 位读写位(0-写, 1-读)
    if(ack==0)            //如果位变量 ack=0, 表示未接收到 ACK 信号, 执行 return(0)并退出函数, ack=1 则执行
                          //本 if 尾大括号之后的语句
    {return(0);}          //将 0 返回给 ISendStr 的输出参数, 表示发送数据失败, 同时退出函数
    SendByte(subadr);     //执行 SendByte 函数, 发送器件子地址, 选中从器件内部待读字节单元的地址
    if(ack==0)            //如果位变量 ack=0, 表示未接收到 ACK 信号, 执行 return(0)并退出函数, ack=1 则
                          //执行本 if 尾大括号之后的语句
    {return(0);}          //将 0 返回给 ISendStr 的输出参数, 表示发送数据失败, 同时退出函数
    Start_I2C();          //执行 Start_I2C 函数, 发送开始信号
    SendByte(sladr+1);    //执行 SendByte 函数, 发送 7 位器件地址和 1 位读写位(0-写, 1-读)
    if(ack==0)            //如果位变量 ack=0, 表示未接收到 ACK 信号, 执行 return(0)并退出函数, ack=1 则执行
                          //本 if 尾大括号之后的语句
    {return(0);}          //将 0 返回给 IReceiveByte 的输出参数, 表示发送数据失败, 同时退出函数
    for(i=0;i<no-1;i++)   //for 为循环语句, 先让 i =0, 再判断 i<no-1 是否成立, 成立执行 for 首尾大括号内的语句,
                          //执行完后执行 i++将 i 加 1, 然后又判断 i<no-1 是否成立, 如此反复, 直到 i<no-1 不成立,
                          //才跳出本 for 语句。本 for 首尾大括号内的语句执行 no-1 次, 依次将 ReceiveByte 函数
                          //读取的数据存放到指针变量 s 所指 no-1 个地址中
    {
        *s=ReceiveByte(); //执行 ReceiveByte 函数, 将该函数的输出参数值(即接收到的数据)存放到指针变量 s 所指地址中
        Ack_I2C();        //执行 Ack_I2C 函数, 发送 ACK(应答)信号, 以继续接收数据(即让从器件继续发送数据)
        s++;              //将 s 值加 1, 让指针变量指向下一个接收数据的地址
    }
    *s=ReceiveByte();     //执行 ReceiveByte 函数, 将该函数的输出参数值(即接收到的数据)存放到指针变量 s 所指的
                          //第 no 地址中
    NoAck_I2C();          //执行 NoAck_I2C 函数, 发送 NACK(非应答)信号, 不再接收数据
    Stop_I2C();           //执行 Stop_I2C()函数, 发送停止信号
    return(1);            //将 1 返回给 IReceiveByte 的输出参数, 表示接收数据成功
}
```

图 11-11 模拟 I²C 总线通信的程序(续)

11.3.2 利用 I²C 总线从 24C02 读写一个数据并用 LED 显示的电路及程序

1. 电路

利用 I²C 总线从 24C02 读写数据并用 LED 显示的电路如图 11-12 所示。STC89C51 单片机将 P2.0、P2.1 端口分别用作 SCL、SDA 端与 24C02 的 SCL、SDA 引脚连接,24C02 的 A2、A1、A0 端均接电源,其器件地址被设为 1010111(24C02 的地址为 7 位,高 4 位固定

图 11-12 利用 I²C 总线从 24C02 读写数据并用 LED 显示的电路

为 1010，低 3 位为 111），24C02 的 WP 端接地，芯片被允许读写。单片机的 P1.7～P1.0 端口连接了 8 个 LED，当某个端口为低电平时，该端口连接的 LED 点亮。

2. 程序

如图 11-13 所示是单片机利用 I²C 总线从 24C02 读写数据并用 LED 显示的程序，由于 51 单片机无 I²C 总线通信模块，需要用程序来模拟 I²C 总线通信的有关操作，故应将模拟 I²C 总线通信的有关操作函数加到程序中，以便程序调用。程序运行时，单片机先从 24C02 内部第 5 个存储单元读取数据（上次断电或复位时保存下来的），并将该数据送到 P1 端口，通过外接的 8 个 LED 将数据显示出来，延时 1s 后，将读取的数据值加 1 并把该数据写入 24C02 的第 5 个存储单元，然后单片机又从 24C02 的第 5 个存储单元读取数据，之后不断重复。假设单片机上电后首次从 24C02 读取的数据为 11110000，那么 1s 后，该数据加 1 变成 11110001 并写入 24C02，单片机第 2 次从 24C02 读取的数据即为 11110001，P1.0 端口外接的 VD1 由亮变灭，随着程序不断重复执行，24C02 的第 5 个存储单元的数据不断变化，如果突然断电，24C02 中的数据会保存下来，下次上电后单片机首次读取的将是该数据。

```c
/*利用模拟 IIC 总线通信函数从 24C02 读取和写入一个数据的程序*/
#include <reg51.h>           //调用 reg51.h 文件对单片机各特殊功能寄存器进行地址定义
#include <intrins.h>         //调用 intrins.h 文件对本程序用到的"_nop_()"函数进行声明
#define Nop()  _nop_()       //用 define(宏定义)命令将 Nop()代表_nop_()，程序中 Nop()与_nop_()等同
sbit SDA=P2^1;               //用位定义关键字 sbit 将 SDA(数据)代表 P2.1 端口(也可以使用其他端口)
sbit SCL=P2^0;               //用位定义关键字 sbit 将 SCL(时钟)代表 P2.0 端口(也可以使用其他端口)
bit ack;                     //用关键字 bit 将 ack 定义为位变量

                //将模拟 IIC 总线通信的 10 个函数加到此处

/*以下 DelayUs 为微秒级延时函数，其输入参数为 unsigned char tu(无符号字符型变量 tu)，tu 值为 8 位，取值范围为
0～255，若单片机的晶振频率为 12M，本函数延时时间可用 T=(tu×2+5) us 近似计算，比如 tu=248，T=501 us≈0.5ms */
void DelayUs (unsigned char tu)   //DelayUs 为微秒级延时函数，其输入参数为无符号字符型变量 tu
{
  while(--tu);                    //while 为循环语句，每执行一次 while 语句，tu 值就减 1，
                                  //直到 tu 值为 0 时才执行 while 尾大括号之后的语句
}

/*以下 DelayMs 为毫秒级延时函数，其输入参数为 unsigned char tm(无符号字符型变量 tm)，该函数内部使用了两个
DelayUs (248)函数，它们共延时 1002us(约 1ms)，由于 tm 值最大为 255，故本 DelayMs 函数最大延时时间为 255ms，
若将输入参数定义为 unsigned int tm，则最长可获得 65535ms 的延时时间*/
void DelayMs(unsigned char tm)
{
  while(tm--)
  {
    DelayUs (248);
    DelayUs (248);
  }
}

/*以下为主程序，程序从 main 函数开始运行*/
void main()
{
  unsigned char temp;          //定义一个无符号字符型变量 temp
  unsigned char i;             //定义一个无符号字符型变量 i
  IReceiveStr(0xae,4,&temp,1); //执行 IReceiveStr 函数，选中器件地址为 1010111(7 位地址，在地址之后加读写位 0
                               //则为 10101110，即 0xae)的从器件的第 5 个地址单元，再从该单元读取数据并送到
                               //变量 temp 所在的地址单元中
  while(1)                     //主循环，while 首尾大括号内的语句会反复执行
  {
    P1=temp;                   //将变量 temp 的值赋给 P1 端口
    for(i=0;i<5;i++)           //for 为循环语句，其首尾大括号内的语句"DelayMs(200)"会反复执行 5 次，共延时 1s，
                               //再执行尾大括号之后的语句
    {DelayMs(200);}            //执行 DelayMs 函数，延时 200ms
    temp++;                    //将变量 temp 的值加 1
    ISendStr(0xae,4,&temp,1);  //执行 ISendStr 函数，将变量 temp 所在地址单元中的数据(即变量 temp 的值)发送到
                               //器件地址为 1010111(7 位地址，在地址之后加读写位 0 则为 10101110，即 0xae)的
                               //从器件的第 5 个地址单元中
  }
}
```

图 11-13 利用 I²C 总线从 24C02 读写数据并用 LED 显示的程序

程序在执行时，首先进入主程序的 main 函数，在 main 函数中，声明两个变量 temp 和 i 后执行"IReceiveStr(0xae,4,&temp,1)"，选中器件地址为 1010111 的从器件的第 5 个地址单元，24C02 的器件地址为 7 位 1010111，在最低位之后加上 1 位读写位则为 10101110（即 0xae），

再从该单元读取数据并送到变量 temp 所在的地址单元中,然后进入反复执行的 while 主循环。在 while 主循环中,先将变量 temp 的值赋给 P1 端口,P1 端口外接的 LED 会将数据的各位值显示出来(位值为 0 时 LED 亮),再执行 for 语句,for 语句内的 "DelayMs(200)" 函数会执行 5 次,延时 1s,然后执行 "temp++" 将 temp 值加 1,接着执行 "ISendStr(0xae,4,&temp,1)",将变量 temp 所在地址单元中的数据(即 temp 的值)发送到 24C02 的第 5 个地址单元中,之后又返回到前面执行 "P1=temp"。

11.3.3 利用 I²C 总线从 24C02 读写多个数据的电路及程序

1. 电路

利用 I²C 总线从 24C02 读写多个数据并用 LED 显示的电路与图 11-12 所示电路相同。

2. 程序

如图 11-14 所示是单片机利用 I²C 总线从 24C02 读写多个数据并用 LED 显示的程序。程序运行时,先将 dat 表格中的 8 个字节数据写入 24C02,然后将 dat 表格中 8 个数据清 0,再以 1s 的时间间隔从 24C02 中依次逐个读取先前写入的 8 个数据,每读出一个数据都会送到 P1 端口,通过 P1 端口外接的 LED 亮灭状态将数据值显示出来。

```
/*利用模拟IIC总线通信函数从24C02读取和写入多个数据并通过P1端口显示的程序*/
#include <reg51.h>      //调用reg51.h文件对单片机各特殊功能寄存器进行地址定义
#include <intrins.h>    //调用intrins.h文件对本程序用到的"_nop_()"函数进行声明
#define Nop() _nop_()   //用define(宏定义)命令将Nop()代表_nop_(),程序中Nop()与_nop_()等同
sbit SDA=P2^1;          //用位定义关键字sbit将SDA(数据)代表P2.1端口(也可以使用其他端口)
sbit SCL=P2^0;          //用位定义关键字sbit将SCL(时钟)代表P2.0端口(也可以使用其他端口)
bit ack;                //用关键字bit将ack定义为位变量
unsigned char dat[]={0xf0,0x0f,0xff,0x00,0xef,0xdf,0xbf,0x7f,};
                        //声明一个无符号字符型表格(数组)dat,存放8个数据

                //将模拟IIC总线通信的10个函数加到此处

/*以下DelayUs为微秒级延时函数,其输入参数为unsigned char tu(无符号字符型变量tu),tu值为8位,取值范围为
0~255,若单片机的晶振频率为12M,本函数延时时间可用 T=(tu×2+5) us 近似计算,比如tu=248, T=501 us≈0.5ms */
void DelayUs (unsigned char tu)     //DelayUs为微秒级延时函数,其输入参数为无符号字符型变量tu
{
    while(--tu);                    //while为循环语句,每执行一次while语句,tu值就减1,
                                    //直到tu值为0时才执行while尾大括号之后的语句
}

/*以下DelayMs为毫秒级延时函数,其输入参数为unsigned char tm(无符号字符型变量tm),该函数内部使用了两个
DelayUs(248)函数,它们共延时1002us(约1ms),由于tm值最大为255,故本DelayMs函数最大延时时间为255ms,
若将输入参数定义为unsigned int tm,则最长可获得65535ms的延时时间*/
void DelayMs(unsigned char tm)
{
    while(tm--)
    {
        DelayUs (248);
        DelayUs (248);
    }
}

/*以下为主程序,程序从main函数开始运行*/
void main()
{
    unsigned char i;    //声明一个无符号字符型变量i
    ISendStr(0xae,80,dat,8); //执行ISendStr函数,将dat表格的8个数据发送到24C02(其7位器件地址为1010111,在地址
                        //之后加读写位0则为10101110,即0xae)的第80个字节单元为首地址的8个连续单元中
    DelayMs(2);         //执行DelayMs函数延时2ms,让发送到24C02的数据能被烧录下来
    for(i=0;i<8;i++)    // for为循环语句,其首尾大括号内的语句"dat[i]=0"会反复执行8次,将dat表格的
                        //8个数据依次全部清0
    {dat[i]=0;}         //将dat表格的第i+1个数据清0,for语句执行一次,i值增1,i变化范围为0~7
    IReceiveStr(0xae,80,dat,8); //执行IReceiveStr函数,选中24C02(其7位器件地址为1010111,在地址之后加读写位0
                        //则为10101110,即0xae)的第80个地址单元,再从该地址之后的8个连续单元中依
                        //次读取数据并送到变量dat表格中
    while(1)            //主循环,while首尾大括号内的语句会无限次反复执行
    {
        for(i=0;i<8;i++) //for为循环语句,其首尾大括号内的语句会反复执行8次,依次将dat表格的8个数据传送给P1端口,
                        //两个数据传送间隔时间为1s
        {
            DelayMs(250);   //执行4次DelayMs函数,共延时1s
            DelayMs(250);
            DelayMs(250);
            DelayMs(250);
            P1=dat[i];  //将dat表格的第i+1个数据传送给P1端口,for语句执行一次,i值增1,i变化范围为0~7
        }
    }
}
```

图 11-14 利用 I²C 总线从 24C02 读写多个数据并用 LED 显示的程序

11.3.4 利用 24C02 存储按键的操作信息的电路及程序

1. 电路

利用 24C02 存储按键的操作信息并用 8 位 LED 数码管显示的电路如图 11-15 所示。单片机接通电源后，先通过 I²C 总线从 24C02 指定单元读取数据（8 位），并将该数据的有关显示信息从 P2.2、P2.3 和 P0 端口输出到段码、位码锁存芯片 74HC573 和 8 位 LED 数码管，数码管将该数据以十进制数的形式显示出来（只能显示 3 位，000～255），如果操作增键或减键，单片机的数据会增大或减小，数码管显示的数字也会发生变化，同时单片机还会将增或减后的数据重新写入 24C02。如果单片机突然断电（或复位）再上电时，会重新读取断电前保存在 24C02 中的数据并用数码管将读取的数据显示出来。

图 11-15 利用 24C02 存储按键的操作信息并用 8 位 LED 数码管显示的电路

2. 程序

如图 11-16 所示是利用 24C02 存储按键的操作信息并用 8 位 LED 数码管显示的程序。程序运行时，单片机从 24C02 读取上次断电前保存的数据，8 位数码管将该数据显示出来，操作增键或减键可以将读取的数据增大或减小，并同步保存到 24C02，数码管显示的数据也随之变化。

```c
/*利用24C02存储关机前按键的操作信息并用8位LED数码管显示的程序*/
#include <reg51.h>        //调用reg51.h文件对单片机各特殊功能寄存器进行地址定义
#include <intrins.h>      //调用intrins.h文件对本程序用到的"_nop_()"函数进行声明
#define Nop()  _nop_()    //用define(宏定义)命令将Nop()代表_nop_()，程序中Nop()与_nop_()等同
sbit SDA=P2^1;            //用位定义关键字sbit将SDA(数据)代表P2.1端口(也可以使用其他端口)
sbit SCL=P2^0;            //用位定义关键字sbit将SCL(时钟)代表P2.0端口(也可以使用其他端口)
bit ack;                  //用关键字bit将ack定义为位变量

sbit KeyAdd=P3^3;         //用位定义关键字sbit将KeyAdd(增键)代表P3.3端口
sbit KeyDec=P3^4;         //用位定义关键字sbit将KeyDec(减键)代表P3.4端口
sbit DuanSuo=P2^2;        //用位定义关键字sbit将DuanSuo代表P2.2端口
sbit WeiSuo =P2^3;
#define WDM P0             //用define(宏定义)命令将WDM代表P0，程序中WDM与P0等同
unsigned char code DMtable[]={0x3f,0x06,0x5b,0x4f,0x66,0x6d,0x7d,0x07,    //定义一个DMtable表格，依次
                             0x7f,0x6f,0x77,0x7c,0x39,0x5e,0x79,0x71};   //存放字符0～F的段码
unsigned char code WMtable[]={0xfe,0xfd,0xfb,0xf7,0xef,0xdf,0xbf,0x7f};   //定义一个WMtable表格，依次存放
                                                                          //8位数码管低位到高位的位码
unsigned char TData[8];   //定义一个可存放8个元素的一维数组(表格)TData

                          //将模拟IIC总线通信的10个函数加到此处

/*以下DelayUs为微秒级延时函数，其输入参数为unsigned char tu(无符号字符型变量tu),tu值为8位，取值范围0~255,
如果单片机的晶振频率为12M，本函数延时时间可用T=(tu×2+5)us近似计算，比如tu=248，T=501us≈0.5ms */
void DelayUs (unsigned char tu)   //DelayUs为微秒级延时函数，其输入参数为无符号字符型变量tu
{
  while(--tu);            //while为循环语句，每执行一次while语句，tu值就减1,
                          //直到tu值为0时才执行while尾大括号之后的语句
}

/*以下DelayMs为毫秒级延时函数，其输入参数为unsigned char tm(无符号字符型变量tm)，该函数内部使用了两个
DelayUs (248)函数，它们共延时1002us(约1ms)，tm值最大为255，故本DelayMs函数最大延时时间为255ms，
若将输入参数定义为unsigned int tm，则最长可获得65535ms的延时时间*/
void DelayMs(unsigned char tm)
{
 while(tm--)
  {
   DelayUs (248);
   DelayUs (248);
  }
}

/*以下为Display显示函数，用于驱动8位数码管动态扫描显示字符，输入参数ShiWei表示显示的开始位，如ShiWei
为0表示从第一个数码管开始显示，WeiShu表示显示的位数，如显示99两位数应让WeiShu为2 */
void Display(unsigned char ShiWei,unsigned char WeiShu)  // Display(显示)函数有两个输入参数，
                                                          //分别为ShiWei(开始位)和WeiShu(位数)
  {
    static  unsigned char i;   //声明一个静态(static)无符号字符型变量i(表示显示位，0表示第1位)，
                               //静态变量占用的存储单元在程序退出前不会释放给变量使用
    WDM=WMtable[i+ShiWei];     //将WMtable表格中的第i+ShiWei +1个位码送给P0端口输出
    WeiSuo=1;                  //让P2.3端口输出高电平，开通位码锁存器，锁存器输入变化时输出会随之变化
    WeiSuo=0;                  //让P2.3端口输出低电平，位码锁存器被封锁，锁存器的输出值被锁定不变

    WDM=TData[i];              //将TData表格中的第i+1个段码送给P0端口输出
    DuanSuo=1;                 //让P2.2端口输出高电平，开通段码锁存器，锁存器输入变化时输出会随之变化
    DuanSuo=0;                 //让P2.2端口输出低电平，段码锁存器被封锁，锁存器的输出值被锁定不变

    i++;                       //将i值加1，准备显示下一位数字
    if(i==WeiShu)              //如果i=WeiShu表示显示到最后一位，执行i=0
     {
      i=0;                     //将i值清0，以便从数码管的第1位开始再次显示
     }
  }

/*以下为定时器及相关中断设置函数*/
void T0Int_S (void)            //函数名为T0Int_S，输入和输出参数均为void(空)
{
  TMOD=0x01;                   //让TMOD寄存器的M1M0=01，设T0工作在方式1(16位计数器)
  TH0=0;                       //将TH0寄存器清0
  TL0=0;                       //让TL0寄存器清0
  EA=1;                        //让IE寄存器的EA=1，打开总中断
  ET0=1;                       //让IE寄存器的ET0=1，允许T0的中断请求
  TR0=1;                       //让TCON寄存器的TR0=1，启动T0在TH0、TL0初值基础上开始计数
}

/*以下T0Int_Z为定时器中断函数，用"(返回值)函数名(输入参数) interrupt n using m"格式定义一个函数名为
T0Int_Z的中断函数，n为中断源的寄存器组，可使用4组寄存器(0~3)，每组
有7个寄存器(R0~R7)，m=0~3，若只有一个中断，可不写"using m"，使用多个中断时，不同中断应使用不同m*/
void T0Int_Z (void)  interrupt 1    // T0Int_Z为中断函数(用interrupt定义)，并且为T0的中断函数
```

图 11-16 利用 24C02 存储按键的操作信息并用 8 位 LED 数码管显示的程序

```c
                                      //(中断源编号 n=1)
    {
     TH0=(65536-2000)/256;          //将定时初值的高 8 位放入 TH0,"/"为除法运算符号
     TL0=(65536-2000)%256;          //将定时初值的低 8 位放入 TL0,"%"为相除取余数符号
     Display(0,8);                  //执行 Display 显示函数,从第 1 位(0)开始显示,共显示 8 位(8)
    }
/*以下为主程序部分*/
void main()
   {
    unsigned char num=0;  //声明一个无符号字符型变量 num,且让 num 初值为 0
    T0Int_S();            //执行 T0Int_S 函数,对定时器 T0 及相关中断进行设置,启动 T0 计时
    IReceiveStr(0xae,0,&num,1);  //执行 IReceiveStr 函数,选中器件地址为 1010111(7 位地址,在地址之后加读写位 0
                                 //则为 10101110,即 0xae)的从器件的第 1 个地址单元,再从该单元读取一个数据
                                 //并送到变量 num 所在的地址单元中
    KeyAdd=1;             //将增键的输入端口置高电平
    KeyDec=1;             //将减键的输入端口置高电平
    while (1)             //主循环,本 while 语句首尾大括号内的语句会反复循环执行
      {
        if(!KeyAdd)       //!KeyAdd 可写成 KeyAdd!=1,if(如果)KeyAdd 的反值为 1,表示增键按下,
                          //则执行 if 大括号内的语句,否则(增键未按下)执行本 if 尾大括号之后的语句
          {               //第一个 if 语句首大括号
            DelayMs(10);  //执行 DelayMs 延时函数进行按键防抖,输入参数为 10 时可延时约 10ms
            if(!KeyAdd)   //再次检测增键是否按下,未按下执行本 if 尾大括号之后的语句
              {           //第二个 if 语句首大括号
                while(!KeyAdd);  //检测增键的状态,增键处于闭合(!KeyAdd 为 1)反复执行 while 语句,
                                 //增键一旦释放断开马上执行 while 之后的语句
                if(num<999)      //加操作
                  {
                    num++;       //将 num 值加 1
                    ISendStr(0xae,0,&num,1);  //执行 ISendStr 函数,将变量 num 所在地址单元中的数据(即 num 的值)发送到
                                              //器件地址为 1010111(7 位地址,在地址之后加读写位 0 则为 10101110,即 0xae)的
                                              //从器件的第 1 个地址单元中
                    DelayMs(2);  //执行 DelayMs 函数延时 2ms,让发送到 24C02 的数据能被烧录下来
                  }
              }
          }
        if(!KeyDec)       //检测减键是否按下,如果 KeyDec 反值为 1(减键按下),执行本 if 大括号内语句
          {
            DelayMs(10);  //执行 DelayMs 延时函数进行按键防抖,输入参数为 10 时可延时约 10ms
            if(!KeyDec)   //再次检测减键是否按下,按下则执行本 if 大括号内语句,否则跳出本 if 语句
              {
                while(!KeyDec);  //检测增键的状态,减键处于闭合(!KeyAdd 为 1)时反复执行 while 语句,
                                 //减键一旦释放断开马上执行 while 之后的语句
                if(num>0)        //减操作
                  {
                    num--;       //将 num 值减 1
                    ISendStr(0xae,0,&num,1);  //执行 ISendStr 函数,将变量 num 所在地址单元中的数据(即 num 的值)发送到
                                              //器件地址为 1010111(7 位地址,在地址之后加读写位 0 则为 10101110,即 0xae)的
                                              //从器件的第 1 个地址单元中
                    DelayMs(2);  //执行 DelayMs 函数延时 2ms,让发送到 24C02 的数据能被烧录下来
                  }
              }
          }
        TData[0]=DMtable[num/100];      //以 num=236 为例,num/100 意为 num 除 100 取整,num/100=2,即将 DMtable 表格的
                                        //第 3 个段码(2 的段码)传送到 TData 数组的第 1 个位置
        TData[1]=DMtable[(num%100)/10]; //num%100 意为除 100 取余,(num%100)/10=36/10=3,即将 DMtable 表格的
                                        //第 4 个段码(3 的段码)传送到 TData 数组的第 2 个位置
        TData[2]=DMtable[(num%100)%10]; //(num%100)%10=36%10=6,即将 DMtable 表格第 7 个段码(6 的段码)传送到
                                        //TData 数组的第 3 个位置
        //此处可添加其他需要一直工作的程序
      }
   }
```

图 11-16 利用 24C02 存储按键的操作信息并用 8 位 LED 数码管显示的程序(续)

程序在执行时,首先进入主程序的 main 函数,声明一个变量 num 后执行 T0Int_S 函数,对定时器 T0 及相关中断进行设置,启动 T0 开始 2ms 计时,再执行 IReceiveStr 函数,选中 24C02 的第 1 个地址单元,从该单元读取一个数据并送到变量 num 所在的地址单元中,然后将增、减键的输入端口(P3.3、P3.4)置高电平,接着进入 while 主循环。在 while 主循环语句中,有三个程序段:第 1 个程序段是增键检测操作,若检测到增键按下,先进行延时防抖,在增键松开时执行 "num++" 将 num 值加 1,再执行 ISendStr 函数将加 1 后的 num 值发送到 24C02;第 2 个程序段是减键检测操作,若检测到减键按下,先进行延时防抖,在减键松开时执行 "num--" 将 num 值减 1,再执行 ISendStr 函数将减 1 后的 num 值发送到 24C02;第 3 个程序段用于将 num 值(二进制为 8 位,十进制 num 值为 000~255)的三位数字的段码分别送到 TData 表格的第 1、2、3 个位置,让 Display 显示函数读取并驱动 8 位数码管显示出来。

在主程序中执行 T0Int_S 函数时，会对定时器 T0 及相关中断进行设置，启动 T0 开始 2ms 计时，T0 定时器每计时 2ms 就会溢出一次，触发 T0Int_Z 定时中断函数每隔 2ms 执行一次→T0Int_Z 每次执行时会执行一次 Display 显示函数→Display 函数第 1 次执行时，其静态变量 i=0（与主程序中变量 i 不是同一个变量），Display 函数从 WMtable 表格读取第 1 位位码（WMtable[i+ShiWei]＝WMtable[0]），从 TData 表格读取第 1 个数字（保存在第 1 个位置）的段码（TData[i]＝TData[0]），并通过 P0 端口先后发送到位码和段码锁存器，驱动 8 位数码管第 1 位显示 TData 表格的第 1 个数字（num 的最高位数字）→Display 函数第 2 次执行时，其静态变量 i=1，Display 函数从 WMtable 表格读取第 2 位位码，从 TData 表格读取第 2 个数字的段码，通过 P0 端口先后发送到位码和段码锁存器，驱动 8 位数码管第 2 位显示 TData 表格的第 2 个数字（次高位）→Display 函数第 3 次执行时，其静态变量 i=2，Display 函数从 WMtable 表格读取第 3 位位码，从 TData 表格读取第 3 个数字的段码，通过 P0 端口先后发送到位码和段码锁存器，驱动 8 位数码管第 3 位显示 TData 表格的第 3 个数字（最低位）→Display 函数第 4～8 次执行过程与前述相同，由于 TData 表格第 4～6 个位置没有段码，故数码管的第 4～6 位不会显示数字。

在操作增键或减键时，num 值会发生变化，TData 表格的第 1～3 个位置的数字的段码也会发生变化，数码管显示的数字则进行相应的显示变化。

第12章

AD（模数）与DA（数模）转换电路及编程

12.1 AD 与 DA 转换

12.1.1 AD 转换

1. 模拟信号与数字信号

模拟信号是一种大小随时间连续变化的信号（如连续变化的电流或电压），如图 12-1（a）所示就是一种模拟信号。从图中可以看出，在 $0\sim t_1$ 时间内，信号电压慢慢上升；在 $t_1\sim t_2$ 时间内，信号电压又慢慢下降，它们的变化都是连续的。

数字信号是一种突变的信号（如突变的电压或电流），如图 12-1（b）所示是一种脉冲信号，是数字信号中的一种。从图中可以看出，在 $0\sim t_1$ 期间，信号电压大小始终为 0.1V；而在 t_1 时刻，电压瞬间由 0.1V 上升至 3V；在 $t_1\sim t_2$ 期间，电压始终为 3V；在 t_2 时刻，电压又瞬间由 3V 降到 0.1V。

图 12-1 模拟信号和数字信号

由此可以看出，模拟信号电压或电流的大小是随时间连续缓慢变化的，而数字信号的特点是"保持"（一段时间内维持低电压或高电压）和"突变"（低电压与高电压的转换瞬间完成）。为了分析方便，在数字电路中常将 $0\sim 1V$ 范围的电压称为低电平，用"0"表示；而将 $3\sim 5V$ 范围的电压称为高电平，用"1"表示。

2. AD 转换过程

AD 转换也称模数转换，其功能是将模拟信号转换成数字信号。AD 转换由采样、保持、量化、编码 4 个步骤完成。AD 转换过程如图 12-2 所示，模拟信号经采样、保持、量化和编码后就转换成了数字信号。

图 12-2 AD 转换过程

(1) 采样与保持

采样就是每隔一定的时间对模拟信号进行取值，保持则是将采样取得的信号电压保存下来。采样和保持往往结合在一起应用，如图 12-3 所示为采样保持电路和有关信号波形。

图 12-3 采样与保持电路及波形

图 12-3（a）中的 S 为模拟开关，实际上一般为三极管或场效应管。S 的通断受采样脉冲 U_s 的控制，当采样脉冲到来时，S 闭合，输入信号可以通过；采样脉冲过后，S 断开，输入信号无法通过，S 起采样作用。电容 C 为保持电容，它能保存采样过来的信号电压值。

给采样开关 S 输入图 12-3（b）所示的模拟信号 U_i，同时给开关 S 控制端加采样脉冲 U_s。当第 1 个采样脉冲到来时，S 闭合，此时正好模拟信号 A 点电压到来，A 点电压通过开关 S 对保持电容 C 充电，在电容 C 上充得与 A 点相同的电压，脉冲过后，S 断开，电容 C 无法放电，所以在电容 C 上保持了与 A 点一样的电压。

当第 2 个采样脉冲到来时，S 闭合，此时正好模拟信号 B 点电压到来，B 点电压通过开关 S 对保持电容 C 充电，在电容上充得与 B 点相同的电压，脉冲过后，S 断开，电容 C 无法放电，所以在电容 C 上保持了与 B 点一样的电压。

当第 3 个采样脉冲到来时，在电容 C 上保持了与 C 点一样的电压。

当第 4 个采样脉冲到来时，S 闭合，此时正好模拟信号 D 点电压到来，由于 D 点电压较电容 C 上的电压（第 3 个脉冲到来时 C 点对电容 C 充得的电压）略高，电容 C 通过开关 S 向输入端放电，放电使电容 C 上的电压下降到与模拟信号 D 点相同，脉冲过后，S 断开，电容 C 无法放电，所以在电容 C 上保持了与 D 点一样的电压。

当第 5 个采样脉冲到来时，S 闭合，此时正好模拟信号 E 点电压到来，由于 E 点电压较电容 C 上的电压高，电容 C 通过开关 S 向输入端放电，放电使电容 C 上的电压下降到与模拟信号 E 点相同，脉冲过后，S 断开，电容 C 无法放电，所以在电容 C 上保持了与 E 点一样的电压。

如此工作后，在电容 C 上就得到如图 12-3（b）所示的 U_o 信号。

（2）量化与编码

量化是指根据编码位数的需要，将采样信号电压分割成整数个电压段的过程。编码是指将每个电压段用相应的二进制数表示的过程。

以图 12-3（b）所示信号为例，模拟信号 U_i 经采样、保持得到采样信号电压 U_o，U_o 的电压变化范围是 0～7.5V，现在需要用三位二进制数对它进行编码，由于三位二进制数只有 $2^3=8$ 个数值，所以将 0～7.5V 分成 8 份：0～0.5V 为第 1 份（又称第一等级），以 0V 作为基准，即在 0～0.5V 范围内的电压都当成是 0V，编码时用 000 表示；0.5～1.5V 为第 2 份，基准值为 1V，编码时用 001 表示；1.5～2.5V 为第 3 份，基准值为 2V，编码时用 010 表示；依此类推，5.5～6.5V 为第 7 份，基准值为 6V，编码时用 110 表示；6.5～7.5V 为第 8 份，基准值为 7V，编码时用 111 表示。

综上所述，图 12-3（b）中的一个周期的模拟信号 U_i 经采样、保持后得到采样电压 U_o，采样电压 U_o 再经量化、编码后就转换成一串数字信号（100 110 111 111 101 011 001 000 001 100），从而完成了 AD 转换过程。

12.1.2　DA 转换

DA 转换也称数模转换，其功能是将数字信号转换成模拟信号。DA 转换过程如图 12-4 所示，数字信号输入 DA 转换电路，当第 1 个数字信号 100 输入时，经 DA 转换输出 4V 电压，当第 2 个数字信号 110 输入时，经 DA 转换输出 6V 电压，……当第 10 个数字信号 100 输入时，经 DA 转换输出 4V 电压，DA 转换电路输出的电压变化不是连续的，有一定的跳跃变化，经平滑电路平滑后输出较平滑的模拟信号。

图 12-4　DA 转换过程

12.2　AD 与 DA 转换芯片 PCF8591

PCF8591 是一种带 I^2C 总线通信接口的具有 4 路 AD 转换和 1 路 DA 转换的芯片。在 AD 转换时，先将输入的模拟信号转换成数字信号，再通过 I^2C 总线将数字信号传送给单片机。在 DA 转换时，先通过 I^2C 总线从单片机读取数字信号，再将数字信号转换成模拟信号输出。

12.2.1 外形与引脚功能说明

PCF8591 的外形与引脚功能说明如图 12-5 所示。

(a) 外形

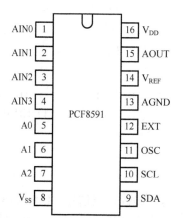

AIN0~AIN3：4路模拟信号输入端
A0~A2：器件地址设置端
VDD、VSS：电源正、负端 (2.5~6V)
SDA：I²C总线数据线
SCL：I²C总线时钟线
OSC：外部时钟输入端或内部时钟输出端
EXT：内部、外部时钟选择端
　　　EXT接地时使用内部时钟
AGND：模拟信号地
AOUT：DA转换输出端
VREF：基准电源端

(b) 引脚功能

图 12-5　PCF8591 的外形与引脚功能

12.2.2 器件地址和功能设置

PCF8591 内部具有 I²C 总线接口，单片机通过 I²C 总线与 PCF8591 连接，在通信时，单片机会传送三个字节数据给 PCF8591，第 1 个字节为 PCF8591 的 7 位器件地址+1 位读写位，第 2 个字节用于设置 PCF8591 内部电路操作功能，第 3 个字节为转换的数据（在 AD 转换时，单片机从 PCF8591 读取模拟信号转换成的数据，在 DA 转换时，单片机将需转换成模拟信号的数据写入 PCF8591）。

1. 器件地址的设置

PCF8591 和其他器件挂接在 I²C 总线时，为了区分它们，需要给每个器件设定一个地址，该地址即为器件地址，挂在同一 I²C 总线上的器件地址不能相同。PCF8591 有 A0、A1、A2 三个地址引脚，可以设置 8 个不同的器件地址，PCF8591 的器件地址为 7 位，高 4 位固定为 1001，低 3 位由 A0、A1、A2 引脚电平值决定。PCF8591 的器件地址如图 12-6 所示，当 PCF8591 的 A0、A1、A2 引脚都接地时，器件地址设为 1001000；当 A0、A2 引脚接地、A1 引脚接电源时，器件地址设为 1001010。

图 12-6　PCF8591 的器件地址设置

2. 器件功能设置

PCF8591 内部有很多电路，单片机通过发送一个控制字节到 PCF8591 内部的控制寄存器，使之控制一些电路的功能。PCF8591 的控制字节含义如图 12-7 所示。

图 12-7　PCF8591 的控制字节含义如

3. 单端输入与差分输入

单端输入和差分输入如图 12-8 所示。单端输入是以接地线 0V（或一个固定电压）为基准，信号从另一端输入，输入信号为输入线与接地线（或一个固定电压）之间的差值；差分输入采用双输入，双线电压都不固定，输入信号为两根输入线间的差值。

图 12-8　单端输入和差分输入

与单端输入方式相比，差分输入有很好的抗干扰性。以图 12-8 为例，同样是输入 2V 的信号电压，若信号由前级电路传送到输入电路时混入 0.2V 的干扰电压，对于单端输入，由于地线电压始终为 0V，故其输入信号电压由 2V 变为 2.2V；对于差分输入，如果干抗电压同时混入两根输入线（共模干扰信号），两根线的电压差值不变，即输入信号电压仍为 2V。

单端输入方式一般适合用于输入信号电压高（高于 1V）、电路的输入导线短且共用地线的场合；如果遇到输入信号小、电路的输入导线长、电路之间不共用地线的场合，可采用差分输入方式。

12.3 由 PCF8591 芯片构成的 AD 和 DA 转换电路及编程

12.3.1 单片机、PCF8591 芯片与 8 位数码管构成的转换及显示电路

单片机、PCF8591 芯片与 8 位数码管构成的转换及显示电路如图 12-9 所示。

图 12-9 单片机、PCF8591 芯片与 8 位数码管构成的转换及显示电路

12.3.2 1路AD转换并显示转换值的程序及详解

如图12-10所示是1路AD转换并显示转换值的程序，与之对应的电路如图12-9所示。

```c
/*从PCF8591的AD CH1通道读取模拟量转换成的数字量并用8位LED数码管显示读值的程序*/
#include <reg51.h>          //调用reg51.h文件对单片机各特殊功能寄存器进行地址定义
#include <intrins.h>        //调用intrins.h文件对本程序用到的"_nop_"函数进行声明
#define Nop() _nop_()       //用define(宏定义)命令将Nop()代表_nop_()，程序中Nop()与_nop_()等同
sbit SDA=P2^1;              //用位定义关键字sbit将SDA(数据)代表P2.1端口(也可以使用其他端口)
sbit SCL=P2^0;              //用位定义关键字sbit将SCL(时钟)代表P2.0端口(也可以使用其他端口)
bit ack;                    //用关键字bit将ack定义为位变量

sbit DuanSuo=P2^2;          //用位定义关键字sbit将DuanSuo代表P2.2端口
sbit WeiSuo =P2^3;
#define WDM P0               //用define(宏定义)命令将WDM代表P0，程序中WDM与P0等同
unsigned char code DMtable[]={0x3f,0x06,0x5b,0x4f,0x66,0x6d,0x7d,0x07,  //定义一个DMtable表格，依次
                            0x7f,0x6f,0x77,0x7c,0x39,0x5e,0x79,0x71};   //存放字符0~F的段码
unsigned char code WMtable[]={0xfe,0xfd,0xfb,0xf7,0xef,0xdf,0xbf,0x7f}; //定义一个WMtable表格，依次存放
                                                                        //8位数码管低位到高位的位码
unsigned char TData[8];     //定义一个可存放8个元素的一维数组(表格)TData

                //将模拟IIC总线通信的10个函数加到此处

/*以下DelayUs为微秒级延时函数，其输入参数为unsigned char tu(无符号字符型变量tu),tu值为8位,取值范围 0~255,
如果单片机的晶振频率为12M，本函数延时时间可用T=(tu×2+5)us近似计算，比如tu=248, T=501 us≈0.5ms */
void DelayUs (unsigned char tu)    //DelayUs为微秒级延时函数，其输入参数为无符号字符型变量tu
{
 while(--tu);               //while为循环语句，每执行一次while语句，tu值就减1，
                            //直到tu值为0时才执行while尾大括号之后的语句
}

/*以下DelayMs为毫秒级延时函数，其输入参数为unsigned char tm(无符号字符型变量tm)，该函数内部使用了两个
DelayUs (248)函数，它们共延时1002us(约1ms)，由于tm值最大为 255，故本DelayMs函数最大延时时间为255ms,
若将输入参数定义为unsigned int tm，则最长可获得65535ms的延时时间*/
void DelayMs(unsigned char tm)
{
 while(tm--)
 {
  DelayUs (248);
  DelayUs (248);
 }
}

/*以下为Display显示函数，用于驱动8位数码管动态扫描显示字符，输入参数ShiWei表示显示的开始位，如ShiWei
为0表示从第一个数码管开始显示，WeiShu表示显示的位数，如显示99两位数应让WeiShu为2 */
void Display(unsigned char ShiWei,unsigned char WeiShu)  //Display(显示)函数有两个输入参数，
                                                         //分别为ShiWei(开始位)和WeiShu(位数)
{
 static  unsigned char i;            //声明一个静态(static)无符号字符型变量i(表示显示位，0表示第1位)，
                                     //静态变量占用的存储单元在程序退出前不会释放给变量使用
 WDM=WMtable[i+ShiWei];              //将WMtable表格中的第i+ShiWei +1个码送给P0端口输出
 WeiSuo=1;                           //让P2.3端口输出高电平，开通位码锁存器，锁存器输入变化时输出会随之变化
 WeiSuo=0;                           //让P2.3端口输出低电平，位码锁存器被封锁，锁存器的输出值被锁定不变

 WDM=TData[i];                       //将TData表格中的第i+1个段码送给P0端口输出
 DuanSuo=1;                          //让P2.2端口输出高电平，开通段码锁存器，锁存器输入变化时输出会随之变化
 DuanSuo=0;                          //让P2.2端口输出低电平，段码锁存器被封锁，锁存器的输出值被锁定不变

 i++;                                //将i值加1，准备显示下一位数字
 if(i==WeiShu)                       //如果i=WeiShu表示显示到最后一位，执行i=0
 {
  i=0;                               //将i值清0，以便从数码管的第1位开始再次显示
 }
}

/*以下为定时器及相关中断设置函数*/
void T0Int_S (void)         //函数名为T0Int_S，输入和输出参数均为void(空)
{
 TMOD=0x01;                 //让TMOD寄存器的M1M0=01，设T0工作在方式1(16位计数器)
 TH0=0;                     //将TH0寄存器清0
 TL0=0;                     //将TL0寄存器清0
 EA=1;                      //让IE寄存器的EA=1，打开总中断
 ET0=1;                     //让IE寄存器的ET0=1，允许T0的中断请求
 TR0=1;                     //让TCON寄存器的TR0=1，启动T0在TH0、TL0初值基础上开始计数
}

/*以下T0Int_Z为定时器中断函数，用"(返回值)函数名(输入参数) interrupt n using m"格式定义一个函数名为
T0Int_Z的中断函数，n为中断源编号，n=0~4，m为用作保护中断点的寄存器组，可使用4组寄存器(0~3)，每组
有7个寄存器(R0~R7)，m=0~3，若只有一个中断，可不写"using m"，但有多个中断时，不同中断应使用不同m*/
void T0Int_Z (void)  interrupt 1   // T0Int_Z为中断函数(用interrupt定义)，并且为T0的中断函数
                                    //(中断源编号n=1)
{
 TH0=(65536-2000)/256;              //将定时初值的高8位放入TH0,"/"为除法运算符号
 TL0=(65536-2000)%256;              //将定时初值的低8位放入TL0,"%"为相除取余数符号
 Display(0,8);                      //执行Display显示函数，从第1位(0)开始显示，共显示8位(8)
}

/*以下ReadADC为读取AD转换值函数，用于从PCF8591读取模拟量转换成的数字量，数字量范围为00H~FFH(16进制表示)
或0~256(10进制表示) */
unsigned char ReadADC(unsigned char Ch)   // ReadADC函数的输入参数为无符号字符型变量Ch，输出参数为
                                           //无符号字符型变量
```

图12-10 1路AD转换并显示转换值的程序

```
        {
            unsigned char Val;          //声明一个无符号字型变量Val
            Start_I2C();                //执行Start_I2C函数,发送开始信号
            SendByte(0x90);             //执行SendByte函数,发送PCF8591的7位器件地址(1001000)和1位读写位(0-写,1-读)
            if(ack==0)                  //如果位变量ack=0,表示未接收到ACK信号,执行return(0)并退出函数,ack=1则执行
                                        //本if尾大括号之后的语句
            {return(0);}                //将0返回给ReadADC的输出参数,表示发送数据失败,同时退出函数
            SendByte(0x00|Ch);          //执行SendByte函数,发送PCF8591的控制字节0x01 (0x00或Ch=0x01),让AD CH1通道工作
            if(ack==0)                  //如果位变量ack=0,表示未接收到ACK信号,执行return(0)并退出函数,ack=1则执行
                                        //本if尾大括号之后的语句
            {return(0);}                //将0返回给ReadADC的输出参数,表示发送数据失败,同时退出函数
            Start_I2C();                //执行Start_I2C函数,发送开始信号
            SendByte(0x90+1);           //执行SendByte函数,发送PCF8591的7位器件地址和1位读写位(0-写,1-读),执行读操作
            if(ack==0)                  //如果位变量ack=0,表示未接收到ACK信号,执行return(0)并退出函数,ack=1则执行
                                        //本if尾大括号之后的语句
            {return(0);}                //将0返回给ReadADC的输出参数,表示发送数据失败,同时退出函数
            Val=ReceiveByte();          //执行ReceiveByte函数,从PCF8591的AD CH1通道读取AD转换成的数据,并将该数据赋给变量Val
            NoAck_I2C();                //执行NoAck_I2C函数,发送NACK(非应答)信号,不再接收数据
            Stop_I2C();                 //执行Stop_I2C()函数,发送停止信号
            return(Val);                //将变量Val的值返回给ReadADC函数的输出参数
        }
        /*以下WriteDAC为写DA转换值函数,用于将需要转换成模拟量的数据写入PCF8591,数字量范围为
        00H~FFH(16进制表示)或0~256(10进制表示) */
        bit WriteDAC(unsigned char dat)  //WriteDAC函数的输入参数为无符号字符型变量dat,输出参数为位变量
        {
            Start_I2C();                //执行Start_I2C函数,发送开始信号
            SendByte(0x90);             //执行SendByte函数,发送PCF8591的7位器件地址(1001000)和1位读写位(0-写,1-读)
            if(ack==0)                  //如果位变量ack=0,表示未接收到ACK信号,执行return(0)并退出函数,ack=1则执行
                                        //本if尾大括号之后的语句
            {return(0);}                //将0返回给WriteDAC的输出参数,表示发送数据失败,同时退出函数
            SendByte(0x40);             //执行SendByte函数,发送PCF8591的控制字节0x40(即01000000),允许DA输出
            if(ack==0)                  //如果位变量ack=0,表示未接收到ACK信号,执行return(0)并退出函数,ack=1则执行
                                        //本if尾大括号之后的语句
            {return(0);}                //将0返回给WriteDAC的输出参数,表示发送数据失败,同时退出函数
            SendByte(dat);              //执行SendByte函数,将变量dat的值写入PCF8591进行DA转换
            if(ack==0)                  //如果位变量ack=0,表示未接收到ACK信号,执行return(0)并退出函数,ack=1则执行
                                        //本if尾大括号之后的语句
            {return(0);}                //将0返回给WriteDAC的输出参数,表示发送数据失败,同时退出函数
            Stop_I2C();                 //执行Stop_I2C()函数,发送停止信号
        }
        /*以下为主程序部分*/
        void main()
        {
            unsigned char num=0;        //声明一个无符号字符型变量num,且让num初值为0
            T0Int_S();                  //执行T0Int_S函数,对定时器T0及相关中断进行设置,启动T0计时
            while (1)                   //主循环,while首尾大括号内的语句会反复执行
            {
                num=ReadADC(1);         //执行ReadADC函数,从PCF8591的AD CH1通道读取AD转换成的数据,将ReadADC函数的
                                        //输出参数(即读取的AD转换值)赋给变量num
                TData[0]=DMtable[num/100];     //以num=236为例,num/100意为num除100取整,num/100=2,即将DMtable表格的
                                               //第3个段码(2的段码)传送到TData数组的第1个位置
                TData[1]=DMtable[(num%100)/10];//num%100意为除100取余,(num%100)/10=36/10=3,即将DMtable表格的
                                               //第4个段码(3的段码)传送到TData数组的第2个位置
                TData[2]=DMtable[(num%100)%10];//((num%100)%10=36%10=6,即将DMtable表格第7个段码(6的段码)传送到
                                               //TData数组的第3个位置
                //此处可添加其他需要一直工作的程序
                DelayMs(100);           //执行DelayMs函数延时100ms,即每隔100ms从PCF8591读取一次AD转换值
            }
        }
```

图 12-10 1 路 AD 转换并显示转换值的程序(续)

(1)运行现象

程序运行时,8 位数码管显示三位数字(显示在第 1~3 位),调节电位器 RP2 使 PCF8591 的 AIN1 端电压在 0~5V 范围内变化时,数码管显示的三位数字也会发生变化,变化范围为 000~255。

(2)程序工作过程

程序在运行时首先进入 main 函数→在 main 函数中执行并进入 T0Int_S()函数→在 T0Int_S()函数中对定时器 T0 及有关中断进行设置,并启动 T0 定时器开始 2ms 计时→T0 每隔 2ms 产生一次中断来执行 T0Int_Z 函数(定时器中断函数)→T0Int_Z 函数中的 Display 函数(显示函数)执行,读取 TData 表格的第 1 个位置的段码,驱动 8 位数码管的第 1 位显示出段码对应的数字→当 T0 定时器产生第 2 次中断时,Display 函数第 2 次执行,读取 TData 表格的第 2 个位置的段码,驱动 8 位数码管的第 2 位显示出段码对应的数字→如此工作,当数码管显示完 8 位后,Display 函数再次执行时,又读取 TData 表格的第 1 个位置的段码,驱动 8 位数码管的第 1 位再次显示。

在 main 函数中执行 T0Int_S()函数后，进入 while 主循环，先执行 ReadADC 函数（读取 AD 转换值函数），从 PCF8591 的 AD CH1 通道读取 AD 转换成的数据，将 ReadADC 函数的输出参数（即读取的 AD 转换值）赋给变量 num，再将 num 值（000~255）的三位数字的段码分别存到 TData 表格的第 1~3 个位置（即[0]~[2]），然后执行 DelayMs 函数延时 100ms，在这段时间内，Display 函数每隔 2ms 执行一次，按顺序从 TData 表格第 1~8 个位置读取数字的段码并显示在数码管相应位上，并且反复进行。由于 TData 表格的第 4~8 个位置没有数字的段码，故 8 位数码管只有第 1~3 位显示数字。

ReadADC 函数为读取 AD 转换值函数，用于从 PCF8591 读取模拟量转换成的数字量，其详细工作过程见该函数内部各条语句说明。

12.3.3 4 路电压测量显示的程序及详解

如图 12-11 所示为 4 路电压测量显示的程序，与之对应的电路如图 12-9 所示。

```
/*从 PCF8591 的 CH0~CH3 4 个 AD 通道读取模拟量转换成的数字量并用 8 位 LED 数码管显示 4 路电压值的程序*/
#include <reg51.h>        //调用 reg51.h 文件对单片机各特殊功能寄存器进行地址定义
#include <intrins.h>      //调用 intrins.h 文件对本程序用到的"_nop_()"函数进行声明
#define  Nop()  _nop_()   //用 define（宏定义）命令将 Nop()代表 _nop_()，程序中 Nop()与 _nop_()等同
sbit SDA=P2^1;            //用位定义关键字 sbit 将 SDA（数据）代表 P2.1 端口（也可以使用其他端口）
sbit SCL=P2^0;            //用位定义关键字 sbit 将 SCL（时钟）代表 P2.0 端口（也可以使用其他端口）
bit ack;                  //用关键字 bit 将 ack 定义为位变量
bit ReadADFlag;

sbit DuanSuo=P2^2;        //用位定义关键字 sbit 将 DuanSuo 代表 P2.2 端口
sbit WeiSuo =P2^3;
#define WDM P0             //用 define（宏定义）命令将 WDM 代表 P0，程序中 WDM 与 P0 等同
unsigned char code DMtable[]={0x3f,0x06,0x5b,0x4f,0x66,0x6d,0x7d,0x07,  //定义一个 DMtable 表格，依次
              0x7f,0x6f,0x77,0x7c,0x39,0x5e,0x79,0x71};   //存放字符 0~F 的段码
unsigned char code WMtable[]={0xfe,0xfd,0xfb,0xf7,0xef,0xdf,0xbf,0x7f}; //定义一个 WMtable 表格，依次存放
                                                        //8 位数码管低位到高位的位码
unsigned char TData[8]; //定义一个可存放 8 个元素的一维数组（表格）TData

              //将模拟 IIC 总线通信的 10 个函数加到此处

/*以下 DelayUs 为微秒级延时函数，其输入参数为 unsigned char tu(无符号字符型变量 tu),tu 值为 8 位,取值范围 0~255，
如果单片机的晶振频率为 12M，本函数延时时间可用 T=(tu×2+5) us 近似计算，比如 tu=248, T=501 us≈0.5ms */
void DelayUs (unsigned char tu)   //DelayUs 为微秒级延时函数，其输入参数为无符号字符型变量 tu
{
   while(--tu);          //while 为循环语句，每执行一次 while 语句，tu 值就减 1，
                         //直到 tu 值为 0 时才执行 while 尾大括号之后的语句
}

/*以下 DelayMs 为毫秒级延时函数，其输入参数为 unsigned char tm（无符号字符型变量 tm），该函数内部使用了两个
DelayUs (248)函数，它们共延时 1002us（约 1ms），由于 tm 值最大为 255，故本 DelayMs 函数最大延时时间为 255ms，
若将输入参数定义为 unsigned int tm，则最长可获得 65535ms 的延时时间*/
void DelayMs(unsigned char tm)
{
   while(tm--)
   {
     DelayUs (248);
     DelayUs (248);
   }
}

/*以下为 Display 显示函数，用于驱动 8 位数码管动态扫描显示字符，输入参数 ShiWei 表示显示的开始位，如 ShiWei
为 0 表示从第一个数码管开始显示，WeiShu 表示显示的位数，如显示 99 两位数应让 WeiShu 为 2 */
void Display(unsigned char ShiWei,unsigned char WeiShu)   // Display(显示)函数有两个输入参数，
                                                        //分别为 ShiWei(开始位)和 WeiShu(位数)
{
   static  unsigned char i;     //声明一个静态(static)无符号字符型变量 i(表示显示位，0 表示第 1 位)
                                //静态变量占用的存储单元在程序退出前不会释放per变量使用
   WDM=WMtable[i+ShiWei];        //将 WMtable 表格中的第 i+ShiWei +1 个位码送给 P0 端口输出
   WeiSuo=1;                    //让 P2.3 端口输出高电平，开通位码锁存器，锁存器输入变化时输出随之变化
   WeiSuo=0;                    //让 P2.3 端口输出低电平，位码锁存器被封锁，锁存器的输出值被锁定不变

   WDM=TData[i];                //将 TData 表格中的第 i+1 个段码送给 P0 端口输出
   DuanSuo=1;                   //让 P2.2 端口输出高电平，开通段码锁存器，锁存器输入变化时输出随之变化
   DuanSuo=0;                   //让 P2.2 端口输出低电平，段码锁存器被封锁，锁存器的输出值被锁定不变

   i++;                         //将 i 值加 1，准备显示下一位数字
   if(i==WeiShu)                //如果 i=WeiShu 表示显示到最后一位，执行 i=0
    {
      i=0;                      //将 i 值清 0，以便从数码管的第 1 位开始再次显示
```

图 12-11 4 路电压测量显示的程序

```c
    }
}
/*以下为定时器及相关中断设置函数*/
void T0Int_S (void)           //函数名为T0Int_S，输入和输出参数均为void（空）
{
    TMOD=0x01;                //让TMOD寄存器的M1M0=01，设T0工作在方式1（16位计数器）
    TH0=0;                    //将TH0寄存器清0
    TL0=0;                    //将TL0寄存器清0
    EA=1;                     //让IE寄存器的EA=1，打开总中断
    ET0=1;                    //让IE寄存器的ET0=1，允许T0的中断请求
    TR0=1;                    //让TCON寄存器的TR0=1，启动T0在TH0、TL0初值基础上开始计数
}
/*以下T0Int_Z为定时器中断函数，用"（返回值）函数名（输入参数）interrupt n using m"格式定义一个函数名为
T0Int_Z的中断函数，n为中断源编号，n=0~4，m为用作保护中断点的寄存器组，可使用4组寄存器（0~3），每组
有7个寄存器（R0~R7），m=0~3，若只有一个中断，可不写"using m"，使用多个中断时，不同中断应使用不同m*/
void T0Int_Z (void) interrupt 1    // T0Int_Z为中断函数(用interrupt定义)，并且为T0的中断函数
                                    //（中断源编号n=1）
{
    static unsigned int num;        //声明一个静态(static)无符号整数型变量num
    TH0=(65536-2000)/256;           //将定时初值的高8位放入TH0，"/"为除法运算符号
    TL0=(65536-2000)%256;           //将定时初值的低8位放入TL0，"%"为相除取余数符号
    Display(0,8);                   //执行Display显示函数，从第1位(0)开始显示，共显示8位(8)
    num++;                          //将num值加1
    if(num==50)                     //如果T0Int_Z函数(或Display)执行50次(约需100ms)后，将num值清0，将位变量ReadADFlag置1
    {
        num=0;                      //将num值清0
        ReadADFlag=1;               //将标志位ReadADFlag置1
    }
}

/*以下ReadADC为读取AD转换值函数，用于从PCF8591读取模拟量转换成的数字量，数字量范围为00H~FFH(16进制表示)
或0~256(10进制表示) */
unsigned char ReadADC(unsigned char Ch)   // ReadADC函数的输入参数为无符号字符型变量Ch，输出参数为
                                          //无符号字符型变量
{
    unsigned char Val;              //声明一个无符号字符型变量Val
    Start_I2C();                    //执行Start_I2C函数，发送开始信号
    SendByte(0x90);                 //执行SendByte函数，发送PCF8591的7位器件地址(1001000)和1位读写位(0-写，1-读)
    if(ack==0)                      //如果位变量ack=0，表示未接收到ACK信号，执行return(0)并退出函数，ack=1则执行
                                    //本if尾大括号之后的语句
    {return(0);}                    //将0返回给ReadADC的输出参数，表示发送数据失败，同时退出函数
    SendByte(0x00|Ch);              //执行SendByte函数，给PCF8591发送控制字节，"|"意为位或运算，让Ch通道工作
    if(ack==0)                      //如果位变量ack=0，表示未接收到ACK信号，执行return(0)并退出函数，ack=1则执行
                                    //本if尾大括号之后的语句
    {return(0);}                    //将0返回给ReadADC的输出参数，表示发送数据失败，同时退出函数
    Start_I2C();                    //执行Start_I2C函数，发送开始信号
    SendByte(0x91);                 //执行SendByte函数，发送PCF8591的7位器件地址和1位读写位(0-写，1-读)，执行读操作
    if(ack==0)                      //如果位变量ack=0，表示未接收到ACK信号，执行return(0)并退出函数，ack=1则执行
                                    //本if尾大括号之后的语句
    {return(0);}                    //将0返回给ReadADC的输出参数，表示发送数据失败，同时退出函数
    Val=ReceiveByte();              //执行ReceiveByte函数，从PCF8591的AD CH1通道读取AD转换成的数据，并将该数据赋给变量Val
    NoAck_I2C();                    //发送NoAck(非应答)信号)，不再接收数据
    Stop_I2C();                     //执行Stop_I2C()函数，发送停止信号
    return(Val);                    //将变量Val的值返回给ReadADC函数的输出参数
}

/*以下WriteDAC为写DA转换值函数，用于将需要转换成模拟量的数据写入PCF8591，数字量范围为
00H~FFH(16进制表示)或0~256(10进制表示) */
bit WriteDAC(unsigned char dat)     //WriteDAC函数的输入参数为无符号字符型变量dat，输出参数为位变量
{
    Start_I2C();                    //执行Start_I2C函数，发送开始信号
    SendByte(0x90);                 //执行SendByte函数，发送PCF8591的7位器件地址(1001000)和1位读写位(0-写，1-读)
    if(ack==0)                      //如果位变量ack=0，表示未接收到ACK信号，执行return(0)并退出函数，ack=1则执行
                                    //本if尾大括号之后的语句
    {return(0);}                    //将0返回给WriteDAC的输出参数，表示发送数据失败，同时退出函数
    SendByte(0x40);                 //执行SendByte函数，发送PCF8591的控制字节0x40(即01000000)，允许DA输出
    if(ack==0)                      //如果位变量ack=0，表示未接收到ACK信号，执行return(0)并退出函数，ack=1则执行
                                    //本if尾大括号之后的语句
    {return(0);}                    //将0返回给WriteDAC的输出参数，表示发送数据失败，同时退出函数
    SendByte(dat);                  //执行SendByte函数，将变量dat的值写入PCF8591进行DA转换
    if(ack==0)                      //如果位变量ack=0，表示未接收到ACK信号，执行return(0)并退出函数，ack=1则执行
                                    //本if尾大括号之后的语句
    {return(0);}                    //将0返回给WriteDAC的输出参数，表示发送数据失败，同时退出函数
    Stop_I2C();                     //执行Stop_I2C()函数，发送停止信号
}

/*以下为主程序部分*/
void main()
{
    unsigned char num=0,i;          //声明两个无符号字符型变量num和i，且让num初值为0
    T0Int_S();                      //执行T0Int_S函数，对定时器T0及相关中断进行设置，启动T0计时
    DelayMs(20);                    //执行DelayMs函数，延时20ms
    while (1)                       //主循环，while首尾大括号内的语句会反复执行
    {
        if(ReadADFlag)              //如果ReadADFlag=1(即Display显示函数执行了50次，读取值持续显示约5s)，再次读取各通道值
        {
            ReadADFlag=0;           //将位变量ReadADFlag置0
            for(i=0;i<5;i++)        //执行5次"num=ReadADC(0)"，连续从PCF8591的AD CH0通道读5次数据，num存放最后一次读取值
                {num=ReadADC(0);}   //执行ReadADC，从PCF8591的AD CH0通道读取数据，存入变量num
            num=num*5*10/256;       //将num值扩大50倍再除以256，这样将num值由0~255近似变成0~50，便于直观表示电压大小
            TData[0]=DMtable[num/10]|0x80;  //以num=25为例，num/10意为num除10取整，num/10=2，即将DMtable表格的
                                    //第3个段码(2的段码)值与0x80进行位或运算，即让段码最高位为1以显示
                                    //小数点后，将结果传送到TData数组的第1个位置
            TData[1]=DMtable[num%10];       //num%10意为除10取余，(num%10)/10=25%10=5，即将DMtable表格的
                                    //第6个段码(5的段码)传送到TData数组的第2个位
```

图 12-11　4路电压测量显示的程序（续）

```
            for(i=0;i<5;i++)       //从 CH1 通道读取模拟量转换成的数据,将数据 0～255 转变成 0～50,
                                   //并在数码管的第 3、4 位显示 0.0～5.0 范围内的数值
              {num=ReadADC(1);}
            num=num*5*10/256;
            TData[2]=DMtable[num/10]|0x80;
            TData[3]=DMtable[num%10];

            for(i=0;i<5;i++)       //从 CH2 通道读取模拟量转换成的数据,将数据 0～255 转变成 0～50,
                                   //并在数码管的第 5、6 位显示 0.0～5.0 范围内的数值
              {num=ReadADC(2);}
            num=num*5*10/256;
            TData[4]=DMtable[num/10]|0x80;
            TData[5]=DMtable[num%10];

            for(i=0;i<5;i++)       //从 CH3 通道读取模拟量转换成的数据,将数据 0～255 转变成 0～50,
                                   //并在数码管的第 7、8 位显示 0.0～5.0 范围内的数值
              {num=ReadADC(3);}
            num=num*5*10/256;
            TData[6]=DMtable[num/10]|0x80;
            TData[7]=DMtable[num%10];
                    //此处可添加其它需要一直执行的程序
          }
        }
    }
```

图 12-11　4 路电压测量显示的程序（续）

（1）运行现象

程序运行时，8 位数码管显示 4 组数值（每组两位带小数点），调节电位器 RP1 使 PCF8591 的 AIN0 端电压在 0～5V 范围内变化时，8 位数码管的第 1 组数值在 0.0～5.0 范围内变化，调节电位器 RP2、RP3、RP4 可分别使 8 位数码管的第 2、3、4 组数值在 0.0～5.0 范围内变化。

（2）程序工作过程

程序在运行时首先进入 main 函数→在 main 函数中执行并进入 T0Int_S()函数→在 T0Int_S()函数中对定时器 T0 及有关中断进行设置，并启动 T0 定时器开始 2ms 计时→T0 每隔 2ms 产生一次中断来执行 T0Int_Z 函数（定时器中断函数）→T0Int_Z 函数中的 Display 函数（显示函数）每隔 2ms 执行一次，按[0]～[7]顺序每次从 TData 表格读取一个数字的段码驱动 8 位数码管将该数字显示在相应位上。在 Display 函数中增加了一个静态变量 num（退出 Display 函数时静态变量 num 不会被占用，num 值仍保持），用于对 Display 函数执行次数进行计数，当 Display 函数执行了 50 次（约需 100ms），将读标志位 ReadADFlag 置 1。

在 main 函数中执行 T0Int_S()函数后，进入 while 主循环，先执行检查 ReadADFlag 位值，如果 ReadADFlag=1，表示 Display 函数已执行了 50 次，数码管显示数值持续时间达到 100ms，先将 ReadADFlag 清 0，再执行第 1 个 for 语句，连续从 PCF8591 的 AD CH0 通道读 5 次数据，num 保存最后一次读取值，然后将 num 值扩大 50 倍后除以 256，这样将 num 值由 0～255 近似转换成 00～50 便于直观显示电压大小，再将转换成的数值的两位数字的段码分别存放到 TData 表格的第 1、2 个位置，以让 Display 函数读取并显示在数码管的第 1 位（带小数点）和第 2 位，用同样的方法读取 CH1、CH2、CH3 通道的数据，转换后显示在 8 位数码管的第 3～8 位上。

让 Display 函数执行 50 次（约需 100ms）后再次读取 4 个通道的数值，可以避免前后数值读取时间间隔短而使数码管同一位置显示数值重叠不清。ReadADC 函数为读取 AD 转换值函数，用于从 PCF8591 读取模拟量转换成的数字量，其详细工作过程见该函数内部各条语句说明。

12.3.4 DA 转换输出显示的程序及详解

如图 12-12 所示是 DA 转换输出显示的程序，与之对应的电路如图 12-9 所示。

```c
/*往PCF8591的DA转换器写入数字量(DA转换器会自动将其转换成模拟量输出)并用8位LED数码管显示写入值的程序*/
#include <reg51.h>        //调用reg51.h文件对单片机各特殊功能寄存器进行地址定义
#include <intrins.h>      //调用intrins.h文件对本程序用到的"_nop_()"函数进行声明
#define Nop() _nop_()     //用define(宏定义)命令将Nop()代表_nop_(),程序中Nop()与_nop_()等同
sbit SDA=P2^1;            //用位定义关键字sbit将SDA(数据)代表P2.1端口(也可以使用其他端口)
sbit SCL=P2^0;            //用位定义关键字sbit将SCL(时钟)代表P2.0端口(也可以使用其他端口)
bit ack;                  //用关键字bit将ack定义为位变量

sbit DuanSuo=P2^2;        //用位定义关键字sbit将DuanSuo代表P2.2端口
sbit WeiSuo=P2^3;
#define WDM P0            //用define(宏定义)命令将WDM代表P0,程序中WDM与P0等同
unsigned char code DMtable[]={0x3f,0x06,0x5b,0x4f,0x66,0x6d,0x7d,0x07, //定义一个DMtable表格,依次
                0x7f,0x6f,0x77,0x7c,0x39,0x5e,0x79,0x71}; //存放字符0~F的段码
unsigned char code WMtable[]={0xfe,0xfd,0xfb,0xf7,0xef,0xdf,0xbf,0x7f}; //定义一个WMtable表格,依次存放
                                                          //8位数码管低位到高位的位码
unsigned char TData[8];   //定义一个可存放8个元素的一维数组(表格)TData

                //将模拟IIC总线通信的10个函数加到此处


/*以下DelayUs为微秒级延时函数,其输入参数为unsigned char tu(无符号字符型变量tu),tu值为8位,取值范围0~255,
如果单片机的晶振频率为12M,本函数延时时间可用T=(tu×2+5)us近似计算,比如tu=248,T=501 us≈0.5ms */
void DelayUs (unsigned char tu)  //DelayUs为微秒级延时函数,其输入参数为无符号字符型变量tu
{
 while(--tu);              //while为循环语句,每执行一次while语句,tu值就减1,
                           //直到tu值为0时才执行while尾大括号之后的语句
}
/*以下DelayMs为毫秒级延时函数,其输入参数为unsigned char tm(无符号字符型变量tm),该函数内部使用了两个
DelayUs(248)函数,它们共延时1002us(约1ms),由于tm值最大为255,故本DelayMs函数最大延时时间为255ms,
若将输入参数定义为unsigned int tm,则最长可获得65535ms的延时时间*/
void DelayMs(unsigned char tm)
{
 while(tm--)
 {
  DelayUs (248);
  DelayUs (248);
 }
}
/*以下为Display显示函数,用于驱动8位数码管动态扫描显示字符,输入参数ShiWei表示显示的开始位,如ShiWei
为0表示从第一个数码管开始显示,WeiShu表示显示的位数,如显示99两位数应让WeiShu为2 */
void Display(unsigned char ShiWei,unsigned char WeiShu)  // Display(显示)函数有两个输入参数,
                                                         //分别为ShiWei(开始位)和WeiShu(位数)
{
 static unsigned char i;   //声明一个静态(static)无符号字符型变量i(表示显示位,0表示第1位),
                           //静态变量占用的存储单元在程序退出前不会释放给变量使用
 WDM=WMtable[i+ShiWei];    //将WMtable表格中的第i+ShiWei+1个位码送给P0端口输出
 WeiSuo=1;                 //让P2.3端口输出高电平,开通位码锁存器,锁存器被变化时输出会随之变化
 WeiSuo=0;                 //让P2.3端口输出低电平,位码锁存器被封闭,锁存器的输出值被锁定不变

 WDM=TData[i];             //将TData表格中的第i+1个段码送给P0端口输出
 DuanSuo=1;                //让P2.2端口输出高电平,开通段码锁存器,锁存器输入变化时输出会随之变化
 DuanSuo=0;                //让P2.2端口输出低电平,段码锁存器被封锁,锁存器的输出值被锁定不变

 i++;                      //将i值加1,准备显示下一位数字
 if(i==WeiShu)             //如果i=WeiShu表示显示到最后一位,执行i=0
 {
  i=0;                     //将i值清0,以便从数码管的第1位开始再次显示
 }
}

/*以下为定时器及相关中断设置函数*/
void T0Int_S (void)        //函数名为T0Int_S,输入和输出参数均为void(空)
{
 TMOD=0x01;                //让TMOD寄存器的M1M0=01,设T0工作在方式1(16位计数器)
 TH0=0;                    //让TH0寄存器清0
 TL0=0;                    //将TL0寄存器清0
 EA=1;                     //让IE寄存器的EA=1,打开总中断
 ET0=1;                    //让IE寄存器的ET0=1,允许T0的中断请求
 TR0=1;                    //让TCON寄存器的TR0=1,启动T0在TH0、TL0初值基础上开始计数
}
/*以下T0Int_Z为定时器中断函数,用"(返回值)函数名(输入参数) interrupt n using m"格式定义一个函数名为
T0Int_Z的中断函数,n为中断源编号,m为用作保护中断断点的寄存器组,可使用4组寄存器(0~3),每组
有7个寄存器(R0~R7),m=0~3,若只有一个中断,可不写"using m",使用多个中断时,不同中断应使用不同m*/
void T0Int_Z (void) interrupt 1    // T0Int_Z为中断函数(用interrupt定义),并且为T0的中断函数
```

图 12-12　DA 转换输出显示的程序

```c
                                    //(中断源编号n=1)
 {
  TH0=(65536-2000)/256;             //将定时初值的高8位放入TH0,"/"为除法运算符号
  TL0=(65536-2000)%256;             //将定时初值的低8位放入TL0,"%"为相除取余数符号
  Display(0,8);                     //执行Display显示函数,从第1位(0)开始显示,共显示8位(8)
 }

/*以下ReadADC为读取AD转换值函数,用于从PCF8591读取模拟量转换成的数字量,数字量范围为00H~FFH(16进制表示)
或0~256(10进制表示) */
unsigned char ReadADC(unsigned char Ch)  // ReadADC函数的输入参数为无符号字符型变量Ch,输出参数为
                                    //无符号字符型变量
 {
  unsigned char Val;                //声明一个无符号字型变量Val
  Start_I2C();                      //执行Start_I2C函数,发送开始信号
  SendByte(0x90);                   //执行SendByte函数,发送PCF8591的7位器件地址(1001000)和1位读写位(0-写,1-读)
  if(ack==0)                        //如果位变量ack=0,表示未接收到ACK信号,执行return(0)并退出函数,ack=1则执行
                                    //本if尾大括号之后的语句
   {return(0);}                     //将0返回给ReadADC的输出参数,表示发送数据失败,同时退出函数
  SendByte(0x00|Ch);                //执行SendByte函数,给PCF8591发送控制字节,"|"意为位或运算,让Ch通道工作
  if(ack==0)                        //如果位变量ack=0,表示未接收到ACK信号,执行return(0)并退出函数,ack=1则执行
                                    //本if尾大括号之后的语句
   {return(0);}                     //将0返回给ReadADC的输出参数,表示发送数据失败,同时退出函数
  Start_I2C();                      //执行Start_I2C函数,发送开始信号
  SendByte(0x91);                   //执行SendByte函数,发送PCF8591的7位器件地址和1位读写位(0-写,1-读),执行读操作
  if(ack==0)                        //如果位变量ack=0,表示未接收到ACK信号,执行return(0)并退出函数,ack=1则执行
                                    //本if尾大括号之后的语句
   {return(0);}                     //将0返回给ReadADC的输出参数,表示发送数据失败,同时退出函数
  Val=ReceiveByte();                //执行ReceiveByte函数,从PCF8591的AD CH1通道读取AD转换成的数据,并将该数据赋给变量Val
  NoAck_I2C();                      //执行NoAck_I2C函数,发送NACK(非应答)信号,不再接收数据
  Stop_I2C();                       //执行Stop_I2C函数,发送停止信号
  return(Val);                      //将变量Val的值返回给ReadADC函数的输出参数
 }

/*以下WriteDAC为写DA转换值函数,用于将需要转换成模拟量的数据写入PCF8591,数字量范围为
00H~FFH(16进制表示)或0~256(10进制表示) */
bit WriteDAC(unsigned char dat)     //WriteDAC函数的输入参数为无符号字符型变量dat,输出参数为位变量
 {
  Start_I2C();                      //执行Start_I2C函数,发送开始信号
  SendByte(0x90);                   //执行SendByte函数,发送PCF8591的7位器件地址(1001000)和1位读写位(0-写,1-读)
  if(ack==0)                        //如果位变量ack=0,表示未接收到ACK信号,执行return(0)并退出函数,ack=1则执行
                                    //本if尾大括号之后的语句
   {return(0);}                     //将0返回给WriteDAC的输出参数,表示发送数据失败,同时退出函数
  SendByte(0x40);                   //执行SendByte函数,发送PCF8591的控制字节0x40(即01000000),允许DA输出
  if(ack==0)                        //如果位变量ack=0,表示未接收到ACK信号,执行return(0)并退出函数,ack=1则执行
                                    //本if尾大括号之后的语句
   {return(0);}                     //将0返回给WriteDAC的输出参数,表示发送数据失败,同时退出函数
  SendByte(dat);                    //执行SendByte函数,将变量dat的值写入PCF8591进行DA转换
  if(ack==0)                        //如果位变量ack=0,表示未接收到ACK信号,执行return(0)并退出函数,ack=1则执行
                                    //本if尾大括号之后的语句
   {return(0);}                     //将0返回给WriteDAC的输出参数,表示发送数据失败,同时退出函数
  Stop_I2C();                       //执行Stop_I2C函数,发送停止信号
 }

/*以下为主程序部分*/
void main()
 {
  unsigned char num=0;              //声明一个无符号字符型变量num,且让num初值为0
  T0Int_S();                        //执行T0Int_S函数,对定时器T0及相关中断进行设置,启动T0计时
  while (1)                         //主循环,while首尾大括号内的语句会反复执行(每隔100ms执行一次),每执行一次num值增1
   {
    WriteDAC(num);                  //执行WriteDAC函数,将num值写入PCF8591的DA转换器,使之将num(数字量)转换成模拟量
    num++;                          //将num值加1,num值从0增到255时再加1会变为0,反复循环
    TData[0]=DMtable[num/100];      //以num=236为例,num/100意为num除100取整,num/100=2,即将DMtable表格的
                                    //第3个段码(2的段码)传送到TData数组的第1个位置
    TData[1]=DMtable[(num%100)/10]; //num%100意为除100取余,(num%100)/10=36/10=3,即将DMtable表格的
                                    //第4个段码(3的段码)传送到TData数组的第2个位置
    TData[2]=DMtable[(num%100)%10]; // (num%100)%10=36%10=6,即将DMtable表格第7个段码(6的段码)传送到
                                    //TData数组的第3个位置
    DelayMs(100);                   //执行DelayMs函数延时100ms,即每隔100ms往PCF8591的DA转换器写一次要转换的数据
                                    //此处可添加其他需要一直工作的程序
   }
 }
```

图 12-12 DA 转换输出显示的程序(续)

(1)运行现象

程序运行时,8位数码管显示要转换成模拟量的三位数字,数字每隔100ms递增1,从000一直增到255再变为000后又增大,如此反复进行,在三位数字增大的同时,PCF8591的DA输出端外接的LED逐渐变暗,也就是说,当单片机写入PCF8591的DA转换器的数字量逐渐增大时,DA转换器输出的模拟量电压逐渐升高。

(2)程序工作过程

程序在运行时首先进入 main 函数→在 main 函数中执行并进入 T0Int_S()函数→在 T0Int_S()函数中对定时器 T0 及有关中断进行设置,并启动 T0 定时器开始 2ms 计时→T0 每隔 2ms 产生一次中断来执行 T0Int_Z 函数(定时器中断函数)→T0Int_Z 函数中的 Display 函数(显示函数)每隔 2ms 执行一次,按[0]~[7]顺序每次从 TData 表格读取一个数字的段码驱动 8 位数码管将该数字显示在相应位上,如读 TData[0]的段码显示在最高位。

在 main 函数中执行 T0Int_S()函数后,进入 while 主循环,先执行 WriteDAC 函数,将 num 值写入 PCF8591 的 DA 转换器,使之将 num(数字量)转换成模拟量,再将 num 值加 1,然后将 num 值(000~255)的三位数字的段码分别存到 TData 表格的第 1~3 个位置(即[0]~[2]),然后执行 DelayMs 函数延时 100ms,在这段时间内,Display 函数每隔 2ms 执行一次,按顺序从 TData 表格第 1~8 个位置读取数字的段码并显示在数码管相应位上,并且反复进行。由于 TData 表格的第 4~8 个位置没有数字的段码,故 8 位数码管只有第 1~3 位显示数字。

WriteDAC 函数为读取 DA 转换值函数,用于将单片机写入 PCF8591 的 DA 转换器的数字量转换成模拟量,其详细工作过程见该函数内部各条语句说明。